新编21世纪高等职业教育精品教材·通识课系列

融媒体
新形态教材

人工智能基础与应用

主　编　唐　滔　郁　云　王　震
副主编　董张慧雅　李　恒　秦丹维
　　　　朱德义　佟　冉
参　编　涂荣学　张文迪

中国人民大学出版社
·北京·

图书在版编目（CIP）数据

人工智能基础与应用 / 唐滔，郁云，王震主编. 北京 ：中国人民大学出版社，2025. 1. --（新编 21 世纪高等职业教育精品教材）. --ISBN 978-7-300-33609-1

Ⅰ. TP18

中国国家版本馆 CIP 数据核字第 2025077W5Y 号

新编 21 世纪高等职业教育精品教材 · 通识课系列

人工智能基础与应用

主　编　唐　滔　郁　云　王　震

副主编　董张慧雅　李　恒　秦丹维　朱德义　佟　冉

参　编　涂荣学　张文迪

Rengong Zhineng Jichu yu Yingyong

出版发行	中国人民大学出版社		
社　　址	北京中关村大街 31 号	**邮政编码**	100080
电　　话	010－62511242（总编室）		010－62511770（质管部）
	010－82501766（邮购部）		010－62514148（门市部）
	010－62515195（发行公司）		010－62515275（盗版举报）
网　　址	http://www.crup.com.cn		
经　　销	新华书店		
印　　刷	中煤（北京）印务有限公司		
开　　本	787 mm × 1092 mm　1/16	**版　　次**	2025 年 1 月第 1 版
印　　张	13.75	**印　　次**	2025 年 1 月第 1 次印刷
字　　数	285 000	**定　　价**	49.00 元

前言 PREFACE

在科技日新月异的今天，人工智能（AI）已经成为推动社会进步和经济增长的关键力量。从智能家居到自动驾驶汽车，从智能医疗系统到金融风控平台，人工智能正以其独特的魅力和无限的潜力，逐渐改变人们的生活方式、工作模式以及整个社会的运行逻辑。面对这一历史性的变革，培养人工智能行业所需的人才，成为高等职业教育的重要使命和紧迫任务。

本书旨在为高等职业院校的学生提供一个系统、全面且贴近行业实际的学习平台。在编写过程中，我们深入研究了人工智能领域的最新发展动态，结合高等职业教育的特点和需求，精心设计了本书的内容和结构。本书不仅涵盖人工智能的基础理论知识，还注重实践应用能力的培养，使学生能够在掌握理论知识的同时，具备解决实际问题的能力。

本书的特点主要体现在以下几个方面。

1. 系统性与全面性

本书内容涵盖人工智能的多个重要方面，从基础概念到核心技术，再到应用领域，形成一个完整的知识体系。第 1 章“人工智能初探”带领学生走进人工智能的奇妙世界，介绍人工智能的基本概念、发展历程、主要研究领域以及未来发展趋势，为学生构建一个对人工智能的整体认知框架。第 2 章深入探讨人工智能的基础支撑技术，这些内容为后续学习应用章节打下了坚实的理论基础。在掌握基础理论之后，本书（第 3 章至第 8 章）带领学生进入人工智能的应用领域：机器学习、深度学习、语音处理、计算机视觉、自然语言处理、智能机器人，详细阐述这些领域的基本原理、技术进展及实际应用案例。第 9 章“AI 大模型及其应用”聚焦于当前人工智能领域的热点——大模型，介绍其原理、训练方法及在各类任务中的应用实例，展望未来 AI 发展的新方向。

2. 理论与实践相结合

本书注重理论与实践相结合，不仅提供了丰富的理论知识，还穿插了实际案例分析和实验操作指南。我们深知，理论知识与实践技能并重是培养高质量 AI 人才的关键。因此，在编写过程中，我们力求做到以下几点：一是通过生动的案例和实例，将抽象的理论知识具体化、形象化，帮助学生更好地理解和掌握。二是提供案例场景和练习题，引导学生进行实践操作和练习，培养学生的动手能力和解决问题的能力。本书配套的在线课程平台特别开设了案例中心，包括案例信息、实验指导、实验操作。三是注重知识的应用性和实用性，介绍人工智能技术在实际生活和工作中的应用场景和案例，使学生能够更好地将所学知识应用于实际。

3. 紧跟时代前沿

人工智能是一个快速发展的领域，新技术、新方法层出不穷。本书在编写过程中，紧跟时代前沿，涵盖人工智能领域的最新技术动态和发展趋势。我们特别关注了深度学习、大模型等当前热点技术，并介绍了它们在各类任务中的应用实例和未来发展方向。本书配套的在线课程会定期更新教学内容，包括最新的研究成果、技术进展和行业应用案例。这种线上与线下相结合的学习模式，让本书及配套课程成为连接现在与未来、理论与实践、知识与创新的桥梁，助力每一位学习者在人工智能的浪潮中乘风破浪，开创属于自己的辉煌篇章。

4. 全面落实立德树人的根本任务

本书将知识传授、能力培养与价值引领融为一体，设置了“德技并修”栏目，还探讨了人工智能技术的伦理道德问题，分析了人工智能技术在推动社会公平正义、促进可持续发展等方面的重要作用。通过这些内容的讲解，旨在培养学生的社会责任感和人文关怀精神，使其不仅具备扎实的专业技能，还具备高尚的职业道德和人文关怀素养。这一特色使得本书在同类教材中独树一帜，为学生提供了更加全面、深入的学习体验。

5. 注重培养创新思维和实践能力

本书不仅注重知识的传授，还注重培养学生的创新思维和实践能力。我们通过引导学生进行问题思考、案例分析和实践操作等方式，激发学生的创新思维和创造力。同时，我们还鼓励学生参与实际项目的开发和研究，培养学生的实践能力和团队协作精神。我们相信，这种注重创新思维和实践能力的培养方式将有助于学生在未来的学习和职业生涯中更好地适应和应对各种挑战和变化。

本书作者致力于教学研究和课程设计，拥有长期的教学科研积累和改革实践，不断跟进人工智能发展趋势和研究。本书是在作者教学、科研与实践的基础上编写而成的。参加本书编写的主要有江苏财会职业学院的唐滔、郁云、王震、董张慧雅、李恒、秦丹维、朱德义、佟冉。唐滔编写了第 1 章、第 3 章，郁云编写了第 2 章、第 8 章，董张慧雅编写了第 4 章、第 5 章，李恒编写了第 6 章，朱德义编写了第 7 章，王震编写了第 9 章，秦丹维、佟冉、涂荣学、张文迪整理了本书的案例。此外，本书的编写还得到了百度网讯科技有限公司、广东泰迪科技有限公司的帮助，在此一并表示衷心的感谢。

我们衷心希望本书能够成为学生学习人工智能知识的有力助手。由于编者水平有限，书中疏漏之处在所难免，恳请广大师生、读者批评指正，提出宝贵意见。

编者

目录

CONTENTS

第 1 章 人工智能初探

教学目标

- 知识目标：理解人工智能的概念、分类以及特征；了解人工智能的发展历程；熟悉人工智能的三大学派；把握人工智能技术发展趋势和产业发展趋势。
- 技能目标：从人工智能发展历程中认识人工智能发展规律，能够认识到人工智能的重要性，体验人工智能在各行各业的应用。
- 素养目标：培养 AI 思维，树立科技强国意识、伦理道德意识；培养自主创新能力以及技术报国使命感。

知识导图

人工智能初探

- 人工智能概述
  - 定义
    - 利用数字计算机或数字计算机控制的机器模拟、延伸和扩展人的智能
  - 分类
    - 弱人工智能
    - 强人工智能
    - 超人工智能
  - 特征
    - 感知能力
    - 记忆和思维能力
    - 学习和自适应能力
    - 行为决策能力
  - 应用领域
    - 安防领域
    - 医疗健康
    - 教育领域
    - 金融行业
    - 智能交通
    - 计算机视觉
    - 自然语言处理
    - 机器学习
- 人工智能发展历程
  - 孕育与诞生
    - 控制论与早期神经网络
    - 图灵测试
    - 达特茅斯会议
  - 第一次高潮（1956–1976年）
    - 机器学习兴起
    - 工业机器人诞生
  - 第一次低谷期（1977–1982年）
    - 项目失败与资金短缺
  - 第二次高潮（1983–1987年）
    - 专家系统商用
    - 第五代计算机项目
  - 第二次低潮（1988–1996年）
    - 专家系统复杂度提升
  - 第三次高潮（1997年至今）
    - 深蓝击败国际象棋冠军
    - AlphaGo战胜李世石
    - ChatGPT发布
- 人工智能主流学派
  - 符号主义
    - 用符号系统和规则模拟人类思维
    - 代表成果：专家系统、知识工程
  - 连接主义
    - 用神经网络和学习算法模拟人类大脑
    - 代表成果：感知机、反向传播算法
  - 行为主义
    - 智能源于感知和行动，强调与环境的交互
    - 代表成果：智能机器人、控制系统
- 人工智能发展趋势
  - 技术发展趋势
    - 生成式人工智能
    - 多模态预训练大模型
    - 深度学习技术创新
    - 可解释性与安全性增强
    - 量子计算融合
    - 脑机接口与具身智能
    - 低资源语言处理
  - 产业发展趋势
    - 市场规模持续增长
    - 产业链完整
    - 政策支持与资金投入增加

引导案例

科技赋能亚运 让生活更美好

“智能”是杭州亚运会的重要办赛理念之一。在本届亚运会中，有众多代表科技创新水平的成果亮相：在赛场上辛勤搬运标枪和铁饼的智能机器狗、全息投影技术带来的无接触互动体验、只需一秒钟拍摄就能生成3D数字分身的技术……

据统计，共有50个智能亚运项目立项，它们在保障赛事顺利进行并让观众感受到科技魅力的同时，也向亚洲各国展现了杭州的科技实力和活力。

1. 从赛场到更广阔的市场，智能机器狗不知疲倦地奔跑着

在田径赛场上，如果你负责捡标枪、铁饼，那可能比运动员还要辛苦。大力士们每投一次的距离大约是60米，一场比赛中所有选手一共要投60次，算上来回的距离，总共要跑7 200米。本届亚运会上，很多人注意到，智能机器狗在赛场上不知疲倦地奔跑，最快速度可以达到4.7米/秒。它们完成运送任务，大大减轻了工作人员的工作量。

走出赛场，智能机器狗还有很多应用场景，比如，配备企业自主研发的机械臂，它就可以抓取扳手、网球拍等工具；代替人类，在危险的区域巡检、参与物流运送等。

2. 全息投影技术带来看得见却“摸”不着的互动体验

在拱墅运河体育公园体育场，很多观众对着一个屏幕隔空点击，尝试一种新的互动体验：观众的裸眼可以观察到一个“浮”在空中的亚运吉祥物，用手指拨动它，就能实现放大、缩小、点击等操作。

这种看得见但“摸”不着的互动，依靠的是全息投影技术，该技术通过光线折射将光源影像进行复制，在光源影像的对称位置形成一个三维立体影像，观众不用触摸屏幕就能实现互动。该技术还将衍生出许多功能，比如，亚运村用上了无接触电梯按键。未来，该技术还可应用在科技馆、城市规划展览馆中，把展品数字化建模后，可增加观众的互动体验。

3. 一秒钟的停留拍摄，生成另一个自己遨游世界

“张开身体，目视前方，保持一秒钟不眨眼。”在亚运村现场工作人员的指导下，中国赛艇运动员徐晓鑫走进3D云阵相机设备中，该设备中装载的140台高清摄像头会对她进行拍照，再经过5～8分钟的数据处理，就会形成一个3D数字分身。分身可以和亚运会吉祥物对打乒乓球，也可以穿越到良渚古城遗址或者参加帆船比赛。通过扫码或输入电话号码就能保存视频，留作纪念。

未来，把3D数字分身植入不同场景中，就可以更好地进行宣传并增加互动体验。比如，将游客的数字分身植入美景中，可用于推广旅游；植入博物馆展品中，观众可以和历史“对话”；数字分身还能虚拟试衣……各种功能数不胜数。

4. 智能让厨房生成监管“判断力”

亚运村的厨房用上智能物联和人工智能技术。后厨操作区配备了智能探头，拍摄区域内如果有未经扫脸注册的人员闯入，警报就会响起，并且立即会将信息推送给该责任区的监管人。通过人工智能技术，智能探头还可以对未戴口罩、违规吸烟、砧板混用、垃圾桶长时间未盖等行为进行识别并抓拍。在厨房的其他设施设备中，还放置了传感器对温度、湿度、餐具消毒情况进行智能监测。

5. 亚运场馆里的消杀卫士，也可成为未来的健康管家

在亚运会曲棍球比赛场馆内，智能消杀机器人"紫侠"正在对地面和空气进行消毒杀菌工作。这款机器人不仅可以自主规划路线，还能定时完成消杀任务。该技术采用的"紫外线＋光触媒"方式不仅提高了消毒杀菌的效率，也免去了人工参与消杀作业带来的风险。

亚运会结束后，智能消杀机器人还可以用于家庭、医院、大型活动现场，以提供环境检测、空气净化和消杀等服务。

思考：杭州亚运会使用了哪些人工智能应用？结合实际，谈谈生活中的人工智能应用。

1.1 人工智能概述

配套微课

1.1.1 人工智能的定义

人工智能（Artificial Intelligence，AI），是利用数字计算机或者数字计算机控制的机器模拟、延伸和扩展人的智能，感知环境，获取知识，并使用知识获得最佳结果的理论、方法、技术及应用系统。

人工智能作为计算机科学的一个分支，目的是了解智能的实质，并生产出一种新的能以人类智能相似的方式做出反应的智能机器。该领域的研究包括机器人、语言识别、图像识别、自然语言处理和专家系统等。

知识链接　不同专家的人工智能定义

尼尔逊教授对人工智能下了这样一个定义："人工智能是关于知识的学科——怎样表示知识以及怎样获得知识并使用知识的科学。"美国麻省理工学院温斯顿教授认为："人工智能就是研究如何使计算机去做过去只有人才能做的智能工作。"这些定义反映了人工智能学科的基本思想和基本内容。即人工智能是研究人类智能活动的规律，构造具有一定智能的人工系统，研究如何让计算机去完成以往需要人的智力才能胜任的工作，也就是研究如何应用计算机的软硬件来模拟人类某些智能行为的基本理论、方法和技术。

人工智能的定义对人工智能学科的基本思想和内容做出了解释，即围绕智能活动而构造的人工系统。人工智能是知识的工程，是机器模仿人类利用知识完成一定行为的过程。

1.1.2 人工智能的分类

根据人工智能能否真正实现推理、思考和解决问题，可以将人工智能分为弱人工智能、强人工智能和超人工智能。

1. 弱人工智能

弱人工智能是专注于某一特定领域任务的人工智能。相对于可以用来解决通用问题的强人工智能，一般是指无法真正实现推理和解决问题的智能机器，这些机器表面上是智能的，但并不真正拥有智能，也不会有自主意识。迄今为止的人工智能系统都是实现特定功能的专用智能，而不是像人类智能那样能够不断适应复杂的新环境，并不断涌现出新的功能，因此都属于弱人工智能。目前，弱人工智能产品在我们的生活中无处不在，比如，各个领域广泛应用的智能机器人、无人驾驶汽车等，如图 1－1 所示。现阶段所实现的人工智能，大部分指的是弱人工智能，并且已经被广泛应用。

图 1－1　弱人工智能产品

2. 强人工智能

强人工智能是指能真正推理问题、解决问题的智能机器。强人工智能的机器人同人类一样，有知觉，有自我意识，并能制定解决问题的最优方案，可以摆脱人类进行独立的操作。从一般意义上来说，达到人类水平的、能够自适应地应对外界环境挑战的、具有自我意识的人工智能称为通用人工智能或强人工智能。强人工智能的概念不仅在哲学上存在巨大争论，涉及思维与意识等根本问题的讨论，在技术研究、实现方面也具有极大的挑战性。目前在人工智能领域，接近强人工智能最为突出的产品是历史上首位获得公民身份的机器人索菲亚，如图 1－2 所示。

图 1－2　索菲亚机器人

在强人工智能技术背景下，机器人会拥有更多的自主性，机器道德问题随之也受到广泛关注。智能机器的根本目的是为人服务，人类必须将自身置于核心位置，以人为本。智能制造、智能服务模式的变革对人才也提出了新要求，既要强调工匠精神，激励人的主观能动性，又要在科技的应用中注重协调"匠与器"的关系。

3. 超人工智能

超人工智能目前还只是一个概念，是指通过模拟人类的智慧，人工智能开始具备自主思维意识，形成新的智能群体，能够像人类一样独自地进行思维，并且在各个领域，全面超过人类的顶尖水平的人工智能。

1.1.3　人工智能的特征及应用领域

1. 人工智能的特征

机器的智能表现是指为了能够与环境交互，机器需要具有感知、识别、认知、推理、判断、预测、学习及行动的能力，即思考与行为能力。

人工智能的特征包括感知、记忆和思维、学习和自适应、行为决策。具体包括：

一是具有感知能力，即具有能够感知外部世界、获取外部信息的能力，这是产生智能活动的前提条件和必要条件。

二是具有记忆和思维能力，即能够存储感知到的外部信息及由思维产生的知识，同时能够利用已有的知识对信息进行分析、计算、比较、判断、联想、决策。

三是具有学习能力和自适应能力，即通过与环境的相互作用，不断学习、积累知识，使自己能够适应环境变化。

四是具有行为决策能力，即对外界的刺激做出反应，形成决策并传达相应的信息。

2. 人工智能的应用领域

人工智能技术对各领域的渗透形成"AI+"的行业应用终端、系统及配套软件，然后切入各种场景，为用户提供个性化、精准化、智能化服务，深度赋能医疗、交通、金融、零售、教育、家居、农业、制造、网络安全、人力资源、安防等领域，如表 1 - 1 所示。

表 1 - 1　人工智能的应用领域

安防	AI 可以用于人脸识别、人员大数据库检索、实时检测人员和车辆异常行为、自动判断人群密度或人流方向等，有助于维护社会秩序和安全性。
医疗健康	AI 可以进行医学影像诊断、基因组学研究、药物研发、个性化治疗等，辅助医生提供更精确的诊断结果，并应用于其他相关领域。
教育	AI 可以提供智能化教育平台和个性化教学系统，根据学生的学习进度和兴趣提供定制化内容，并进行智能辅助教学和自动化评估。
金融	AI 在金融领域用于风险评估、欺诈检测、智能客服等，提高金融服务效率和准确性。

续表

智能交通	自动驾驶技术的关键组成部分，AI 在此领域发挥重要作用，包括无人驾驶的技术开发和应用。
计算机视觉	图像识别技术广泛应用于安防监控、无人驾驶、商品消费、工业制造等多个领域，并在未来的智能机器人开发中扮演重要角色。
自然语言处理	NLP 技术在智能客服、穿戴设备、智能家居、智能汽车等领域具有广泛应用前景，尤其在安全保密系统和语音识别技术中有重要作用。
机器学习	作为 AI 的核心技术之一，机器学习已在多个行业中得到应用，包括广告、媒体、消费业等，并将进一步渗透到医疗、制造、金融、教育等行业。

综上所述，人工智能的应用场景非常多样，涵盖从日常生活的小事到复杂的专业领域，展现了其在不同行业中的巨大潜力和价值。

1.2 人工智能发展历程

配套微课

2023 年随着 ChatGPT 的兴起，人工智能得以再次蓬勃发展。但神秘又令人神往的人工智能的发展并不是一帆风顺的，在充满未知的探索道路上经历了繁荣与低谷，然而，它又以新的面貌迎来了新一轮发展。人工智能的发展史可以分为 6 个阶段：人工智能的孕育与诞生、第一次高潮、第一次低谷期、第二次高潮、第二次低谷期和稳定发展期。

1.2.1 人工智能的孕育与诞生

在 20 世纪 40 年代和 50 年代，来自数学、经济学、心理学和工程学等不同领域的科学家开始探讨制造人工大脑的可能性。

1. 控制论与早期神经网络

诺伯特·维纳（Norbert Wiener）的控制论探讨了电子网络控制和稳定性问题。克劳德·香农（Claude Shannon）提出的信息论详细描述了数字信号（即高低电平所代表的二进制信号）的传输和处理原理。1943 年，沃伦·麦卡洛克（Warren S. McCulloch）和沃尔特·皮兹（Walter Pitts）最早对理想化的人工神经元网络进行了分析，并阐明了它们进行简单逻辑运算的机制。在 20 世纪 50 年代，马文·明斯基（Marvin Minsky）等科学家参与了早期人工智能计算机的研发工作。1953 年，IBM 推出了 IBM 702 计算机，这款计算机被一些早期的人工智能研究者所使用。

2. 图灵测试

1950 年，艾伦·麦席森·图灵（Alan Mathison Turin）针对机器能否思考，发表了一篇题为“Computing Machinery and Intelligence”（计算机器与智能）的论文。这篇论文提出一种通过测试来判定机器是否有智能的方法，被称为“图灵测试（Turing Test）。

图灵测试示意图如图 1－3 所示。

在图灵测试中，人类测试者向未知的两个回答者（其中一个是人类，另一个是机器）问出一系列问题后，判断哪个是人类、哪个是机器。如果人类测试者不能分辨，就说明机器通过了图灵测试。

图 1－3　图灵测试示意图

小知识　图灵测试及其意义

图灵测试，由英国计算机科学家艾伦·麦席森·图灵于 1950 年提出，是判断机器是否具有人类智能的一种测试方法。测试过程通常包括一个人（判断者）和两个参与者（一个是人类，另一个是声称具有智能的机器）。判断者通过键盘与两者进行问答交流，目标是判断哪个参与者是人类、哪个是机器。如果机器能够持续让足够比例的判断者误认其为人类，那么该机器就被认为通过了图灵测试，具备一定程度的智能。图灵测试的意义在于它提供了一个衡量机器智能的标准，推动了人工智能领域的研究和发展。

3. 达特茅斯会议——人工智能的诞生

1956 年，美国汉诺斯小镇宁静的达特茅斯学院，约翰·麦卡锡、马文·闵斯基、克劳德·香农等学者聚在一起，共同讨论着机器模拟智能的一系列问题。他们讨论了很久，始终没有达成共识，却为讨论内容起了一个名字：人工智能。自此，人工智能（Artificial Intelligence，AI）开始出现在人们的视野，1956 年也就成为人工智能元年。

1.2.2　第一次高潮（1956—1976 年）

1959 年，亚瑟·塞缪尔（Arthur Samuel）创造了“机器学习”一词，其研制的跳棋程序打败了自己。在此期间，机器翻译、机器定理证明、机器博弈开始兴起，掀起了人工智能发展的第一个高潮。

1961 年，Unimation 公司生产的世界上第一台工业机器人 Unimate，在美国新泽西州的通用汽车公司安装运行。这台工业机器人用于生产汽车的门、车窗把手、换挡旋钮、灯具固定架，以及汽车内部的其他硬件等。遵照磁鼓上的程序指令，Unimate 机器人 4 000 磅重的手臂可以按次序堆叠热压铸金属件。Unimate 机器人耗资 6 500 美元，Unimation 公司开始售价为 18 000 美元，大量推广应用后获得了可观盈利。

1.2.3　第一次低谷期（1977—1982 年）

人们的乐观情绪在 20 世纪 70 年代渐渐被浇灭。研究者发现，即使是最尖端的人工智能程序，也只能解决他们尝试解决的问题中的最简单的一部分。另外，人工智能还遭遇了以下一些问题：

（1）只依靠简单的结构变化无法扩大化以达到目标。美国国防高级研究计划局（DARPA）尝试用自动化翻译加速翻译俄语论文。一开始他们认为通过简单的词语替换和句子结构的修改可以达到足够高的可读程度，但是后来他们发现，单词的意思与前后文紧紧关联，而多义词的解释则需要对背景知识的了解。毫无疑问，这次尝试失败了。

（2）存储空间和计算能力的严重不足：例如，罗斯·奎廉（Ross Quillian）开发的自然语言处理程序由于存储空间和计算能力的限制，只能处理相对简单的词汇和句子结构，无法应对更复杂的语言任务。

（3）指数级别攀升的计算复杂性：1972 年理查德·卡普（Richard Karp）的研究表明，许多组合优化问题是 NP- 完全性问题，目前已知的最优算法解决这些问题所需的计算时间随输入规模的增大而呈指数级增长。

（4）缺乏基本知识和推理能力：研究者发现，即使是对儿童而言的常识，对程序来说也是巨量信息。70 年代没有人建立过这种规模的数据库，也没有人知道怎么让程序进行学习。

随着人工智能发展遭遇瓶颈，资金纷纷抛弃人工智能领域。由于项目失败等原因，DARPA 也终止了对麻省理工学院的拨款。到 70 年代中期，人工智能项目已经很难找到资金支持。

1.2.4　第二次高潮（1983—1987 年）

20 世纪 80 年代中期，DEEC 公司与卡内基梅隆大学合作开发了 XCON 专家系统，这是第一个商用专家系统，其作用是按照需求自动配置零部件，它每年可为 DEC 公司节省数百万美元。专家系统架构如图 1－4 所示。

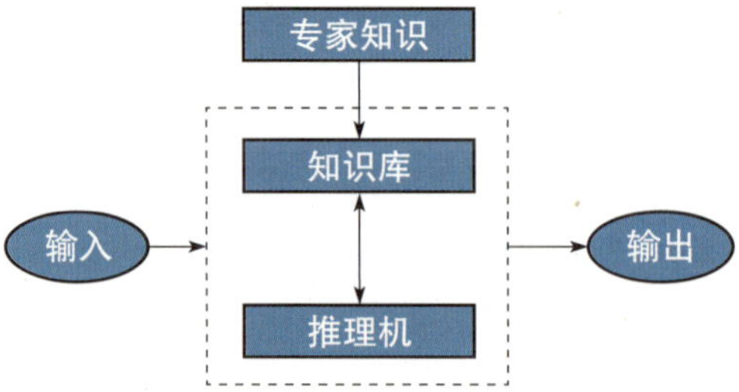

图 1－4　专家系统架构

知识链接 专家系统的基本原理及应用

专家系统是一种基于知识的智能系统，它模拟人类专家的决策过程，解决特定领域内的复杂问题。专家系统通常由知识库、推理机、用户接口和知识获取四个部分组成。知识库存储领域内的专业知识和经验，推理机根据知识库中的规则进行逻辑推理，模拟人类的思考过程。用户接口允许用户与专家系统进行交互，知识获取模块负责从专家或其他知识源中获取知识并更新知识库。专家系统已经在医疗诊断、金融分析、教育辅导等多个领域得到广泛应用，显著提高了问题解决的效率和准确性。例如，在医疗领域，专家系统可以帮助医生进行疾病诊断和治疗方案推荐，提高医疗服务的质量和效率。

1981 年，日本国际贸易和工业部投资第五代计算机项目，目标是造出能够与人对话、翻译语言、解释图像，并且像人一样推理的机器，推动人工智能走入应用发展的新高潮。该项目自身未取得突破，加之个人电脑的推出以及后期赶上互联网突起，最后以失败告终。计算机硬件历经四代，目前我们仍然处在第四代超大规模集成电路时代。

1.2.5 第二次低谷期（1988—1996 年）

随着专家系统的不断发展，复杂度的快速提升，基于知识库和推理机的专家系统显示出让人不安的一面：难以升级扩展，鲁棒性不够，直接导致高昂的维护成本。80 年代末期，由于人工智能的项目成果不明朗，DARPA 大幅削减了对人工智能的资金支持。1991 年，英国政府发布 Alvey 工程的最终报告，报告指出，Alvey 工程达到了其设定的技术目标，但并没有提升英国在信息技术市场的竞争力。报告将原因归结为“资本的短缺和管理运营的低效率”。Alvey 工程主管 Brain Oklay 指出，信息技术工业应更注重培训、市场推广和研究成果的商业化。1992 年 6 月，日本政府向全世界公开第五代计算机项目所开发的软件，允许任何人免费使用，这标志着日本雄心勃勃的第五代计算机项目的失败。第五代计算机项目并没有带来人工智能的突破，甚至有人说，第五代计算机项目的最大收获其实是项目的副产物：训练了成百上千的计算机领域的专家。该项目的失败有多重原因，一般认为，通用型微型机对专用型大型机的冲击及项目研发成果缺乏商业化场景是项目失败的重要原因。

1.2.6 稳定发展期（1997 年至今）

1997 年 5 月 11 日，IBM 制造的专门超级计算机深蓝（Deep Blue），在经过多轮较量后，击败了国际象棋世界冠军加里·卡斯帕罗夫（Garry Kasparov）。尽管不乏 IBM 作弊的声音，但这个事件标志着人工智能的研究达到一个新的高度，也给人工智能做了一次大规模的宣传。

2016 年 3 月 15 日下午，人工智能“AlphaGo”与韩国棋手李世石之间五番棋大战的最后一局在首尔收官，最终“AlphaGo”执白获胜，将双方总比分定格在 4∶1。这是 1997 年 IBM 公司的超级计算机“深蓝”战胜国际象棋世界冠军卡斯帕罗夫之后，机器对人的又一重大胜利。

2022 年 11 月 30 日，ChatGPT 的发布，意味着人工智能技术的快速发展和应用，这种技术将改变我们与计算机的交互方式，使得计算机可以更好地理解和应对自然语言。这种技术不仅可以提高人们的工作效率和生产力，还可以提供更加智能化和个性化的服务和体验，从而为人们带来更多的便利和福利。

德技并修

自主创新与科技报国

以“深蓝”和“AlphaGo”为代表的人工智能成果，背后凝聚了无数科研人员的智慧和汗水。他们勇于探索未知，敢于挑战权威，以自主创新的精神推动了人工智能技术的不断突破。作为新时代的青年学子，我们应该学习他们的创新精神，将个人的理想追求融入国家和民族的事业中，以科技报国为己任，为实现中华民族的伟大复兴贡献自己的智慧和力量。

1.3 人工智能主流学派

配套微课

人工智能自 1956 年正式提出，已经发展了 60 多年。其间，不同学科背景的学者从不同的角度对人工智能提出了不同的观点，由此产生了不同的学术流派。其中，对人工智能研究影响较大的主要有符号主义、连接主义和行为主义三大学派。

1.3.1 符号主义

符号主义，又称逻辑主义、心理学派或计算机学派。人工智能的符号主义学派认为人工智能源于数理逻辑，它试图用符号系统和规则来表示和操作人类的思维过程，例如推理、证明、解决问题等，如图 1 - 5 所示。

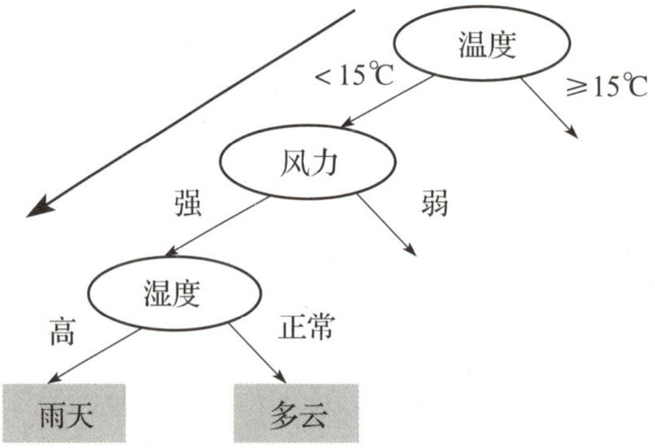

图 1 - 5 用决策树模型输入业务特征预测天气

符号主义学派是人工智能的早期和主流学派之一，它的代表性成果有专家系统和知识工程等。符号主义首个代表性成果是：1956 年 Newell 和 Simon 等人研制的称为“逻辑理论家”的数学定理证明程序 LT，可以证明出“自然哲学的数字原理”（Principia Mathematica）中的 38 条数学定理（后来可以证明全部 52 条定理），表明了可以应用计算机研究人的思维过程，模拟人类智能活动。

符号主义最辉煌的时候是专家系统，专家系统的能力来自它们存储的专业知识，知识库系统和知识工程成为 20 世纪 80 年代 AI 研究的主要方向。在 80 年代末，符号主义学派开始衰落。其原因如下：符号主义试图将人类思想、行为和结果抽象为简洁深入的规则，类似于数学定理。然而，人类的思想是极其复杂而广泛的，人类的智能不仅仅是逻辑和推理的结果。

德技并修

符号主义与逻辑思维培养

符号主义的核心在于逻辑思维，这不仅是人工智能发展的基础，也是人类理性思考和问题解决能力的关键。通过学习和理解符号主义，学生可以认识到逻辑思维在日常生活和学习中的重要性，培养严谨的逻辑思维习惯。在开发和应用基于符号主义的人工智能系统时，需要考虑到伦理道德和社会责任。例如，在专家系统的决策过程中，应当透明、公正，避免偏见和歧视。

人类抽象出的符号，源头是身体对物理世界的感知，人类能够通过符号进行交流，是因为人类拥有类似的身体。计算机只处理符号，就不可能有类人感知，人类可意会而不能言传的“潜智能”，不必或不能形式化为符号，更是计算机不能触及的。

1997 年 5 月，名为“深蓝”的 IBM 超级计算机打败了国际象棋世界冠军卡斯帕罗夫，其实本质上，“深蓝”就是符号主义在博弈领域的成果。

1.3.2　连接主义

连接主义认为人工智能源于仿生学，用神经网络和学习算法来模拟人类的大脑结构（神经元的连接）和功能，代表性的成果有感知机和反向传播算法。1957 年，弗兰克・罗森布拉特（Frank Rosenblatt）在一台 IBM-704 计算机上模拟实现了一种他发明的叫作“感知机”（Perceptron）的神经网络模型。

感知机可以被视为一种最简单形式的前馈式人工神经网络，是一种二分类的线性分类判别模型，其输入为实例的特征向量（x1，x2，…），神经元的激活函数 f 为 sign，输出为实例的类别（+1 或者 −1），模型的目标是要将输入实例通过超平面分离正负二类。

连接主义学派强调对人类大脑的直接模拟。如果说神经网络模型是对大脑结构和机制的模拟，那么连接主义的各种机器学习方法就是对大脑学习和训练机制的模拟。

1969 年，符号主义代表人物马文・明斯基（Marvin Minsky）的著作《感知器》提出对 XOR 线性不可分的问题：单层感知器无法划分 XOR 原数据，解决这个问题需要引入更高维非线性网络（MLP），至少需要两层，但多层网络并无有效的训练算法。这些论点给神经网络研究以沉重的打击，神经网络的研究走向长达 10 年的低谷时期。

1.3.3 行为主义

行为主义又称为进化主义或控制论，原理主要为感知动作型控制系统。行为主义认为智能决定于感知和行动，智能不需要知识、表示和推理，在现实世界与周围环境不断交互的过程中，人工智能可以表现出来并能不断进化。行为主义起初的研究工作重点是对控制系统和拟人的研究，到 20 世纪六七十年代，控制系统的研究取得了一定进展，并在 20 世纪 80 年代诞生了智能控制和智能机器人系统。20 世纪末，行为主义在人工智能发展中作为新学派出现。

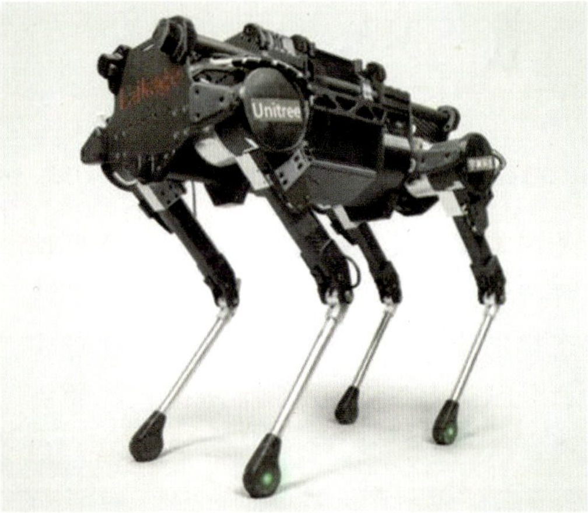

图 1－6　宇树科技 Laikago 机器人

这一学派的代表作首推布鲁克斯（Brooks）的六足行走机器人，它被看作是新一代的“控制论动物”，是一个基于感知－动作模式模拟昆虫行为的控制系统。国内的宇树科技公司研发的四脚机器狗 Laikago（如图 1－6 所示），可以完成很多炫酷的动作。Laikago 可以实现爬斜坡、穿过石板路等场景，即使被测试人员用脚踢来干扰也仍然能保持良好的平衡性和稳定性。

1.4 人工智能发展趋势

配套微课

在 21 世纪的科技浪潮中，人工智能作为科技进步的璀璨明珠，正以前所未有的速度推动着全球社会、经济的深刻变革。随着算法的不断优化、计算能力的持续提升以及大数据资源的日益丰富，人工智能技术已经从最初的实验室研究走向广泛的应用领域，深刻影响着人们的日常生活和各行各业的发展轨迹。

生成式人工智能（Generative AI）作为 AI 领域的一个新兴分支，以其强大的创造力和生成能力，正逐渐成为 AI 发展的新热点。生成式 AI 不仅能够模拟和生成与真实世界相似的内容，如图像、文本、音频等，还能够通过深度学习算法理解和创造全新的概念与创意，极大地拓宽了 AI 的应用边界。从 ChatGPT 引领的自然语言生成，到 GANs 在图像生成领域的突破，生成式 AI 正展现出无限的潜力和广泛的应用前景。

1.4.1 人工智能技术的发展趋势

人工智能技术发展趋势呈现多元化、融合化、创新化的特点。生成式 AI 作为其中的重要分支之一，在多模态预训练大模型、深度学习技术、多样化应用、可解释性与安全性、量子计算融合、脑机接口与具身智能以及低资源语言处理等方面均展现出广阔的发展前景和巨大的应用潜力。

1. 多模态预训练大模型的普及与融合

随着人工智能技术的不断演进，多模态预训练大模型已成为当前研究的热点之一。这些模型能够处理并融合文本、图像、声音等多种数据模态，实现跨模态的理解和生成。未来，多模态预训练大模型将在更多领域得到广泛应用，成为 AI 产业的标配。通过整合不同模态的信息，这些模型能够提供更加丰富和全面的用户体验，例如在智能客服、自动驾驶、医疗影像分析等领域，用户不仅能够获取文本信息，还能通过图像、声音等多维度感知交互内容，从而提升整体满意度和效率。

2. 深度学习技术的持续创新

深度学习作为生成式人工智能的核心技术之一，其发展对于 AI 技术的进步至关重要。随着算法的不断优化和计算能力的提升，深度学习模型能够在更复杂的数据环境中进行高效的特征提取和模式识别。特别是在生成式 AI 领域，深度学习技术将进一步推动图像生成、文本生成、音频生成等方面的进步。例如，在图像生成领域，通过引入新的网络结构和训练方法，深度学习模型能够生成更加逼真、细腻的图像内容；在文本生成领域，结合自然语言处理技术，深度学习模型能够创作出更加丰富多样、具有创新性的文本内容。

3. 生成式 AI 技术的多样化应用

生成式 AI 技术不局限于传统的图像、文本生成，还将拓展到更多样化的应用场景。例如，在音乐创作领域，生成式 AI 可以根据用户的喜好和需求，自动生成符合特定风格的音乐作品；在电影制作领域，生成式 AI 可以辅助编剧和导演快速生成剧本大纲和场景设计；在教育领域，生成式 AI 可以根据学生的学习进度和能力水平，自动生成个性化的学习资源和习题。这些多样化的应用场景将进一步推动生成式 AI 技术的普及和发展。

德技并修

生成式 AI 与创新能力培养

生成式 AI 作为人工智能领域的新兴分支，以其强大的创造力和生成能力，正在各个领域展现出巨大的应用潜力。从 ChatGPT 到 Sora，生成式 AI 正不断拓宽人工智能的应用边界。

在中国，百度可能是最接近 ChatGPT、DALL-E2 的缔造者 OpenAI 的对标之一。百度从 2023 年开始将重心转向 AI 原生应用开发，通过文心大模型赋能百度文库、搜索、网盘、地图等产品进行重构。例如，百度文库全面重构为“一站式 AI 内容创作平台”，新推出跨模态的智能漫画和智能画本创作功能，大幅降低创作成本和门槛，提升内容创作效率。

百度智能云推出新一代智能计算操作系统“万源”，旨在“桥接”算力效能与应用创新。这一系统由 Kernel（内核）、Shell（外壳）、Toolkit（工具）三层构成，为 AI 原生应用的敏捷开发提供支撑与保障。

百度在搜索业务中积极引入 AI 技术，提升搜索结果的精准度和用户体验。目前，百度已有 11% 的搜索结果由 AI 生成，未来这一比例还将继续提升。同时，百度还增加了“互动”栏，将搜索完全改为问答式搜索，以满足用户更加个性化的需求。

4. 可解释性与安全性的增强

随着生成式 AI 技术的广泛应用，其可解释性和安全性问题也日益受到关注。为了提高 AI 模型的透明度和可信度，研究者们将致力于开发可解释的生成式 AI 模型。这些模型能够在生成结果的同时，提供生成过程的详细解释和推理路径，使得用户能够更好地理解模型的工作原理和决策依据。此外，为了提高生成式 AI 技术的安全性，研究者们还将加强对抗性训练、差分隐私等技术的应用，确保模型在面对恶意攻击时能够保持鲁棒性和稳定性。

5. 量子计算的融合与应用

量子计算作为下一代计算技术，其独特的并行计算能力和低能耗特性为生成式 AI 技术的发展提供了新的机遇。随着量子计算技术的不断成熟和商业化进程的加速推进，生成式 AI 将能够借助量子计算机的强大算力，实现更加高效、精确的数据生成和处理。例如，在药物研发领域，生成式 AI 结合量子计算技术可以快速生成大量潜在的药物分子结构并进行筛选优化；在材料科学领域，生成式 AI 可以辅助设计具有特定性能的新材料结构等。

6. 脑机接口与具身智能的探索

脑机接口技术通过将大脑信号与计算机直接相连，为生成式 AI 技术提供了新的交互方式。未来，随着脑机接口技术的不断发展和完善，生成式 AI 将能够更直接地理解人类的意图和需求，从而生成更符合人类期望的内容。同时，具身智能作为 AI 发展的新形态之一，强调智能体在物理世界中的感知和交互能力。具身智能的发展将使得生成式 AI 能够在更广泛的环境中发挥作用，例如在家庭服务机器人、自动驾驶汽车等领域实现更加智能和自然的交互体验。

7. 低资源语言处理的突破

在全球化背景下，多语言处理成为生成式 AI 技术的重要挑战之一。特别是对于低资源语言而言，由于缺乏足够的训练数据和标注资源，传统的生成式 AI 模型往往难以取得令人满意的效果。为了突破这一瓶颈，研究者们将致力于开发适用于低资源语言的生成式 AI 技术。例如，通过迁移学习、无监督学习等方法充分利用跨语言资源和预训练模型的能力来提升低资源语言的生成效果，同时开发针对特定语言特性的定制化模型来适应不同语言环境的需求。

1.4.2　人工智能产业的发展趋势

与相对低迷的全球经济相比，人工智能市场持续高歌猛进。互联网数据中心（IDC）预测，全球人工智能市场将保持较高的增长走势，在 2022—2026 年实现 20% 的复合年增长率，预计市场规模在 2030 年达到 18 610 亿美元，如图 1－7 所示。

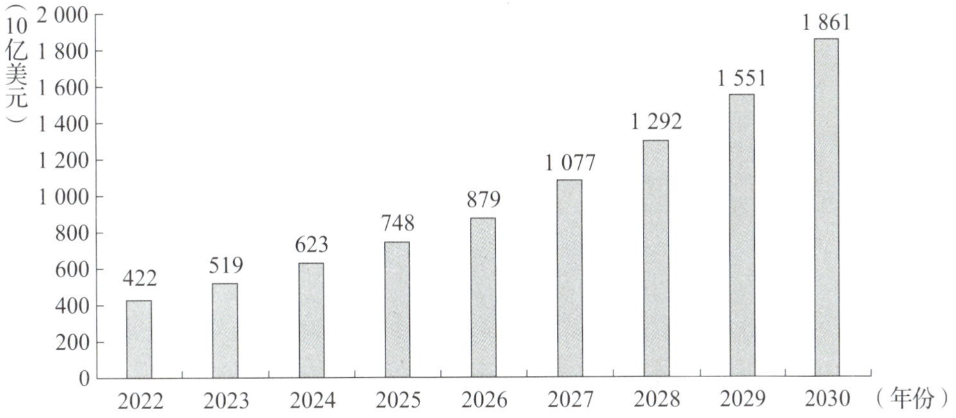

图 1－7　2022—2030 年全球人工智能市场规模预测

我国人工智能产业蓬勃发展，集聚效应日益凸显。在产业规模方面，2020 年，我国人工智能产业规模为 1 969 亿元；2021 年，产业规模超过 2 900 亿元；2022 年，产业规模超过 4 000 亿元；2023 年，产业规模达到 5 700 亿元，如图 1－8 所示。

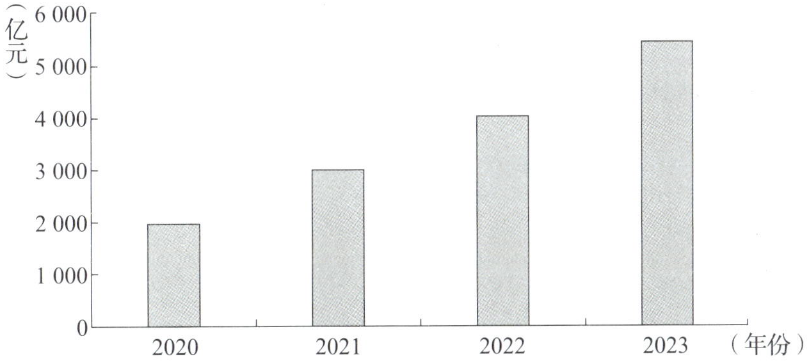

图 1－8　2020—2023 年我国人工智能产业规模

在人工智能产业链构成方面，目前我国人工智能基本形成了从基础支撑、核心技术、融合应用到安全治理的完整产业链条。应用层推进力度最为显著，近八成企业在应用层开展布局。在省份布局方面，内地 31 个省份均在人工智能方面有所布局，其中，北京、上海、广东等 10 个省份在产业链基础层、技术层、应用层、治理层均有布局。我国人工智能企业在产业链中的布局相对集中，且有近 12% 的企业布局两层以上，77% 的企业在应用层布局，19% 的企业在技术层布局，基础层企业数占 16%，治理层企业数占 1.6%，如图 1－9 所示。

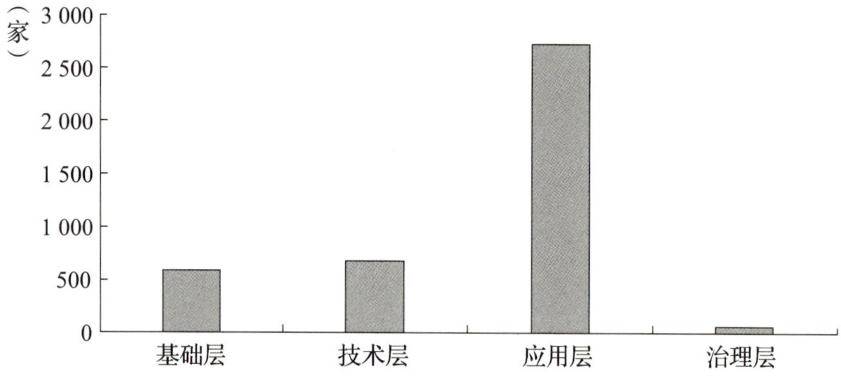

图 1－9　我国人工智能企业产业链布局情况

中央、地方共同发力优化人工智能产业发展环境。2022 年，中央陆续出台一系列指导意见及通知，强调构建新一代信息技术、人工智能等一批新的增长引擎，持续加强对人工智能场景创新工作的统筹指导。高校人工智能学院及专业设置持续增长，目前全国已有超过 500 所高校开设人工智能专业，为人工智能研究型、应用型人才培养奠定了基础。在人工智能高端顶尖人才培育方面，统筹国家重点实验室、开放创新平台、新型研发机构以及龙头企业实验室的力量，探索产学研用协同培养的新模式和新路径。全国范围内人工智能国家级重点实验室数量共计 26 家。龙头企业积极打造开放平台吸引开发者和生态合作伙伴，各平台持续推动开放实验室建设，促进数据、算法模型、关键技术等 AI 核心要素的开放共享，加快建立新一代人工智能基础软硬件技术体系。

1.4.3　人工智能发展面临的挑战与机遇

在人工智能技术日新月异的今天，其发展既带来了前所未有的机遇（见表 1－2），也伴随着一系列挑战（见表 1－3）。这些挑战与机遇相互交织，共同塑造了 AI 领域的未来图景。

表 1－2　AI 发展面临的机遇

机遇	描述
技术融合与创新	AI 技术与云计算、大数据、物联网等前沿技术的深度融合，将推动形成更加智能化、个性化的应用体系。这种技术融合不仅将拓展 AI 的应用场景，还将提升 AI 系统的性能和效率，为产业发展提供新的动力。
行业应用的广泛拓展	AI 技术在医疗健康、智能制造、智慧城市、金融科技等多个领域的广泛应用，将为这些行业带来革命性的变革。通过 AI 技术的赋能，这些行业将实现生产流程的优化、产品质量的提升、运营成本的降低以及市场机会的开拓。

续表

机遇	描述
产业升级与转型	AI 技术的发展将加速传统产业的升级与转型。企业可以利用 AI 技术优化生产流程、提升产品质量、降低运营成本，并开拓新的商业模式和市场机会。这将有助于推动经济结构的优化和增长方式的转变。
政策支持与资金投入	各国政府纷纷出台相关政策支持 AI 技术的发展和应用。这些政策不仅关注技术创新和产业发展，还注重伦理道德、数据安全等问题的解决。同时，资本市场对 AI 领域的投资热情高涨，为 AI 企业提供了充足的资金支持和发展空间。
国际化合作与交流	随着全球化进程的加速推进，AI 技术的国际化合作与交流日益频繁。不同国家和地区之间的技术共享、经验交流和人才流动将有助于推动 AI 技术的全球普及和应用拓展。同时，面对全球性挑战和问题（如气候变化、公共卫生等），AI 技术也将成为国际合作的重要领域之一。

表 1－3 AI 发展面临的挑战

挑战	描述
数据安全与隐私保护	随着 AI 技术的广泛应用，数据成为核心资源。然而，在数据的收集、存储、处理和分析过程中，如何确保用户隐私不被侵犯，防止数据泄露和滥用，成为亟待解决的问题。尤其是个人敏感信息的保护，需要更严格的法律法规和技术手段来保障。
伦理道德问题	AI 的决策过程往往不透明，难以解释其背后的逻辑和依据，这可能导致不公平的决策结果。此外，AI 技术在某些领域的应用（如自动驾驶、医疗诊断）可能引发复杂的伦理争议，如何平衡技术进步与社会伦理成为一大挑战。
技术普及与人才短缺	尽管 AI 技术发展迅速，但其普及程度仍受限于技术门槛和人才短缺。许多中小企业难以承担高昂的研发和应用成本，同时，具备跨学科知识和创新能力的 AI 人才供不应求，制约了 AI 技术的广泛应用和深入发展。
监管与法规滞后	随着 AI 技术的快速迭代和应用场景的不断拓展，现有的法律法规往往难以跟上技术发展的步伐。监管滞后可能导致市场秩序混乱、不正当竞争等问题，影响 AI 产业的健康发展。

AI 应用

老人身边的医生：人工智能对生命的关怀

智能健康管理是将人工智能技术应用到健康管理的具体场景中，利用医疗传感器监测个人健康状况，智能私人医生便可以全天候守护个人的生命健康。目前，人工智能主要应用于风险识别、虚拟护士、精神健康、在线问诊、健康干预以及基于精准医学的健康管理。家居私人医疗系统会对个人进行传感监测，如图 1 - 10 所示。

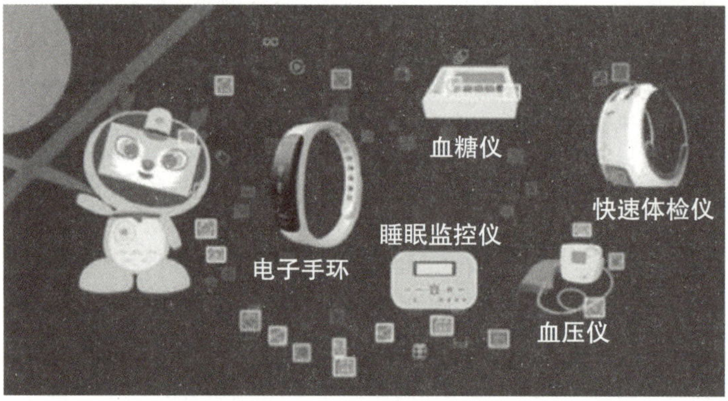

图 1 - 10　家居私人医疗系统

老人的心率、血压、血糖等数据都会被记录在家居私人医疗的账号中，家居私人医疗系统默默地进行分析，对可能存在的问题或者风险进行标注。这个系统集成了最新的各种老年人相关疾病的模式识别结果，能够准确分析出数百种不同的病变情况。在这个系统的协助下，医生可以迅速确定病因以及病情，并给出治疗方案。在这个系统的协助下，老人的各种突发疾病都可能会被预测和监测到，如突发脑出血晕倒，急救系统收到信息，救护车飞驰而来进行抢救，第一时间救治老人，病人可以在最佳的治病时机得到最佳的治疗。在数年前这是难以想象的，但随着人工智能的发展，大数据在个人病历、POCT 设备、各类健康智慧设备、手机 App 中大量涌现，智能技术让医疗健康的效率大大提高，预防的效果也有显著的提高。

蚂蚁保利用 AI 大模型实现医疗险规模化“秒赔”

蚂蚁保通过生成式大模型技术，整合丰富的医学和保险知识，让大模型变得更聪明和专业，能读懂医疗文档，并理解保险条款，通过大模型思维链推理出理赔结论，将审核时间缩短到秒级，实现医疗险 0 人工参与、秒级自动化审核。

“秒赔”直击材料繁多复杂和审核门槛高两大难题，涵盖“提取”和“审核”两个模块。

快速理赔难以规模化的第一重因素是，理赔材料种类繁多，数据量大，信息提取复杂，且容易造成误差风险。为此，“秒赔”服务的“提取”模块以蚂蚁自主研发的 4 032 × 4 032 高分辨率视觉编码器为依托，辅以 AI 智能文档相机等技术，可用于提取出入院小结、穿刺病例报告、超声心动图、费用明细、发票等 107 种人身险理赔凭证，准确率达 99%。以这一模块的高分辨率视觉编码器为例，该技术有效解决模糊、遮挡、叠字、信息缺失等难题，能够确保医疗报告、票据等图像数据在被读取和分析时，不会丢失任何关键信息，从而提高完整性和准确性。与此同时，借助多方安全计算技术，在获得用户授权以后，通过票据直连技术自动化访问报案相关票据，大幅度简化用户整理票据的流程，实现了数据自动化获取。这些环节叠加整合，能够解决目前理赔材料复杂繁多的痛点，加速了材料处理过程，进而能够加速整个理赔流程。

另外，“秒赔”的提取模块还依赖于极致的视觉 Token 压缩，最多支持 200 页图像输入，让用户轻松完成理赔报案。通过极致的压缩技术，单个文档所需 Token 的数量大幅减少，能够降低处理和分析图像所需的计算资源，高效解决理赔案件中文档、图片中高信息密度的识别难题。

快速理赔难以规模化的第二重因素是理赔审核门槛高，需要具备专业的保险以及医疗知识。针对这一点，“秒赔”服务的“审核”模块借助大模型技术，通过大量保险、医学知识的注入，让大模型能读懂病历，理解条款，理赔审核过程和理赔专家作业过程完全一致。

因此，蚂蚁保“秒赔”服务的推出，一方面依赖于大模型的发展，另一方面依赖于医疗电子票据的广覆盖。近年来，政府机构不断推动医疗电子票据的普及，这一举措为秒赔服务的规模化发展提供了可能。

本章小结

本章详细介绍了人工智能的概念、分类、特征及发展历程。人工智能作为计算机科学的重要分支，旨在模拟和扩展人类智能，其发展历程经历了孕育与诞生、两次高潮与低谷期，如今正步入稳定发展期。同时，本章探讨了人工智能的三大学派——符号主义、连接主义和行为主义，它们各自从不同角度推动了人工智能的发展。此外，本章还展望了人工智能技术的多元化、融合化、创新化发展趋势，以及其在医疗、教育、金融等领域的广泛应用前景。通过本章的学习，我们深刻认识到人工智能的重要性和巨大潜力，激发对未来科技发展的无限遐想。

在线测试

第 2 章 人工智能基础支撑

教学目标

- 知识目标：了解人工智能的基础框架和常见支撑技术；熟悉 AI 核心三要素；掌握人工智能数据服务的概念及流程。
- 技能目标：能分析人工智能系统架构；能运用核心要素解决问题，实施数据服务流程，整合支撑技术。
- 素养目标：培养持续学习与适应能力、伦理与法律意识、跨学科合作能力、创新与实践能力；养成数据隐私和安全意识。

知识导图

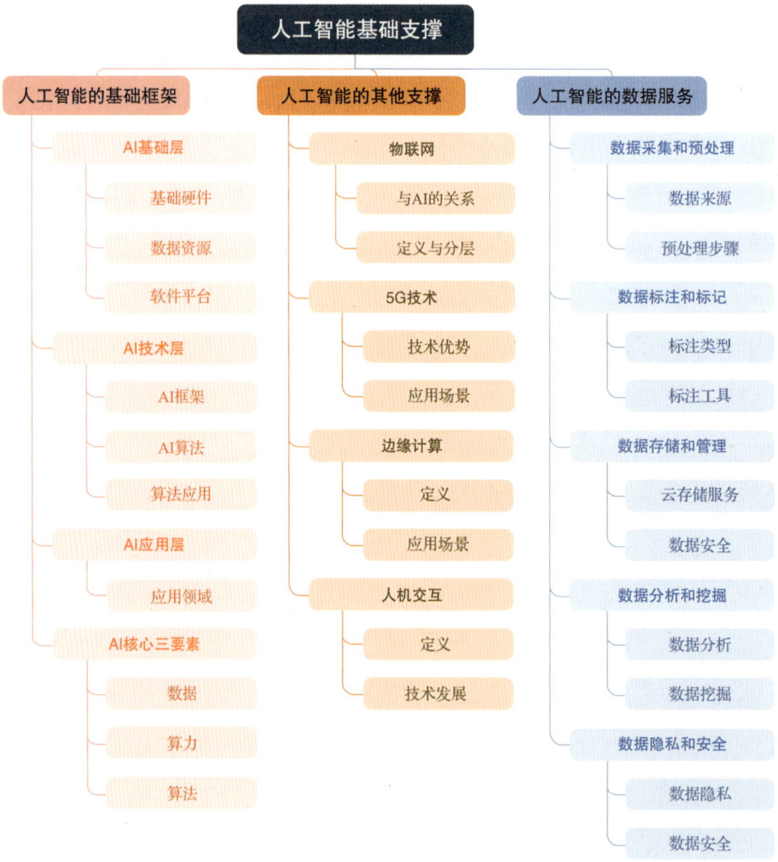

引导案例

数字孪生地图

2024 年 7 月 30 日，百度地图正式推出新一代数字孪生地图 DuEarth，重新定义数字孪生地图：不仅好看，更要好用；不仅给人看，还要给大模型算法用；不再是更新滞后的模型堆砌，要用超低成本保持数字孪生地图的鲜活，让数字孪生地图路网实现和百度地图 App 车道级导航的同步更新——具备“更好用、更智能、更鲜活”三大亮点。

发布会上，百度地图副总经理刘增刚表示：“百度地图一直在加速数字孪生和地图引擎融合的技术创新，作为中国领先的智能化位置服务平台，我们一直坚定地走在技术创新突破的前沿，旨在构建一个更实用、更低成本、更高效率的‘数字孪生地图’。百度数字孪生地图 DuEarth 正式向行业发布，未来会在智能网联等新基建场景中发挥更重要的作用。”

智能网联正在从示范期迈入大规模车路云一体化应用期，“聪明的车、智慧的路、强大的云”更加深度融合的背后，离不开一张实时更新的地图，特别是离不开一个懂网联、懂智驾、懂云控的数字孪生地图底座。DuEarth 已经覆盖 360 城 360 万千米，成为全国最大规模的车路云数字底座，可以助力中国智能网联从示范阶段进入大规模应用阶段，为公众出行带来更多获得感。百度地图发布的 DuEarth 因智能网联而生，却不止于网联，也会赋能泛政府数字化转型，助力更多新产业场景。如图 2－1 所示。

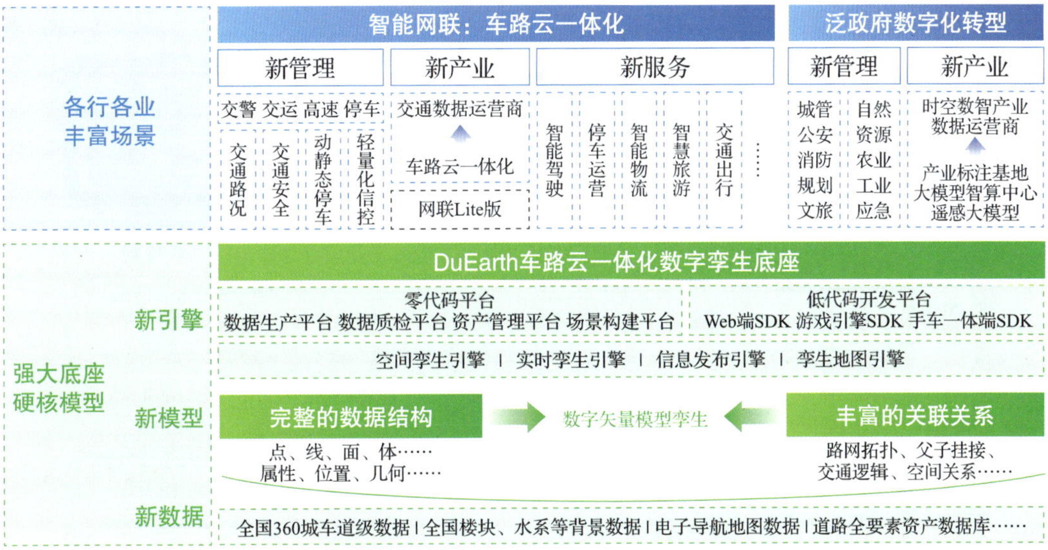

图 2－1　DuEarth 更广泛的服务场景

据了解，DuEarth 将率先在新管理、新产业和新服务等场景中落地应用。尤其在新产业场景，百度地图是一个懂智驾、懂网联、懂地图的车路云数字底座服务提供商，可以基于高价值交通数据资产能力，助力城市车网集团、高速集团、交投集团等，快速构建商业化图业融合架构，将所有路侧设备产生的数据转化为高价值、可认证、可变现的数据资产，推动交通数据运营的商业化闭环。目前，百度地图正在搭建全新的智能网联 Lite 版本 SaaS 平台，通过将真实的智驾需求转化为车图云具体的建设要求，加速路端交通数据到智能汽车的上车落地，让车辆驾驶更安全高效，更好地连接车网集团和智驾车企。

数字中国建设已迈入新征程，包括数字孪生地图在内的人工智能基础设施建设进一步提速。百度地图将携手生态伙伴，基于全新的数字孪生地图产品 DuEarth，推进深度学习、AI 大模型、数字孪生等创新技术在更多行业场景中应用落地，为产业数字化转型、数字经济发展提供有力支撑。

思考：数字孪生地图离不开人工智能基础建设和人工智能技术广泛应用。生活中，人工智能的基础支撑有哪些？

2.1 人工智能的基础框架

配套微课

人工智能的基础框架按照产业生态通常可以划分为基础层、技术层、应用层三大板块。其中，基础层提供支撑人工智能应用的基础设施和技术，包括存储和处理大规模数据的能力，以及高性能的计算和通信基础设施；技术层提供各种人工智能技术和算法，用于处理和分析数据，并提取有用的信息和知识；应用层是人工智能技术的最终应用领域，将技术层提供的算法和模型应用到具体的问题和场景中，实现智能化的决策和优化。图 2－2 描述了人工智能的技术框架。

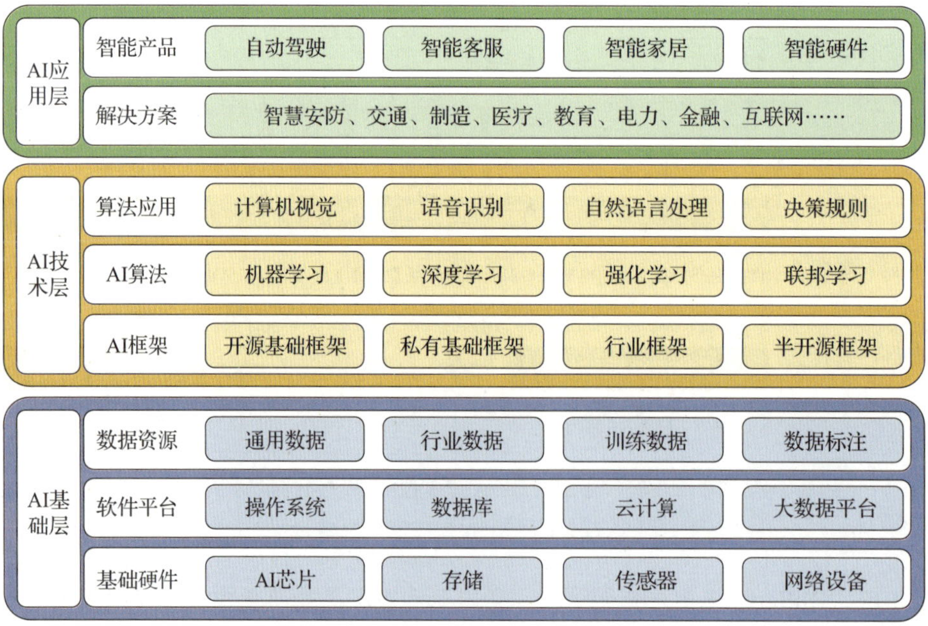

图 2－2　人工智能的技术框架

基础层、技术层和应用层的划分方式能够帮助人们理解人工智能生态的层次结构和应用流程，从基础设施到技术工具再到最终应用，逐步解释实现人工智能所需资源和条件。

2.1.1 AI 基础层

AI 基础层为人工智能系统提供最基本、最基础、最底层的业务服务，包含人工智能的三大核心要素中的算力和数据，以及运行在硬件资源上的平台软件，即对应图 2 – 2 中的基础硬件、数据资源和软件平台。

1. 基础硬件

基础硬件是支撑人工智能系统运行所需的硬件设备资源，如 AI 芯片、存储设备、传感器和网络设备等。其中传感技术是获取现实世界信息的基础。通过传感器和设备，可以收集和感知环境中的各种数据，如温度、湿度、压力、位置、运动等。这些传感器可以嵌入物理设备中，例如智能手机、物联网设备、机器人等。传感技术为人工智能提供了丰富的实时数据，支持智能决策和行为。AI 芯片是最重要的硬件资源，其为人工智能系统提供了“算力”。由于人工智能系统使用了大规模的数据训练、复杂的人工神经网络算法，因此硬件处理芯片需要具备强大的并行计算能力，用于加速训练和推理过程。在硬件算力基础层，主要的目标是提高计算效率、降低能耗以及打造适合人工智能计算的硬件架构。

AI 芯片是为处理人工智能任务而专门设计的芯片，具备高效的计算和推理能力。当前比较主流的硬件算力解决方案有 NVIDIA GPU（图形处理器）和 Google TPU（Tensor Processing Unit 张量处理器），如图 2 – 3 所示为 NVIDIA GPU Tesla A40。NVIDIA GPU 是目前最主流和广泛应用的解决方案之一，它通过强大的并行计算的能力以及高速存储带宽，大幅提升了神经网络模型的训练和推理速度，在人工智能领域发挥了重要作用。NVIDIA 提供了专门针对 AI 任务优化的 GPU 架构和开发工具，如最新的 Ampere 架构和 CUDA 编程环境。芯片型号如：A100、A800、H100、V100、RTX 30 系列（如 RTX 3080、RTX 3090）。Google TPU 是谷歌设计的专门用于加速人工智能任务的 ASIC（专用集成电路）芯片。TPU 通过定制化的硬件设计，在能效比和性能方面表现出色，适用于各种机器学习和深度学习工作负载，如 TPUv1、TPUv2、TPUv3，如图 2 – 4 所示为 TPU3.0。

图 2 – 3 NVIDIA GPU Tesla A40

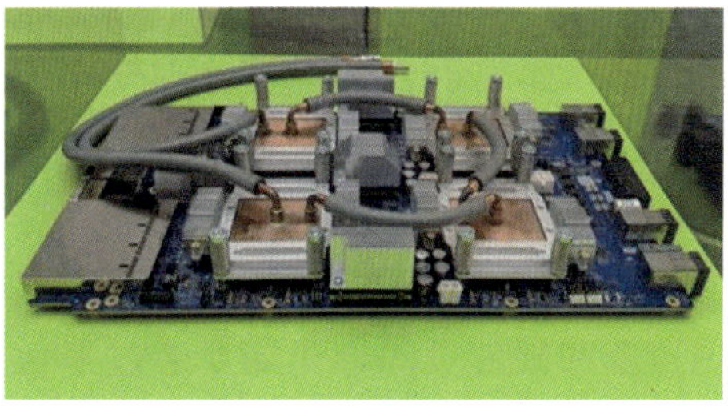

图 2 – 4 TPU3.0

除上述 AI 芯片之外，还有很多其他公司的 AI 芯片，如 Intel（NNP 芯片）、华为（Ascend 芯片）、Apple（A 系列芯片）、ARM（Ethos 芯片）等也投入大量资源用于研发和推广人工智能芯片。这些主流 AI 芯片都在不同程度上针对人工智能任务进行优化和定制，提供高性能、高能效的计算和推理能力，进一步推动了人工智能技术的发展和应用。

德技并修

中国的 AI 芯片取得显著进展

中国在人工智能芯片领域取得显著进展，如华为昇腾系列芯片型号有昇腾 310、昇腾 910，广泛应用于华为的云服务和 AI 计算平台；寒武纪芯片型号 MLU100、MLU270，应用于智能监控、智能家居等领域；地平线芯片征程系列（如征程 2.0），主要用于自动驾驶和智能驾驶辅助系统，应用于多家汽车制造商。

中国的 AI 芯片在快速发展，有着政策和市场的双重支持，但在技术成熟度、市场占有率和整体性能上，与国外领先企业相比仍有差距。未来，随着技术的不断进步和市场的扩展，中国的 AI 芯片有望在全球市场上占据更重要的位置。

2. 数据资源

数据是人工智能的燃料，训练投喂的数据质量直接决定了人工智能系统的性能指标。不同目的的人工智能系统需要训练不同类型的数据。如通用数据一般用于训练通用知识系统、行业数据用于训练行业知识系统。训练数据也需要根据具体的算法确认是否需要标注以及如何标注等。在人工智能中，数据的处理和应用涉及一些技术和知识，以下是其中一些重要的技术和知识，如数据收集与清洗、数据存储与管理、数据预处理与特征工程、数据标注与注释、数据可视化与分析、隐私与安全保护等。这些技术和知识在人工智能的数据处理中起到了关键作用。通过合理运用和整合这些技术和知识，可以更好地处理和应用数据，为人工智能系统提供有效的训练和决策依据。

数据资源是指能为企业带来价值的数据的集合，它不仅包括企业内部的数据，还包括外部的市场调研数据、用户生成数据等。当数据积累到一定规模后，除了原本记录事务信息的功能外，还具有进一步挖掘更高价值的潜力。因此，数据资源不仅仅是原始的数据，还包括对这些数据进行处理、分析后能够得到的有价值的信息和洞察力。

某个数据有潜在价值但还未经过加工，它就是数据资源。如果这个数据加工后成为可以产生经济利益的数据，它就变成了数据资产。所以，数据有没有价值，不是其本身决定，而是由需求决定，不同的使用场景，同一数据的价值也不同。

3. 软件平台

软件平台通常是指一些提供人工智能开发和部署的综合性软件工具和环境。有了数据资源和硬件资源，还需要通过平台软件整合数据和硬件资源，高效使用硬件资源完成对数据的训练和推理，其中涉及的平台软件有特定类型的操作系统、数据库处理软件、云计算以及大数据平台等。云计算平台提供了基于云服务的计算和存储资源，可以满足人工智能任务对计算能力和可扩展性的需求。一些知名的云计算平台包括 Amazon Web Services（AWS）、Microsoft Azure 和 Google Cloud Platform（GCP）等。大数据处理平台提供了高效的数据存储、分布式计算和数据处理工具。一些常见的大数据处理平台包括 Apache Hadoop、Apache Spark 和 Databricks 等。

2.1.2　AI 技术层

AI 技术层位于基础层之上，提供了各种人工智能技术和算法，用于处理和分析数据，并提取有用的信息和知识。AI 技术层提供了文字、音频、图像、视频、代码、策略和多模态的理解与生成能力，广泛应用于金融、电商、传媒、教育、游戏、医疗、工业和政务等领域，能够为企业级用户、政府机构和大众消费者提供高效、智能的产品和服务，推动各行业的数字化转型和创新发展。AI 技术层主要包括 AI 框架、AI 算法和算法应用。

1.AI 框架

AI 框架是实现人工智能业务的软件基础框架，其利用 AI 算法完成整体业务框架的搭建，有完全开源的基础框架，如 TensorFlow、PyTorch、Transformer、PaddlePaddle、GLM 等；也有不开源私有 AI 开发框架，如 Caffe、CNTK；还有一些半开源 AI 框架，即部分开源，一些核心组件或基础功能是开放的，但也可能包含一些额外的专有组件或扩展，或者整个框架中的部分开源，如 Keras、MXNet、GPT 等。中国在人工智能框架方面发展迅速，如百度的 PaddlePaddle，专注于产业应用，支持深度学习和机器学习，提供丰富的模型库和工具，适合大规模分布式训练，平台首页如图 2－5 所示。华为的 MindSpore，强调智能化和自动化，支持端、边、云多种场景，兼容多种硬件架构，适合云端和边缘计算；旷视科技的 MegEngine，高效的深度学习框架，支持动态图和静态图，适用于计算机视觉和智能视觉应用。

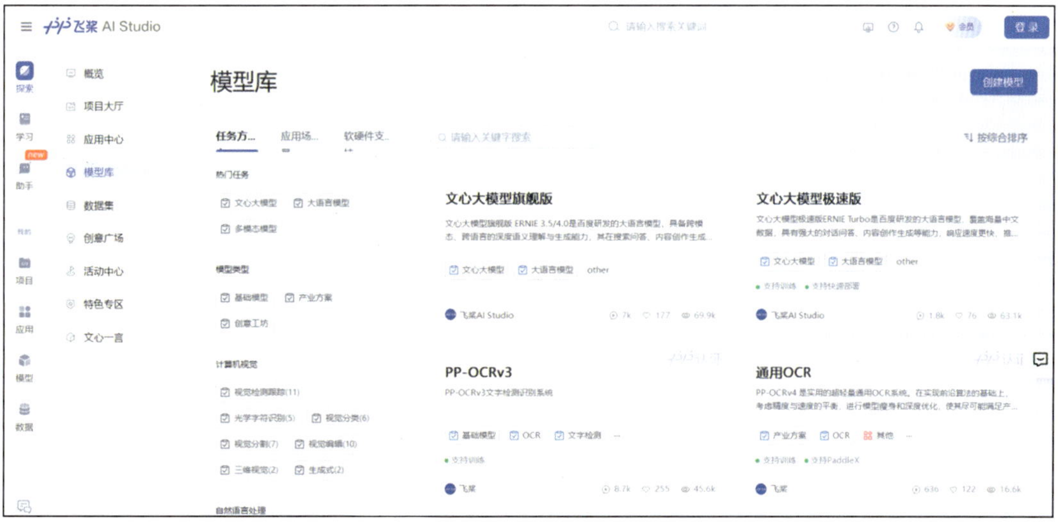

图 2－5　PaddlePaddle 开源平台首页

根据AI框架开源情况的不同，AI开发模式有两种不同的方式，分别是基于开源框架进行开发和基于在线框架API进行开发。基于开源框架开发是基于已经发布的开源框架系统进行开发和训练，由于源代码开放，开发者可以自由地查看、修改和定制系统，以适应特定的需求和任务。而基于在线框架API开发模式是基于部署在云端的大型机器学习或深度学习模型，通过接口或API的方式进行访问和使用，优点是开发者无须关注底层的硬件和软件架构，通过网络请求即可获得系统的预测结果。两种开发模式均有各自的优势，开发者可以根据具体的业务需求进行选择。

2.AI 算法

AI算法就是能够具体实现人工智能业务的数据计算方法，如决策树回归、支持向量机算法、深度学习算法、人工神经网络算法等，和AI框架共同完成对数据的训练、优化和推理等任务，如当前主流的生成式预训练模型就是一种AI算法，包含三种建模方式，如自编码模型、自回归模型、编码－解码模型，分别对应BERT、GPT和Transformer模型。AI常见算法见表2－1。

表2－1　AI常见算法

AI常见算法	算法介绍
决策树回归算法（Decision Tree Regression，DTR）	决策树回归是一种预测模型，它代表对象属性与对象值之间的映射关系。这种模型采用树形结构，其中每个内部节点表示一个属性上的测试，每个分支代表一个测试输出，每个叶节点代表一种类别或预测值。决策树回归算法属于非参数型，较为容易解释，但可能趋向过拟合，也可能陷入局部最小值中，无法在线学习。
支持向量机（Support Vector Machine，SVM）	一种用于分类问题的监督算法，旨在通过最大化间隔来提高学习机的泛化能力，其基本模型定义为特征空间上的线性分类器，目的是找到一个超平面，使得该平面与最近的类点之间的距离最大化。SVM不仅在文本分类、图像分类等传统应用场景中表现出色，还可应用于生物序列分析、生物数据挖掘以及手写字符识别等领域。
深度学习算法（Deep Learning，DL）	学习样本数据的内在规律和表示层次，这些学习过程中获得的信息对诸如文字、图像和声音等数据的解释有很大帮助。它的最终目标是让机器能够像人一样具有分析学习能力，能够识别文字、图像和声音等数据。
人工神经网络算法（Artificial Neural Networks，ANN）	一种模拟人脑神经网络结构和功能进行信息处理的算法。由众多的神经元可调的连接权值连接而成，具有大规模并行处理、分布式信息存储、良好的自组织自学习能力等特点。

3. 算法应用

算法应用是基于AI框架和算法之上涉及具体应用领域的业务计算，有计算机视觉、语音识别、机器学习、自然语言处理等，AI算法应用见表2－2。

表 2－2　AI 算法应用

AI 算法应用	定义解释
计算机视觉（Computer Vision，CV）	使计算机通过图像和视频数据来模拟和理解人类视觉的过程。它涉及利用计算机算法和技术对图像、视频和其他视觉输入进行处理、分析和理解，从而实现识别、检测、分类、跟踪等一系列视觉任务。
机器学习（Machine Learning，ML）	一门多学科交叉专业，涵盖概率论、统计学、近似理论知识和复杂算法知识，使用计算机作为工具并致力于真实实时的模拟人类学习方式，并将现有内容进行知识结构划分，从而有效提高学习效率。
自然语言处理（Natural Language Processing，NLP）	研究计算机如何理解、处理和生成人类语言的一门学科。它涉及通过计算机技术对文本数据进行分析、理解和应用，如自然语言理解 NLU 技术和自然语言生成 NLG 技术。
语音识别（Speech Recognition，SR）	一种将语音信号转化为文本或其他可操作形式的技术。它致力于使计算机能够理解和处理人类的口语语言。涉及的技术包括：语音信号预处理、特征提取、声学模型、语言模型、语音合成、声纹识别等。

2.1.3　AI 应用层

应用层是人工智能技术的最终应用领域，将技术层提供的算法和模型应用到具体的问题和场景中，实现智能化的决策和优化。在这一层，人工智能被集成到各种应用领域中，包括自然语言处理、计算机视觉、语音识别、智能推荐、无人驾驶等，可以给千行百业进行赋能，通过深度融合，实现业务智能，提高工作效率和质量。应用层的主流方案会因具体应用领域的不同而有所不同。例如，在自然语言处理中，主流方案包括文本分类、感知分析、机器翻译等；在计算机视觉中，主流方案包括图像识别、物体检测、图像生成等。这些应用通过利用技术层提供的工具和模型，将人工智能技术应用于实际问题，并为用户提供智能化的服务和体验。

2.1.4　AI 核心三要素

数据、算力、算法是人工智能发展的三大核心要素，每次人工智能技术的高速发展都得益于这三大核心要素的重大技术突破。这三大核心技术要素是人工智能不断发展的核心驱动力，推动人工智能的技术迭代和商业化落地。

1. “数据”——AI 的燃料

数据提供了学习的材料和训练的依据，大规模、高质量的数据对于机器学习和深度学习等算法的训练和优化至关重要。数据可以来自多个渠道，包括结构化数据（如数据库）、非结构化数据（如文本、图像、音频和视频）以及实时生成的数据（如传感器数据）。通过收集、清洗、转换和存储等数据处理过程，可以使数据变得更加有用和可靠。同时，数据的多样性也对人工智能的发展起到推动作用。通过多源数据的组合和分析，可以获得更全面的信息，提高人工智能系统的准确性和预测能力。

2.“算力”——AI 的基建

算力是计算机系统处理复杂计算任务和大规模数据的能力。随着人工智能任务的复杂性不断增加，对于高效的计算能力需求也日益增大。特别是深度学习等计算密集型任务，需要进行大量矩阵运算和神经网络模型训练，对计算能力提出了更高要求。为了满足这种需求，专门设计的硬件设备如图形处理器（GPU）和专用 AI 芯片的应用变得越来越广泛。这些硬件设备具备并行计算能力和高效能运算能力，能够大幅度提升计算速度和效率，加速人工智能任务的处理过程。

3.“算法”——AI 的引擎

算法是实现智能决策和预测的数学模型。人工智能领域涵盖了多种算法，例如机器学习、深度学习和强化学习等。这些算法通过训练模型，使其从数据中学习并做出预测或决策。随着算法的不断创新和改进，在语音识别、图像处理、自然语言处理等领域取得了显著的成果，并为实现更高级别的人工智能能力提供了基础。

随着 AI 大模型规模的不断扩大，对计算资源的需求也在增加。高性能的硬件设备、海量场景数据、强大的算力基础和升级迭代的算法模型成为支持 AI 大模型发展的关键。

2.2 人工智能的其他支撑

配套微课

人工智能基础框架分三层结构，每一层可以实现不同功能，除数据、算力和算法之外，人工智能的发展还依赖于一系列其他技术支撑。

2.2.1 物联网

物联网（Internet of Things，IoT）是指将传统物理设备（如传感器、摄像头、定位设备等）与互联网连接，使这些设备能够互相通信、自主决策和协同工作。物联网可以分为三层：设备层、网络层和应用层。设备层包括传感器、定位设备等物理设备；网络层包括通信协议、安全协议、网络技术等；应用层包括分布式应用、大数据处理、网络接入等，如图 2－6 所示。

物联网与人工智能的关系可以理解为“数据与智能”的关系。物联网为人工智能提供了丰富的实时数据源和通信能力，而人工智能为物联网提供了智能决策和自主协同的能力。物联网通过连接各种传感器、设备和物理对象，实现了大规模的数据采集。这些数据可以包括环境参数、设备状态、传感器读数等。物联网提供了丰富的实时数据，为人工智能算法的训练和优化提供了基础。这些数据可以用于训练机器学习模型、构建预测和决策模型，为人工智能创造了新的应用场景，如智能家居、智能城市、智能制造等。

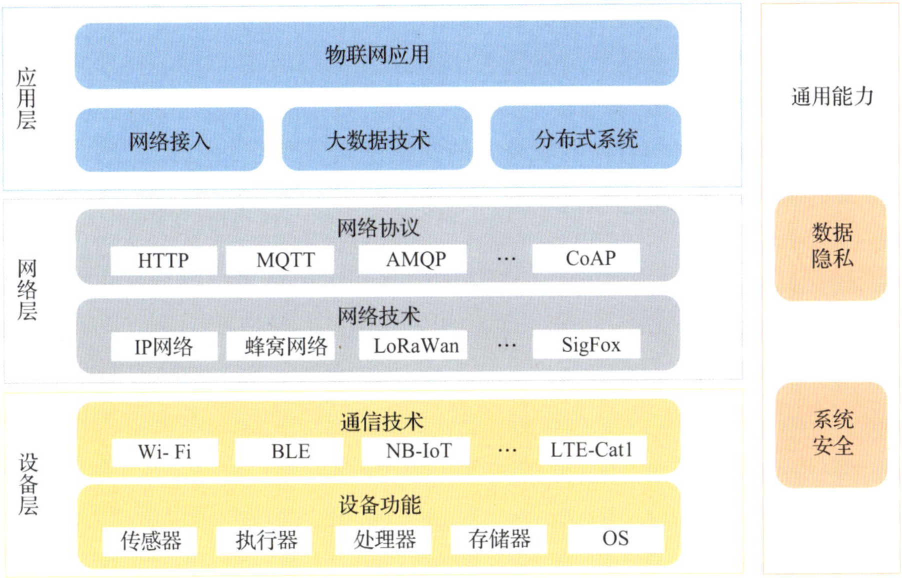

图 2－6　物联网分层图

2.2.2　5G 技术

第五代移动通信技术（5th Generation Mobile Communication Technology，简称 5G）是一种具有高速率、低时延和大连接特点的新一代宽带移动通信技术，5G 通信设施是实现人机物互联的网络基础设施。

5G 网络作为第五代移动通信技术，相比前几代技术具有许多显著的特点和优势，见表 2－3。

表 2－3　5G 技术优势

特点	优势	描述
更高传输速率	超高速率	5G 网络的理论峰值传输速率可达每秒数十 Gb，远超 4GLTE 极限速率，使得大规模数据传输、高清视频流畅播放等应用成为可能。
	低延迟	5G 网络的延迟大幅缩短，理论上可以达到 1 毫秒以下，对于实时交互性应用（如远程控制、虚拟现实、云游戏等）尤为重要。
	高带宽	通过更广泛的频谱资源和更高效的数据编码技术，5G 网络支持更多设备同时连接，并能提供更稳定、高质量的数据传输。
更多设备的连接	大规模物联网	支持大规模物联网应用，可以连接数十亿个设备和传感器，实现智能城市、智能交通、智能农业等领域的快速发展。
	网络切片技术	通过网络切片技术，5G 网络可以根据不同应用需求，灵活分配网络资源，保证服务质量，为各种垂直行业提供定制化的网络支持。
更可靠的网络覆盖和安全性	更广的覆盖范围	5G 网络利用更高频段和多天线技术，提升了覆盖范围和信号质量，使得边缘地区和室内区域也能享受到高速稳定的连接。
	网络安全性	5G 网络在设计上考虑了更多的安全措施，如身份验证、加密传输、数据隐私保护等，以应对日益复杂的网络安全威胁。

当然，除以上优势，5G 技术开启了新的应用场景和商业模式，包括 5G 网络提供了足够的带宽和低延迟，推动了增强现实（AR）和虚拟现实（VR）技术的大规模商业应用，涵盖教育、医疗、娱乐等多个领域；基于 5G 的高速连接和低延迟，实现了智能交通管理系统、车联网和自动驾驶技术的快速发展，提升了交通安全和效率；5G 网络支持远程操作和实时数据传输，推动了工业自动化水平的提升，如远程机器人操作、智能制造等。

5G 网络以其超高速率、低延迟、大规模连接和多种新兴应用场景的支持，正深刻影响着全球信息通信行业和各个垂直行业的发展。它不仅是移动通信技术的一次革命性进步，也为智能城市、工业互联网、医疗健康等领域带来了全新的商业机会和发展空间。随着技术的进一步成熟和商业应用的扩展，5G 网络将继续推动全球经济的数字化转型，并为社会带来更多的便利和创新。

德技并修

5G 技术双刃剑

随着移动通信技术的发展，5G 技术作为第五代移动通信技术，具备了更高的带宽、更低的延迟和更多的连接能力，将极大地推动物联网、智能制造、智慧城市等应用的发展。然而，5G 技术的广泛应用也面临着一系列的技术挑战，包括频谱资源管理、网络架构设计、安全与隐私保护等方面。其中在安全与隐私保护方面存在的危险更加明显，5G 网络支持大量设备连接，物联网设备的普及使得潜在攻击面大幅增加，黑客可以通过这些设备进行攻击；边缘计算和虚拟化特性使得数据和服务分散在多个位置，增加了网络攻击的复杂性；5G 技术允许收集大量用户数据，包括位置、行为和偏好，可能导致用户隐私泄露；数据可能被多个服务提供商共享，用户对其数据的控制权减弱，隐私保护面临挑战；5G 网络的高连接性使得用户身份盗用的风险增加，黑客可以通过设备伪造身份，获取未授权访问；用户通常使用多种设备连接 5G 网络，如何有效管理这些设备的安全性和身份验证是一个挑战等。

面对 5G 技术带来的安全与隐私保护挑战，用户应具备较强的安全意识和对个人数据保护的重视，了解如何识别潜在的网络威胁，使用强密码和双因素认证来保护账户，定期更新设备和应用以修补安全漏洞，同时积极关注相关的隐私政策和数据使用条款，以确保自身信息的安全与隐私不被侵犯。

2.2.3 边缘计算

边缘计算是指在靠近物或数据源头的一侧，采用网络、计算、存储、应用核心能力为一体的开放平台，就近提供最近端服务。其应用程序在边缘侧发起，产生更快的网络服务响应，满足行业在实时业务、应用智能、安全与隐私保护等方面的基本需求。边缘计算处于物理实体和工业连接之间，或处于物理实体的顶端。而云端计算，仍然可以访问边缘计算历史数据。随着数字化和智能化的快速发展，边缘计算和智能制造的紧密结合已经引发全球范围内的广泛关注和深入实践。这种技术融合不仅大幅提升了生产效率，还助力企业实现转型升级。

当前，边缘计算在智能制造领域中的应用已经进入一个全新的阶段。以某家电制造企业为例，通过部署先进的边缘计算系统，实现对生产线的全面智能化管理。该系统能够实时收集和分析生产数据，自动调整生产参数，优化生产流程。同时，借助边缘计算，该企业实现了设备的远程监控和预测性维护，显著降低了设备故障率和维修成本。另外，以某钢铁生产企业的质检环节为例，引入基于边缘计算的智能质检系统。该系统能够实时处理生产线上的图像数据，通过深度学习算法来准确识别产品的表面缺陷，如裂纹、气泡等。这种即时的质检反馈使得企业能够迅速调整生产工艺，减少不良品的产生，同时避免了传统人工质检的主观性和效率问题。

德技并修

边缘计算将与智能制造紧密融合

展望未来，边缘计算将与智能制造实现更加紧密的融合，其中大模型和具身机器人（物理实体的机器人系统，如图 2－7 所示）将扮演重要角色。大模型，如华为盘古系列，能够在边缘端进行实时推理，为智能制造提供强大的智能决策支持。例如，在生产计划制订过程中，大模型可以分析历史数据、市场趋势和实时生产情况，为企业提供最优的生产策略。同时，具身机器人将在智能制造中发挥越来越重要的作用。这些机器人不仅具备高度灵活的操作能力，还能通过边缘计算进行实时的环境感知和决策。在生产线上，具身机器人将能够与人类工人协同作业，提高生产效率和安全性。

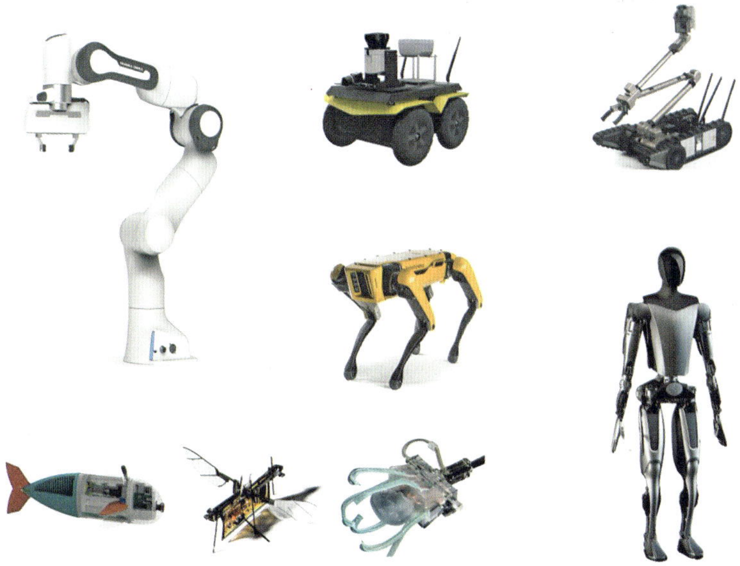

图 2－7　具身机器人常见形态

2.2.4 人机交互

人机交互是一门研究系统与用户之间的交互关系的学问，是人与计算机之间使用某种对话语言，以一定的交互方式，为完成确定任务的人与计算机之间的信息交换过程。系统可以是各种各样的机器，也可以是计算机化的系统和软件。人机交互界面通常是指用户可见的部分，用户通过人机交互界面与系统交流，并进行操作。小如收音机的播放按键，大至飞机上的仪表板，或发电厂的控制室。人机交互界面的设计要包含用户对系统的理解（即心智模型），做到系统的可用性或者用户友好性。

当前，人机交互技术的发展使人与计算机之间的交互更加自然和智能化，由单模态交互方式向多模态交互升级，带来更多功能和更好交互体验。例如，语音识别和语音交互使人们可以通过语音与计算机进行交流；虚拟现实和增强现实技术将计算机生成的虚拟信息与真实世界相结合，创造出沉浸式的交互体验。人机交互技术的发展使得人工智能应用更加易于使用和接受，图 2－8 为多模态人机交互。

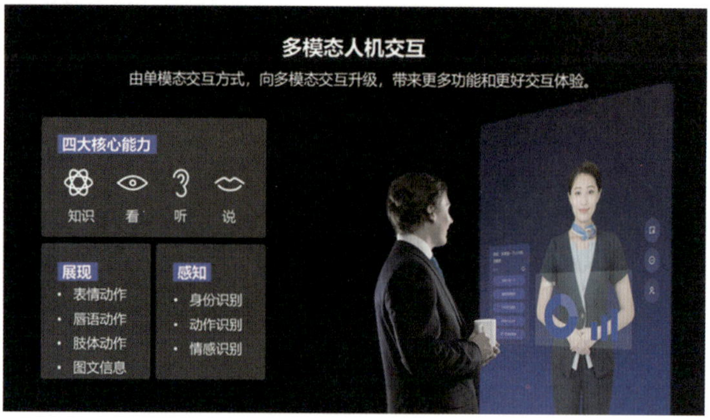

图 2－8　多模态人机交互场景

2.3 人工智能的数据服务

配套微课

随着人工智能技术的飞速发展，数据服务已成为 AI 应用的核心组成部分。从智能推荐、自然语言处理到自动驾驶等领域，AI 技术都依赖于高质量、大规模的数据集进行训练和优化。人工智能的数据服务是指为人工智能应用提供数据处理、数据管理和数据分析等服务的业务。这些服务旨在帮助机构和企业获取、整理和管理大规模的数据，以支持人工智能应用的开发、训练和部署。下面对人工智能数据服务的工作流程进行更详细的描述。

2.3.1 数据采集和预处理

数据采集是 AI 数据服务的首要步骤，其目标是获取足够数量和质量的数据以支持 AI 模型的训练。数据有多种来源，如公开数据集、企业内部数据、用户生成内容等。

在采集数据时，需要考虑数据的多样性、代表性和时效性，以确保数据集能够全面反映真实世界的情况。采集到的原始数据往往存在噪声、缺失值和异常值等问题，需要进行预处理以提高数据质量。数据预处理的步骤包括数据清洗、特征提取、数据转换等。通过预处理，可以将原始数据转化为适合 AI 模型训练的格式，同时降低模型的复杂度和提高训练效率。例如，一家社交媒体分析公司可能使用网络爬虫技术来收集 Twitter、Facebook 和 Instagram 等平台上的用户数据。它可以提取用户的个人资料信息、帖子内容、评论和社交网络连接等。然后，它会对收集到的数据进行清洗，去除噪声数据、删除重复记录，并进行统一格式化，以确保数据的准确性和一致性。一家市场研究公司希望了解消费者对某个新产品的意见和反馈。它通过与数据服务提供商合作，收集来自社交媒体平台的大量用户评论和帖子。数据服务提供商使用网络爬虫技术对相关平台进行数据抓取，并进行数据清洗和预处理。最终，市场研究公司获得一个干净、准确的数据集，可以进行情感分析和主题建模，以了解消费者对该产品的态度和需求。

2.3.2 数据标注和标记

数据标注是将原始数据转化为机器学习算法可理解的形式的过程，通过标注后的数据，机器可以学习到各种任务，如分类、回归、目标检测等。目前主流的机器学习方式是以有监督的深度学习方式为主，对于标注数据有着强依赖性需求，未经标注处理过的原始数据以非结构化数据为主，这些数据难以被机器识别和学习。只有经过标注处理后的结构化数据才能被算法模型训练使用。数据标注的类型主要是图像标注、语音标注、3D 点云标注和文本标注，具体内容见表 2 - 4。

表 2 - 4 常见数据标注类型

标注类型	定义	用例
图像标注	对未经处理的图片数据进行加工处理，转换为机器可识别信息，然后输送到人工智能算法和模型里完成调用。	有语义分割、矩形框标注、多边形标注、关键点标注、点云标注、3D 立方体标注、2D/3D 融合标注、目标追踪等。
语音标注	标注员把语音中包含的文字信息、各种声音先“提取”出来，再进行转写或者合成，标注后的数据主要被用于人工智能机器学习，使计算机可以拥有语音识别能力。	有 ASA 语音转写、语音切割、语音清洗、情绪判断、声纹识别、音素标注、韵律标注、发音校对等。
3D 点云标注	一般由激光雷达等 3D 扫描设备获取空间若干点的信息，包括 XYZ 位置信息、RGB 颜色信息和强度信息等，是一种多维度的复杂数据集合。	有 3D 点云目标检测标注、3D 点云语义分割标注、2D3D 融合标注、点云连续帧标注等。
文本标注	对文本进行特征标记的过程，使其打上具体的语义、构成、语境、目的、情感等数据标签，通过标注好的训练数据，教会机器如何来识别文本中所隐含的意图或者情感，使机器可以更好地理解语言。	有 ocr 转写、词性标注、命名实体标注、语句泛化、情感分析、句子编写、意图匹配、文本判断、文本匹配、文本信息抽取、文本清洗、机器翻译等。

数据服务提供商可以提供用于标注和标记数据的人工或半自动化工具和团队。例如，在计算机视觉领域，一家自动驾驶汽车公司可能需要大量的图像数据来训练其目标检测算法。数据服务提供商可以为这些图像添加对象边界框标注，以指示图像中的车辆、行人和交通标志等物体。一家医学影像技术公司正在开发一个自动肺部疾病诊断系统，它们与数据服务提供商合作，使用医学影像数据集进行训练。数据服务提供商的团队使用专业知识和工具，为这些影像添加了疾病标记，如肿瘤位置和类型。这样，医学影像技术公司可以训练出一个准确的模型，用于肺部疾病的自动诊断和筛查。

德技并修

数据标注在人工智能中的重要性

在人工智能发展历程中，数据一直被当作其“血液”。数据标注是人工智能算法得以有效运营的关键环节，想要实现人工智能，就要先让计算机学会理解并具备判断事物的能力。数据标注的过程就是通过人工贴标的方式，为机器系统提供大量学习的样本。数据标注是把需要机器识别和分辨的数据打上标签，然后让计算机不断地学习这些数据的特征，最终实现计算机能够自主识别。可以说，数据决定了 AI 的落地程度，精准的数据集产品和高度定制化数据服务更是受到各大企业的重视。这要求我们在获取数据、处理数据都需要保持谨慎、细致的工作态度。

2.3.3 数据存储和管理

数据存储和管理是大数据关键技术之一。数据存储和管理是指对数据的保存、组织、保护和使用的过程。在现代信息系统中，数据存储和管理是至关重要的，它们确保企业能够有效地利用数据资源，支持业务运营和决策制定。

随着数据量的爆炸式增长，如何有效地存储、管理和利用这些数据成为关键挑战。当前常用的数据存储和管理技术涵盖多种类型，包括关系数据库（如 MySQL 和 PostgreSQL）和非关系数据库（如 MongoDB 和 Cassandra），用于不同的数据存储需求；数据仓库（如 Amazon Redshift 和 Google BigQuery）用于数据分析和报告，而大数据技术（如 Hadoop 和 Spark）适用于处理大规模数据集；云存储服务（如 Amazon S3 和 Google Cloud Storage）提供可扩展的在线存储解决方案；数据湖存储结构化和非结构化数据，支持大数据分析；数据集成和 ETL 工具（如 Apache Nifi 和 Talend）用于数据提取、转换和加载。

数据存储和管理不仅涉及数据的接收、存储、组织和维护，还包括对数据进行分类、聚合、收集和解析，以及保护数据和元数据不受自然和人为中断的影响。此外，还包括在内部部署和地理上移动数据，以进行共享、归档、复制、数据保护、存储系统技术更新和迁移，并访问所需的分析引擎，从而对该数据进行更深入的研究。

当前，数据服务提供商为机构和企业提供了数据存储和管理解决方案。例如，一家电子商务公司可能需要存储和管理大量的交易数据、用户信息和产品目录。数据服务提供商可以提供云存储服务，如 Amazon S3 或 Microsoft Azure Blob Storage，以容纳这些数据。此外，还可以提供数据备份和恢复功能，确保数据的安全性和可靠性。一家金融机构希望构建一个风险评估模型，以预测客户的信用违约风险。它与数据服务提供商合作，将大量的客户数据存储在云数据库中。数据服务提供商通过实施安全措施，如数据加密和访问控制，确保敏感的客户信息得到保护。金融机构可以安全地访问和分析这些数据，以建立准确的风险评估模型。

此外，大数据的存储和管理还面临着诸多挑战，如存储规模大、种类和来源多样化导致的存储管理复杂、对数据服务的种类和水平要求高等。这些挑战要求企业和组织从多个角度、多个层次对大数据进行存储和管理，以充分发挥信息应用价值。

2.3.4　数据分析和挖掘

数据挖掘是指对大规模数据进行分析，以发现其中潜在的模式、规律或关联性的过程，其目的在于从数据中提取有价值的信息，以支持决策制定、预测未来趋势等。数据挖掘涉及多种技术和方法，包括机器学习、统计分析、数据库技术等。数据分析是指对数据进行收集、清洗、转换和建模等处理，以获得对问题的洞察和理解的过程。数据分析旨在揭示数据背后的意义，为决策提供支持和指导。它可以采用多种统计和计算方法，如描述性统计、推断统计、预测分析等。

尽管数据挖掘和数据分析都是处理数据的过程，但它们在方法和目的上有所不同。数据挖掘关注从数据中发现新的知识和模式，以及对数据的价值进行评估。它更注重对数据的探索性分析和发现性研究，以发现数据背后的潜在规律。数据分析更侧重于对数据进行解释和理解，以及为特定问题提供解决方案或预测。它通常基于已有的理论或假设，利用统计方法或建模技术对数据进行分析和解释。

在医学领域，肿瘤判断的分类模型可能采用传统的机器学习算法，如支持向量机、决策树等，也可能采用深度学习模型，如卷积神经网络（CNN）和循环神经网络（RNN）。特别是深度学习模型在医学影像诊断领域取得了巨大成功，能够从医学影像数据中提取高级特征，帮助医生做出更准确的诊断。利用机器学习模型，对肿瘤细胞的特征进行提取和分析，以区分恶性肿瘤和良性肿瘤。这有助于医生在病理诊断中提高准确性和效率，为患者的治疗提供更好的支持。肿瘤判断分类模型识别主要包含两个步骤，如图 2－9 所示。首先，通过一系列指标刻画细胞特征，例如细胞的半径、质地、周长、面积、光滑度、对称性、凹凸性等，构成细胞特征的数据。其次，在细胞特征宽表的基础上，通过搭建分类模型进行肿瘤细胞的判断。

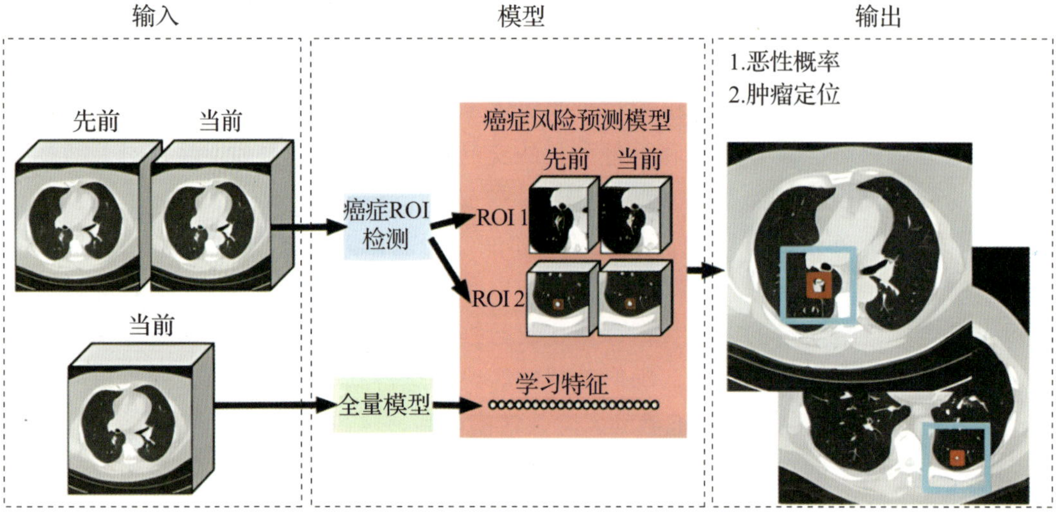

图 2－9　肿瘤判断分类模型

2.3.5　数据隐私和安全

数据隐私主要关注个人或组织的敏感信息、隐私和权利的保护，确保这些信息不被未经授权的人访问、收集、使用或泄露。它涉及个人或组织如何管理其数据，包括数据的收集、存储、管理以及与第三方共享的方式。数据隐私强调的是个人对自身数据的控制权，以及数据的使用和管理方式应满足监管要求，保护数据的机密性和不变性。数据安全侧重于保护数据免受外部攻击者和恶意内部人员的侵害，确保数据在存储、传输和处理过程中不受损害、不被篡改、不被丢失或泄露。它关注整个数据系统的安全性，包括硬件、软件、网络和人员等方面的安全措施。数据隐私关注的是个人对自身数据的控制权和管理方式，而数据安全则强调通过技术和管理手段保护数据免受威胁，确保数据的机密性、完整性和可用性。这两者共同构成了数据保护领域，通过合作可以实现潜在的协同效应，以更有效地保护组织和个人的数据。

数据隐私和安全问题主要包括信息泄露、数据滥用、数据篡改、数据丢失、数据完整性受损、数据可用性受影响以及数据保密性丧失（见表 2－5）。在数字化办公环境中，数据隐私和安全问题日益凸显，主要涉及个人信息、财务信息、知识产权等的保护。

表 2－5　常见数据隐私和安全问题

种类	描述
信息泄露	数据可能被盗取或窃取，包括通过网络攻击、黑客攻击、病毒攻击等方式。
数据滥用	数据可能被滥用，如用于诈骗、身份盗窃、勒索等不正当用途。
数据篡改	数据可能被篡改，包括通过数据挖掘、数据篡改等技术手段。

续表

种类	描述
数据丢失	由于数据发布或传输流程存在缺陷、存储介质丢失、维修或处置失误等原因导致敏感数据泄露。
数据完整性受损	数据可能被篡改、删除或破坏，导致无法正确使用。
数据可用性受影响	因硬件故障、软件故障或网络故障等原因，数据可能无法正确使用。
数据保密性丧失	数据可能被非授权人员访问、使用或泄露，导致隐私泄露。

为了保护敏感信息，通常需要采取一系列有效的措施，具体来说，可以采取表 2－6 中所列的常用技术。

表 2－6 常见敏感数据保护技术

措施名	描述
数据加密	在存储和传输过程中对敏感数据进行加密，以防止未经授权的访问和泄露。
访问控制	实施严格的访问控制策略，确保只有授权用户才能够访问敏感信息，并定期审查访问权限。
数据分类	对数据进行分类，识别和标记敏感信息，以便采取相应的保护措施。
多因素认证	使用多因素认证（MFA）提高用户身份验证的安全性，降低账户被盗的风险。
安全培训	对员工进行安全意识培训，使其了解数据保护的重要性以及如何识别和防范安全威胁。
数据备份	定期备份敏感数据，以防止因数据丢失或损坏而导致的信息泄露或丧失。
监控与响应	实施实时监控系统，及时检测异常活动，并制订应急响应计划，快速处理安全事件。
定期安全审计	定期进行安全审计和风险评估，识别潜在的安全漏洞和威胁，并及时修复。

AI 应用

城市大脑：让城市更聪明，居民更幸福

随着科技的飞速发展，智慧城市的概念逐渐深入人心。城市大脑，作为智慧城市的核心，以其智能化、高效化和人性化的特点，为城市的发展注入新的活力，让城市变得更加聪明，居民生活更加幸福。

一、城市大脑的概念与功能

城市大脑是一个集成人工智能、大数据分析、云计算、物联网等先进技术的复合系统，其通过对城市运行数据的综合分析，可提供决策支持、优化资源配置、盘活数

据要素，为城市各领域的治理与服务赋能。

它不仅能够实时监控城市运行状态，预测城市发展趋势，还能够为政府决策提供科学依据，为居民生活提供便捷服务。

二、城市大脑让城市更聪明

1. 交通管理

城市大脑通过实时监测交通流量、路况等信息，能够智能调整交通信号灯配时，优化交通路线，缓解交通拥堵。同时，它还能够预测交通事故风险，提前采取措施，保障交通安全。

2. 公共安全

城市大脑利用视频监控、人脸识别等技术，能够实时监控城市安全状况，及时发现并处理安全隐患。在突发事件发生时，它能够迅速启动应急响应机制，为救援工作提供有力支持。

3. 环境保护

城市大脑通过监测空气质量、噪声污染等数据，能够实时评估环境质量，为政府制定环保政策提供科学依据。同时，它还能够智能调控城市绿化、环卫等设施，改善城市生态环境。

4. 城市自治

城市大脑通过前端各类感应器和监控设备，用全球 AI 行为识别技术，与社区、商家、行政执法、市场监督等多方街域自治相结合，以大数据分析为指导，实现城市治理精细化。

针对城市街域管理，对机动车违停、违规宣传物、垃圾堆放、出店经营、人员异常聚集等城市管理违规行为进行识别，准确率达到 90% 以上，并实现自治。

三、城市大脑让居民更幸福

1. 便捷服务

城市大脑通过构建智慧政务、智慧医疗、智慧教育等服务平台，为居民提供一站式便捷服务。居民可以随时随地通过手机、电脑等设备查询政务信息、预约挂号、在线学习等，大大提高了生活效率。

在智能语音系统的帮助下，工作人员可进行小微企业的税收优惠政策宣传工作，将原本三天的工作量缩短在四小时内完成，精准惠企利民。而且，平台能根据气象云图、台风路径图等实时气象数据，提供智慧防汛、智慧气象等服务。

2. 舒适居住

城市大脑通过智能调控城市供暖、供水、供电等设施，为居民提供舒适宜居的居住环境。同时，它还能够根据居民需求，提供个性化的智能家居服务，让居民享受更加便捷、舒适的生活。同时，构建起“前端动态感知 + 中端智能预警 + 末端多元共治”的城市治理新模式，达到城市基层治理一网统管、精准高效。

本章小结

人工智能的发展离不开其坚实的基础框架支撑，AI 基础层为人工智能系统提供最基本、最基础、最底层的业务服务，包含人工智能的三大核心要素中的算力和数据，以及运行在硬件资源上的平台软件。同时，物联网、5G 技术、边缘计算以及人机交互等关键技术作为人工智能的重要支撑，各自发挥着不可替代的作用。物联网通过广泛的设备连接与数据采集，为 AI 提供了丰富的数据源；5G 技术以其高速度、低延迟的特性，极大地增强了数据传输与处理的能力；边缘计算将数据处理能力推向更接近数据源的地方，优化了 AI 应用的响应时间与效率；人机交互技术的进步，使人与 AI 之间的交互更加自然流畅，极大地提升了用户体验与 AI 系统的可用性。高效的数据服务贯穿其中，确保了 AI 模型训练与优化的质量与效率，这些要素相互交织、共同演进，构建了一个强大、灵活且高效的人工智能生态系统。

在线测试

第 3 章 机器学习

教学目标

- 知识目标：理解机器学习的基本概念；掌握机器学习的分类；了解机器学习的模型类型，认识机器学习在不同领域的应用。
- 技能目标：掌握机器学习的工作流程；体验机器学习在各行各业的应用，能够利用机器学习解决实际应用问题。
- 素养目标：培养 AI 思维；培养科技强国、自主创新、胸怀天下、技术报国使命感。

知识导图

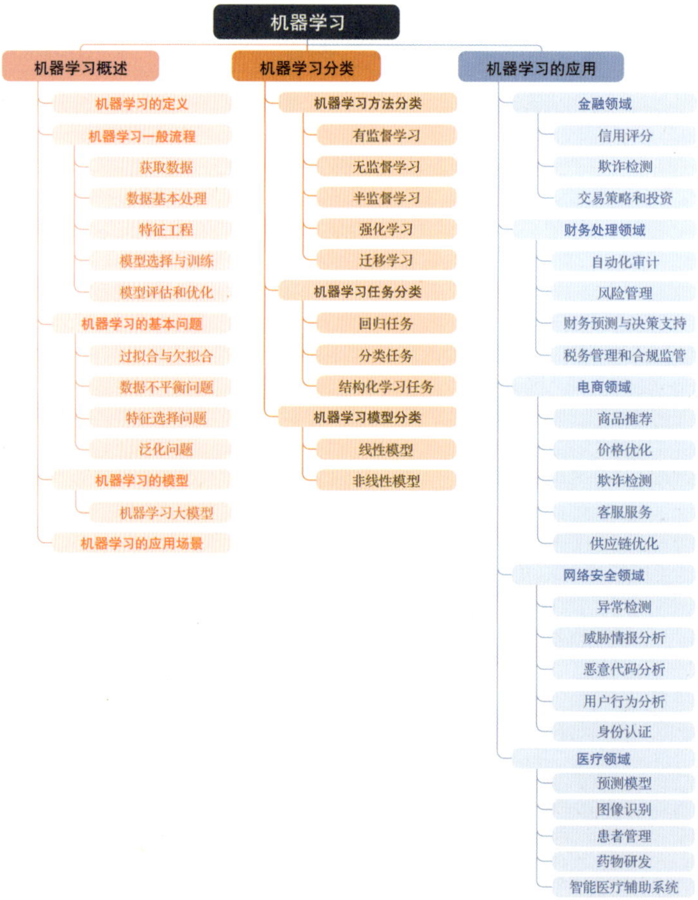

引导案例

机器学习在物流中的应用：预测与优化运输需求

随着科技的不断进步和人工智能技术的广泛应用，物流行业也在加速发展与应用。其中，机器学习作为人工智能的一个重要分支，在物流领域展现出了巨大的潜力和价值。

一、机器学习在物流中的作用

机器学习是一种通过模型和算法，让计算机从数据中学习并做出决策的技术。在物流中，大量的数据被产生和记录，如货物的实时位置、运输时间、交通状况、仓库库存等信息。利用这些数据，机器学习可以帮助物流企业进行更准确的预测和更有效的决策，从而优化运输流程并提升运输效率。

二、运输需求的预测

运输需求的准确预测对于物流企业至关重要。传统的预测方法通常依赖于历史数据和经验，但这些方法往往无法应对快速变化的市场和客户需求。机器学习可以通过分析大数据，识别隐藏的规律和趋势，从而更加准确地预测运输需求。例如，基于机器学习的预测模型可以考虑到季节性变化、特殊事件（如促销活动或节假日）对运输需求的影响，从而提前采取措施来应对高峰期的需求增长或低谷期的资源利用。

三、运输计划的优化

除了预测需求，机器学习还可以优化物流运输计划，确保在给定的资源和条件下，实现高效的配送方案。运输计划的优化涉及多个因素，如货物的体积和重量、目的地位置、运输成本、运输时间等。机器学习可以帮助建立复杂的模型，通过对这些因素进行综合考量，自动化地生成运输计划。这不仅可以降低物流企业的运营成本，还可以提高交付效率、缩短运输时间、提升客户满意度。

四、异常情况的预警与处理

在物流运输过程中，可能会出现各种各样的异常情况，如交通堵塞、天气恶劣、货物损坏等。这些异常情况如果得不到及时的处理和调整，可能会导致物流运输计划的延误和失效。机器学习可以对异常情况进行监测和预警。通过实时监控运输过程中的数据，机器学习可以识别出异常行为并及时通知相关人员，以便采取措施应对问题，确保货物安全和运输计划的顺利执行。

值得注意的是，机器学习在物流中的应用并不是要取代人类，而是要与人类实现良好的协作。人工智能可以处理大量的数据和复杂的计算，提供决策支持，而人类则可以发挥自己的经验、判断和创造力，处理那些机器难以处理的特殊情况。通过人工智能与人类的有效协作，物流企业可以更加高效地运营，提高服务质量，满足客户需求，打造更具竞争力的供应链体系。

机器学习在物流中的应用正在推动着整个行业的变革。通过运输需求的准确预测、运输计划的优化、异常情况的预警与处理，机器学习为物流企业提供了更多的决策支持和操作帮助。然而，我们也应该认识到机器学习技术带来的挑战，如数据安全与隐私保护。只有在充分考虑这些问题的基础上，才能更好地推动人工智能与物流业的融合。

思考：机器学习给物流带来了哪些便利？结合实际，谈谈生活中应用机器学习的案例。

3.1 机器学习概述

配套微课

3.1.1 机器学习的定义

机器学习是一种通过计算机对数据进行自动分析和综合，从而获取知识的过程。它通过使用算法解析数据，从中学习，然后对新数据进行预测或决策。机器学习是人工智能的一个分支，旨在使计算机能够从数据中获取知识和经验，并利用这些知识和经验进行模式识别、预测和决策。

机器学习的核心思想是使用数据来训练计算机算法，使其能够自动地从数据中学习并改进自身的性能。通过分析和解释大量的输入数据，机器学习算法可以识别数据中的模式和趋势，并生成可以应用于新数据的预测模型。这个过程与人类的学习过程相似，计算机通过获取一定的经验，可以对新问题进行预测。这个过程如图 3－1 所示。

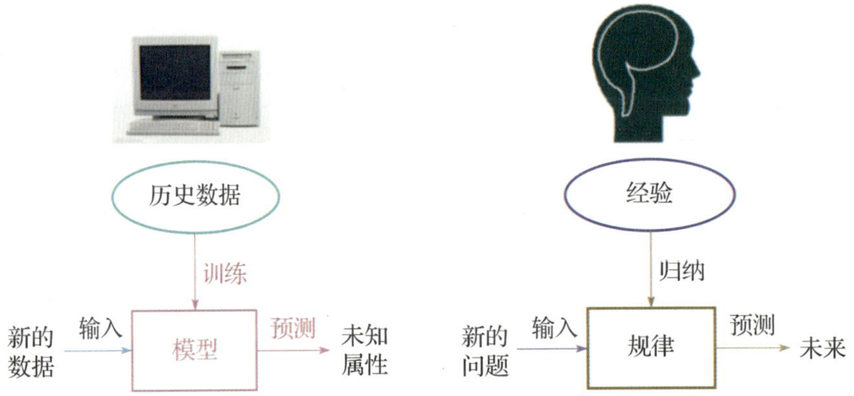

图 3－1　机器学习过程

机器学习的应用广泛而深远，涵盖了许多领域，包括图像识别、语音识别、自然语言处理、推荐系统、医疗诊断、金融预测、自动驾驶等。随着深度学习技术的快速发展，机器学习在许多复杂任务上的表现已经大大超过传统的统计学习方法。深度学习使用神经网络，特别是深度神经网络，来模拟人类神经系统的结构和功能，从而实现对大量高维数据的有效处理。

知识链接　机器学习和深度学习的区别

机器学习是人工智能的一个分支，旨在通过计算机系统的学习和自动化推理，使计算机能够从数据中获取知识和经验，并利用这些知识和经验进行模式识别、预测和决策。机器学习的核心思想是使用数据来训练计算机算法，使其能够自动地从数据中学习并改进自己的性能，而无须明确地编程。深度学习是机器学习的一个子领域，特指那些使用多层神经网络（通常称为深度神经网络）来进行学习的算法，其核心思想是通过构建多层神经网络模型来模拟人脑神经元的工作方式，从而让计算机能够自主学习并提取数据中的高级特征。深度学习在 21 世纪初开始兴起，随着计算能力的提高和大数据的普及，发展更加快速。

3.1.2　机器学习一般流程

对于机器学习的工作流程，我们可以将其细分为以下五个核心环节，每个环节都扮演着至关重要的角色。

1. 获取数据

数据是机器学习项目的生命之源。这一阶段的任务是从广泛的资源中搜集原始数据，这些资源可能包括企业内部数据库、第三方 API 接口、开源数据集、网络爬虫等。重要的是要确保数据的合法性，遵守相关法律法规，同时关注数据的多样性和代表性，以便模型能够学习到全面的信息。此外，还需考虑数据的时效性和规模，以满足后续处理和分析的需求。

2. 数据基本处理

数据基本处理是机器学习项目中不可或缺的一环，它涉及数据的清洗、去重、缺失值处理以及异常值检测与处理。通过统计分析和可视化工具，我们可以深入了解数据的分布和特性，从而识别并纠正数据中的错误和偏差。对于缺失值，我们可以选择填充、删除或利用算法进行预测；对于异常值，则需根据具体情况决定是保留、修正还是剔除。这一阶段的目标是提供一个干净、一致且高质量的数据集，为后续的特征工程和模型训练打下坚实基础。

3. 特征工程

特征工程是机器学习项目中最为关键的一步，它直接关系模型的学习效果和准确性。在这一阶段，我们需要从原始数据中提取或构造出有意义、相关性强的特征。这包括特征的选择、缩放、编码以及创造新特征等。特征选择旨在挑选出对模型预测最有帮助的特征；特征缩放是为了确保不同特征在数值上具有可比性；特征编码是将非数值型特征转换为数值型，以便模型能够处理；创造新特征是结合领域知识和数据分析技巧，挖掘出隐藏在数据中的深层次信息。

4. 模型选择与训练

在选择模型时，需要评估每个模型的性能。在选择了合适的模型后，我们便进入模型训练阶段。这一阶段的任务是利用处理好的特征和标签数据，通过算法迭代训练模型，直至模型收敛并达到理想的预测效果。在训练过程中，我们需要不断调整超参数、优化算法，以提高模型的性能和泛化能力。同时，还需关注模型的训练时间和资源消耗，确保项目的可行性和效率。

5. 模型评估优化

模型评估是机器学习项目的最后一道关卡，它旨在验证模型的泛化能力和预测效果。通过划分训练集和测试集，或采用交叉验证法，我们可以计算出各种评估指标，如准确率、召回率、F1 分数、均方误差等。这些指标为我们提供了全面的信息，帮助了解模型在不同场景下的表现。根据评估结果，我们可能需要返回前几步进行调整优化，如修改特征工程、更换算法或调整超参数等。这一循环迭代的过程是机器学习项目不断逼近最优解的关键所在。

3.1.3 机器学习的基本问题

机器学习的基本问题主要包括四个方面，见表 3 - 1。

表 3 - 1 机器学习的基本问题

基本问题	描述
过拟合与欠拟合问题	过拟合是指模型在训练数据上表现得很好，但在测试数据或实际应用中表现较差，这通常是由于模型过于复杂，对训练数据中的噪声或无关特征进行了学习。欠拟合则相反，是指模型在训练数据上表现不佳，这通常是由于模型过于简单，无法捕捉到数据中的复杂模式。
数据不平衡问题	在许多实际应用中，数据往往是不平衡的，即某些类别的样本数量远远少于其他类别。这会导致模型对少数类别的预测效果较差，降低整体准确率。
特征选择问题	在机器学习中，选择合适的特征对模型的性能至关重要。然而，在实际任务中，往往会面临大量的特征，如何选择最相关的特征是一个挑战。
泛化问题	机器学习的根本问题在于优化与泛化之间的矛盾。优化是指调节模型使其在训练数据上得到最佳性能的过程，而泛化是指训练好的模型在前所未见的数据上的性能。如何保证模型在训练数据上表现良好的同时，也能保证其在测试数据上表现良好，是机器学习面临的一个重要问题。

3.1.4 机器学习的模型

机器学习的模型种类较多，下面以机器学习大模型举例说明。

机器学习大模型（Large Models）是指参数数量较大、具有较强表达能力和复杂性的机器学习或深度学习模型。这些模型通常具有数百万到数十亿个参数，例如 BERT、GPT、ResNet 等。大模型主要用于自然语言处理、计算机视觉、语音识别等领域，并且在这些领域展现出了很高的应用价值。

在自然语言处理领域，大模型可以用于机器翻译、语言理解和生成等方面。在计算机视觉领域，大模型可以实现图像分类、目标检测和图像生成等功能。在语音识别领域，大模型可以提高语音识别和合成系统的精度和流畅度。此外，大模型还可以应用于推荐系统，将用户的历史行为和兴趣转化为表达式，为用户提供更精准的推荐内容。

然而，大模型的训练过程对计算力和存储设备的需求很大，通常需要高性能的工作站甚至超级计算机。为了应对这些挑战，人们采取了多种技术优化方法，如采用稀疏矩阵、低秩近似等技术降低模型的复杂度，利用迁移学习、元学习等方法提高模型的泛化能力，减少对训练数据的需求。同时，分布式计算和边缘计算等技术也被应用于大模型的训练中，以提高计算效率和减少数据传输延迟。

展望未来，AI 大模型的规模将进一步扩大，同时会具备多模态融合的能力，能够处理图像、语音、视频等多种模态的输入，实现更深入的推理和理解。此外，随着新型计算方式如量子计算的发展，大模型的训练和应用将迎来更多的可能性。

3.1.5 机器学习的应用场景

机器学习处理的数据主要有结构化数据和非结构化数据。结构化数据是用二维表结构来逻辑表达和实现的数据，严格地遵循数据格式与长度规范，主要通过关系数据库进行存储和管理，例如，企业 ERP、财务系统等使用了结构化数据库。非结构化数据是数据结构不规则或不完整，没有预定义的数据模型，不方便用数据库二维逻辑表来表现的数据，如文本、语音、图像和视频等类型。不同类型的数据有不同的应用场景。

1. 文本数据

文本数据也称为字符型数据，例如，英文字母、汉字、不作为数值使用的数字（以单引号开头）和其他可输入的字符。超文本是文本数据的另一种形式，包含标题、作者、超链接、摘要和内容等信息。文本数据的应用场景包含垃圾邮件检测、信用卡欺诈检测和电子商务决策等领域（见表 3 - 2）。

表 3 - 2 文本数据应用场景

场景	描述
垃圾邮件检测	根据邮箱中的邮件，识别哪些是垃圾邮件、哪些不是垃圾邮件，可以用来归类垃圾邮件和非垃圾邮件。
信用卡欺诈检测	根据用户一个月内的信用卡交易数据，识别哪些交易是该用户操作的、哪些不是该用户操作的，可以用来找到欺诈交易。
电子商务决策	根据用户的购物记录和冗长的收藏清单，识别出哪些是用户真正感兴趣并且愿意购买的产品，可以为用户提供建议并鼓励用户进行产品消费。

2. 语音数据

语音数据是指通过语音来记录的数据及通过语音来传输的信息，也可称为声音文件。语音数据的应用场景包含语音识别、语音合成、语音交互、机器翻译、声纹识别等领域（见表 3 - 3）。

表 3-3 语音数据应用场景

场景	描述
语音识别	让机器通过识别和理解过程把语音信号转变为相应的文本或命令的技术，例如，从一个用户的话语中确定该用户提出的具体要求，可以自动填充用户需求。
语音合成	通过机械的、电子的方法产生人造语音的技术，例如，从外部输入的文字信息转变为可以听得懂的、流利的汉语口语输出。
语音交互	基于语音输入的新一代交互模式，通过说话就可以得到反馈结果，典型的应用场景是语音助手，如苹果公司推出的 Siri。
机器翻译	又称为自动翻译，是利用计算机将一种自然语言（源语言）转换为另一种自然语言（目标语言）的过程，如有道词典等翻译软件。
声纹识别	把声信号转换成电信号，再用计算机进行识别，也称为说话人识别。声纹识别有说话人辨认和说话人确认两类。不同的任务和应用会使用不同的声纹识别技术，如缩小刑侦范围时可能需要辨认技术，而银行交易时则需要确认技术。

3. 图像数据

图像数据用于图像识别。图像识别是机器学习领域非常核心的一个研究方向。图像识别的应用场景包含文字识别、指纹识别、人脸识别和形状识别等领域（见表 3-4）。

表 3-4 图像识别应用场景

场景	描述
文字识别	利用计算机自动识别字符的技术，是模式识别应用的一个重要领域，一般包括文字信息的采集、信息的分析与处理、信息的分类判别等几个部分。
指纹识别	通过比较不同指纹的细节特征点来进行鉴别，涉及图像处理、模式识别、计算机视觉、数学形态学、小波分析等众多学科。
人脸识别	基于人的脸部特征信息进行身份识别的一种生物识别技术。人脸识别是用摄像机或摄像头采集含有人脸的图像，并自动在图像中检测和跟踪人脸，进而对检测到的人脸进行脸部识别的一系列相关技术，通常也叫作人像识别、面部识别。例如，根据相册中的众多数码照片，识别出哪些照片包含某一个人。这样的决策模型可以自动地根据人脸管理照片。
形状识别	这是模式识别的重要方向，广泛应用于图像分析、机器视觉和目标识别等领域。例如，根据用户在触摸屏幕上的手绘和一个已知的形状资料库，判断用户想描绘的形状。这样的决策模型可以显示该形状的理想版本，用以绘制清晰的图像。

4. 视频数据

视频数据可以看作特定场景下连续的图像（每秒几十帧），视频比图像数据维度更高、信息量更多、处理难度更大。视频应用场景包含智能监控和计算机视觉等领域（见表 3-5）。

表 3-5 视频应用场景

智能监控	将视频转换成图像的处理，首先要提取视频中的运动物体，然后再对提取的运动物体进行跟踪，涉及监控视频的去模糊、去雾、夜视增强、视频浓缩等步骤。
计算机视觉	利用摄像机和计算机模仿人类视觉（眼睛与大脑），实现对目标的分割、分类、识别、跟踪、判别、决策等功能的人工智能技术。它的研究目标是使计算机具有通过二维图像认知三维环境信息的能力，即在基本图像处理的基础上，进一步进行图像识别、图像（视频）理解和场景重构等步骤。

3.2 机器学习分类

配套微课

机器学习是一个庞大的家族体系，涉及众多算法、任务和学习方法，图 3-2 是机器学习的总框图。从图 3-2 可以看出，机器学习包括学习方法、学习任务和学习模型三个方面，可以按照这三个方面进行分类。

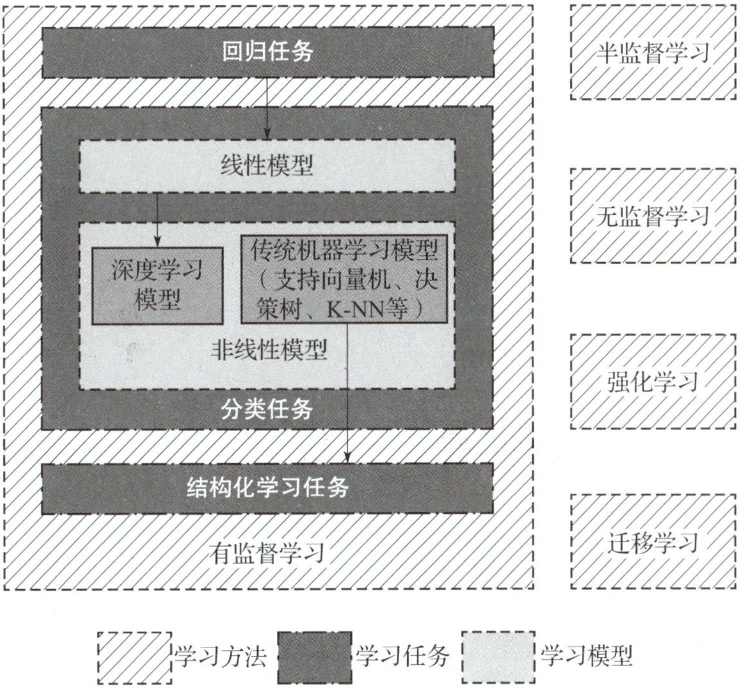

图 3-2 机器学习的总框图

按学习方法可以分为有监督学习、半监督学习、无监督学习、迁移学习和强化学习。当训练样本带有标签时是有监督学习；训练样本部分有标签、部分无标签时是半监督学习；训练样本全部无标签时是无监督学习；迁移学习就是把已经训练好的模型参数迁移到新的模型上以帮助新模型训练；强化学习是一种学习最优策略（Policy），可以让本体（Agent）在特定环境（Environment）中，根据当前状态（State）做出行动（Action），从而获得最大回报（Reward）。强化学习和有监督学习最大的不同是，每次的决定没有对与错，而是希望获得最多的累计奖励。

按任务类型分，机器学习模型可以分为回归任务、分类任务和结构化学习任务。回归任务又叫预测任务，输出的是一个不能枚举的数值；分类任务又分为二分类任务和多分类任务，常见的二分类任务有垃圾邮件过滤，常见的多分类任务有文档自动归类；结构化学习任务的输出不再是一个固定长度的值，如图片语义分析，输出是图片的文字描述。

按模型类型分，机器学习模型可以分为线性模型和非线性模型。线性模型较为简单，但作用不可忽视，线性模型是非线性模型的基础，很多非线性模型都是在线性模型的基础上变换而来的；非线性模型又可以分为传统机器学习模型和深度学习模型，如支持向量机（SVM）、KNN 和决策树等都属于传统机器学习模型。

3.2.1 机器学习方法分类

1. 有监督学习

有监督学习是从标签化训练数据集中推断出函数的机器学习任务。训练数据由一组训练实例组成。在监督学习中，每一个例子都是由一个输入对象（通常是一个向量）和一个期望的输出值（也被称为监督信号）组成的。

用已知某种或某些特性的样本作为训练集，以建立一个数学模型（如模式识别中的判别模型，人工神经网络中的权重模型等），再用已建立的模型来预测未知样本，此种方法称为有监督学习。图 3－3 描述的是有监督学习的过程。

（a）根据已知的数据进行学习训练　　（b）根据学习过的知识进行应用

图 3－3　有监督学习的过程

在有监督学习下，智能机器就像一个“学生”，根据“老师”给出的带有标签的数据进行学习。图 3－3（a）中，老师告诉学生，图片里的狗是史努比，智能机器便会总结图中“史努比”的特征，并将符合这些特征的事物定义为“史努比”。如果换一张不同的“史努比”，如图 3－3（b）所示，智能机器能够识别出这是“史努比”，那么便可以说这是一次成功的有监督学习。但智能机器显然不可能仅从一张图便习得准确辨识

"史努比"的技能。智能机器可能无法识别新的"史努比"，这时"老师"就会纠正智能机器的偏差，并告诉智能机器这个也是"史努比"。通过大量的反复训练让智能机器习得不同的"史努比"具有的共同特征，这样，再遇到新的"史努比"时，智能机器就有更大可能给出正确的答案。

简单来说，有监督学习的工作就是通过有标签的数据训练，构建一个模型，然后通过构建的模型，给新数据添加特定的标签。

2. 无监督学习

如果把人类日常工作中的常规性工作理解为有监督学习，那么人类工作中的创新性工作或者挑战性工作则是无监督学习。常规性工作有明确的工作流程、工作内容和工作标准，对于员工来说只需要一定的训练就可以上岗。但对于那些创新性工作或者挑战性工作，并没有明确的工作流程、内容和标准，这时候就需要发挥人类的智慧，发现工作的方式、方法和流程，这是一种无师自通的行为，把这种无师自通的学习行为称为无监督学习。无监督学习中的模型所学习的数据都是无标签的，可以根据类别未知的训练样本解决模式识别中的各种问题。训练样本的标记信息未知，目标是通过对无标记训练样本的学习来揭示数据的内在性质及规律，为进一步的数据分析提供基础。此类学习任务中研究最多、应用最广的是"聚类"（Clustering），聚类的目的在于把相似的东西聚在一起。图 3－4 显示的是无监督学习的过程。

（a）在标签中进行集中归纳　　（b）根据归纳的知识进行应用

图 3－4　无监督学习的过程

在图 3－4 中给智能机器一批图像数据，但不告诉智能机器这批图像数据是什么，让智能机器自己通过学习来构建出这批图像数据的模型，智能机器通过学习到图像数据所具备的特征，把它们归纳成一个类别，这是典型的"无师自通"过程。更形象地说，俗语常说的"物以类聚，人以群分"，实际上描述的是"无监督学习"环境下构建模型的过程。一开始人们并不知道这些"类"和"群"中的个体是什么，经过长期的归纳和总结，人们将具有共同特征的事物归为一个"类"或"群"中。以后再遇到新的事物，就会根据它的特征更接近哪个"类"或"群"，来"预测"它属于哪个"类"或"群"，从而完成对新数据的"分类"或"分群"，与此同时，通过学习，构建的模型也得到了进一步完善。

3. 半监督学习

人的一生是不断学习的过程，在求学的阶段，会接受各种“有监督学习”的教育，如从小学到大学一直接受着来自学校和家庭的教育，老师和家长就是指导者，一直教育我们如何明辨是非，在此期间，我们不断改善自身，让自己成为一个品行优秀的人。当我们成年或毕业以后便离开了家长和学校的“监督”，没有指导者再对我们的行为给出更多的意见和建议，这时只能靠自己不断去悟，凭之前积累的经验和知识来帮助自己明辨是非，在社会中试错，磨炼自己，丰富自己对世界的认知，帮助自己恰当地应对新的事物。

机器的学习跟人也是一样的，需要不断地交替进行有监督学习和无监督学习。半监督学习就是先在有监督的环境下初步构建好模型，再进行无监督学习，实现机器智能的不断迭代和更新完善。

图 3 - 5 是半监督学习的示意图。假设图中的学生已经学习到以下两个标签数据。一个是在图 3 - 5（a）中，上边的狗（数据 1）是史努比（标签：史努比）。另一个是在图 3 - 5（a）下边的狗（数据 2）也是史努比（标签：史努比）。此时，该学生并不知道图 3 - 5（b）中的狗是什么，但这个狗和他之前学习到的有关史努比的特征很接近，那么该学生便可以猜测这个狗是史努比。对图 3 - 5（b）中的史努比进行识别后，该学生的已知领域（标签数据）便进一步扩大（由两个扩大到三个），这个过程便是半监督学习。事实上，半监督学习就是先用带有标签的数据帮助计算机初步构建模型，然后让智能机器根据已有的模型去学习无标签的数据。

（a）少量标签数据进行训练

（b）无标签数据进行归纳

图 3 - 5　半监督学习示意图

在大数据时代，半监督学习的现实需求非常强烈。因为有标签数据的收集和标记需要消耗大量的人力和物力，而海量的非标签数据却触手可及，“半监督学习”将成为大数据时代的发展趋势。

德技并修

监督学习、无监督学习和半监督学习在多个领域有着广泛的应用。监督学习主要用于分类和回归问题，如图像识别、语音识别、自然语言处理、推荐系统和金融风控等，这些领域需要模型从标注数据中学习规律以进行预测或决策。无监督学习适用于聚类、异常检测、降维与可视化等任务，如在市场细分、网络安全入侵检测和生物信息学等领域发挥重要作用。半监督学习结合监督和无监督学习的特点，在标注数据稀缺的情况下，利用未标注数据辅助训练，广泛应用于自然语言处理、图像分类、推荐系统和生物信息学等领域，提高了模型的学习效率和性能。每种学习方法都有不同的特点和适用场景。作为学生，我们要经常反思自己的学习方法，探索如何更有效地学习新知识，培养终身学习习惯。

4. 强化学习

人类在进化的过程中形成了一种能不断适应环境变化的能力，这种能力表现为人类为了适应环境而不断地调整自己的行动方案，目的是期望获得最好的生存空间和生存价值，在生物学中称之为条件反射。这种条件反射的应用例子有很多，如竞技比赛的训练中，教练员会不断地让运动员重复训练同一动作或行为，目的是让运动员的肌肉产生记忆，当在比赛中出现相似的情形时，运动员会通过条件反射做出快速反应，这种训练称为强化训练。在人工智能领域，强化训练即是强化学习。

强化学习（Reinforcement Learning，RL）是机器学习的一个重要分支，强调如何基于环境而行动，以取得预期利益的最大化。其灵感来源于心理学中的行为主义理论，即有机体如何在环境给予的奖励或惩罚的刺激下，逐步形成对刺激的预期，产生能获得最大利益的习惯性的行为。图 3－6 是强化学习的示意图。

（a）行为后的奖励让海豚更努力　　（b）更难的行为后，奖励更丰富

图 3－6　强化学习的示意图

在图 3－6 中，训练海豚的方法是奖励强化法。先等海豚自己跳出水面，当它做出这样的动作时，训练师就会吹响哨音，并给它一条鱼作为奖励，后面只要海豚做出跳

出水面的动作，训练师就会吹响哨音以及给它一条鱼作为奖励；这样次数多了以后，海豚的脑神经便会使“跳出水面”和“给它鱼”产生关联；为了得到吃鱼的奖赏，这只海豚便会不时地跳出水面；海豚也会对哨音、跳出水面以及获得奖励建立条件反射。当海豚学会跳出水面后，训练师便不再每一次都给它鱼，而要等它跳得比较高时才给鱼。如果海豚跳出水面能碰到球，训练师会给更多条鱼。

结合图 3－7 的强化学习的流程，如果把智能机器比作海豚，智能机器所处的“环境”比作训练师。每当智能机器因对“环境”的感知而做出行动 A_t 时，“环境”就会产生对这些行为进行“奖励”或“惩罚”的反馈 R_t，智能机器会根据这种反馈对行为做出调整，以至于获得最好的目标成果 S_t，通过这种反馈式学习，智能机器就有了很强的自我进化的能力。当然，这种学习不像监督学习那样，对于每一个样本，都有一个确定的标签与之对应，这种学习没有标签，只有一个时间延迟的奖励，而且实际中往往会牺牲当前的奖励来获取将来更大的奖励。从某种意义上看，强化学习被认为是具有延迟标记信息的监督学习。

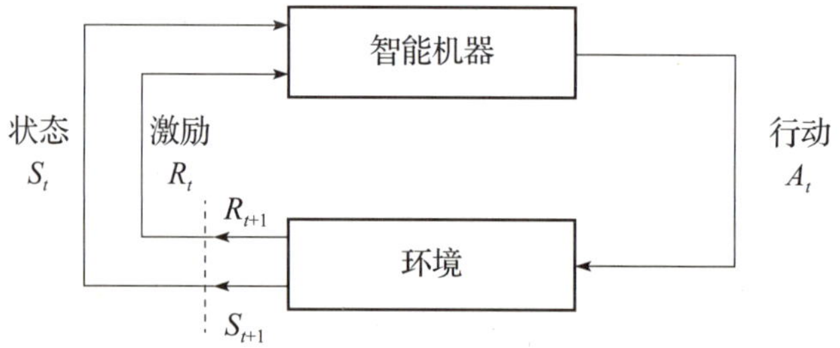

图 3－7 强化学习的流程

在强化学习中，包含两种基本的元素：状态与行动，在某个状态下执行某种行动，这便是一种策略，学习器要做的就是通过不断地探索学习，从而获得一个好的策略。例如：在围棋中，一种落棋的局面就是一种状态，若能知道每种局面下的最优落子动作，那就可以战无不胜。

5. 迁移学习

人类似乎有一种与生俱来的学习能力——“类似推理”，简称“类推”。俗语说的“学会一种而通百通”就是这种能力，如学会了骑自行车，则很容易就能学会骑摩托车。如图 3－8 所示，学会了骑自行车，就掌握了两轮平衡技术和方向控制能力，在此基础上再学习驾驶摩托车就会更方便，只要掌握了摩托车的启停和加减速控制即可。

在人工智能领域，人类也十分期望智能机器具有这种“类推”的能力，称之迁移学习。迁移学习是一种机器学习方法，顾名思义就是把已训练好的模型参数迁移到新的模型上，来帮助新模型训练。考虑到大部分数据或任务是存在相关性的，所以通过迁移学习，我们可以将已经学到的模型参数（也可理解为模型学到的知识）通过某种方式来分享给新模型，从而加快并优化模型的学习效率，不用像大多数网络那样从零学习（Starting from Scratch）。

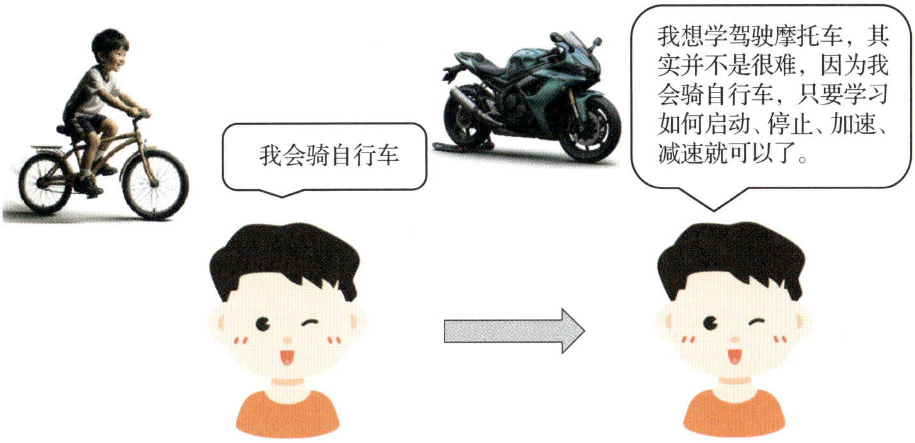

图 3－8　类推能力示意图

知识链接　迁移学习与实际应用

迁移学习（Transfer Learning）是一种机器学习方法，它将在一个任务中学习到的知识和经验迁移到另一个相关但不同的任务中，以加快并优化新任务的学习效率。迁移学习的核心思想是利用已有知识的迁移性，解决新任务中数据稀缺或标注成本高的问题。在实际应用中，迁移学习广泛应用于图像识别、自然语言处理、推荐系统等领域。例如，在自动驾驶中，可以利用在城市道路上训练好的模型参数，迁移到乡村道路或高速公路场景下的模型训练中，从而加速模型的收敛并提高模型的泛化能力。迁移学习不仅提高了模型的学习效率，也降低了对新任务数据标注的需求，为机器学习在实际应用中的推广提供了有力支持。

在迁移学习中，已有的知识叫源域，要学习的新知识叫目标域，源域和目标域不同，但有一定关联，需要减小源域和目标域的分布差异，进行知识迁移，从而实现数据标定。

3.2.2　机器学习任务分类

1. 回归任务

回归任务是机器学习中的一种重要任务类型，其主要目标是预测一个数值或一系列数值。在回归任务中，模型通过学习输入与输出之间的映射关系，来预测一个具体的数值。这种任务类型在实际应用中非常广泛，比如预测股票价格、房价、销售额等。回归模型会分析输入数据（如历史价格、市场情况、经济指标等），并尝试找到一个函数，该函数能够最好地描述输入与输出之间的关系。

回归任务的特点在于其输出是连续的数值，这使得它能够更精确地描述现实世界中的许多现象。例如，在房价预测中，回归模型可以根据房屋的面积、地理位置、建筑年代等因素，预测出一个具体的房价数值，而不是仅仅将房屋划分为高价或低价等类别。除了房价预测，回归任务还广泛应用于其他领域。例如，在金融领域，可以用于预测股票价格或市场指数；在医疗领域，可以用于预测病人的生理指标（如血糖水平、血压等）；在商业领域，可以用于预测销售额或市场需求等。

2. 分类任务

分类任务是机器学习中的另一种重要任务类型，其主要目标是将输入数据划分到不同的类别中。这种任务类型在实际应用中非常广泛，涵盖了许多领域，如自然语言处理、图像识别、推荐系统等。分类任务可以分为二分类任务和多分类任务。二分类任务是指将输入数据划分为两个类别，比如常见的垃圾邮件过滤。在这个应用中，模型需要判断一封邮件是否为垃圾邮件，即“是”或“不是”垃圾邮件，这是一个典型的二分类问题。模型通过学习邮件的特征，如发件人、邮件内容、附件等，来识别垃圾邮件。多分类任务是指将输入数据划分为多个类别。例如，在文档自动归类中，模型需要将文档划分到不同的主题或类别中，如科技、体育、娱乐等。这需要模型能够识别文档中的关键词、语义等信息，从而准确地进行分类。

除了垃圾邮件过滤和文档自动归类，分类任务还广泛应用于其他领域。在图像识别中，分类模型可以识别图像中的物体并归类；在推荐系统中，分类模型可以根据用户的兴趣和历史行为，将用户划分为不同的群体，从而推荐更符合用户需求的内容。

3. 结构化学习任务

结构化学习任务是机器学习领域中的一个重要分支，它要求模型能够生成或预测具有复杂结构的输出，而非简单的数值或类别标签。这种输出可能包括序列、树形结构、图形等，具有明确的组织规则和丰富的语义信息。与回归和分类任务相比，结构化学习任务更为复杂，需要模型具备更强的表征学习能力和推理能力。

在自然语言处理领域，结构化学习任务广泛应用于机器翻译、问答系统、文本摘要等方面。例如，在机器翻译中，模型需要将一种语言的句子转换为另一种语言的句子，同时保持原句的语义和结构。这就要求模型能够理解并生成具有特定语法和语义结构的文本序列。

在图像理解领域，结构化学习任务也发挥着重要作用。例如，在图片语义分析中，模型需要理解图像内容并生成相应的文字描述。这个描述不仅包含图片中的主要元素，还涉及它们之间的关系和动作，形成一个具有复杂结构的语句。

为了应对结构化学习任务的挑战，研究者们通常使用深度学习架构，如循环神经网络、长短期记忆网络或 Transformer 等。这些架构能够处理序列数据并捕捉元素之间的依赖关系，从而生成具有特定结构的输出。总的来说，结构化学习任务要求机器学习模型能够理解和生成具有复杂结构和丰富语义的输出，在自然语言处理、图像理解等领域具有广泛的应用前景。

3.2.3 机器学习模型分类

1. 线性模型

线性模型是机器学习中最基础、最简单的模型之一。它的基本思想是通过线性组合输入特征来进行预测或分类。具体来说，线性模型将输入特征进行加权求和，再加上一个偏置项，从而得到输出。这种模型的优点是简单直观，计算效率高，且易于理解和实现。此外，线性模型的权重可以直接反映各个特征对输出的影响程度，这提供了很好的可解释性。尽管线性模型相对简单，但它在很多实际问题中表现出了出色的性能，特别是在处理具有线性关系的数据时，线性模型往往能够达到很好的效果。而且，由于它的高效性和可解释性，线性模型在实际应用中具有广泛的适用性。

更重要的是，线性模型是非线性模型的基础。事实上，很多复杂的非线性模型，如神经网络、支持向量机等，都是在线性模型的基础上进行扩展和变换而来的。例如，在神经网络中，每个神经元的输出都可以看作其输入特征的线性组合后经过一个非线性激活函数变换得到的。因此，熟练掌握和理解线性模型对于进一步学习和应用更复杂的非线性模型至关重要。

2. 非线性模型

非线性模型在机器学习中占据重要地位，它们能够捕捉和处理数据间的复杂非线性关系。与线性模型相比，非线性模型更灵活，可以拟合数据中的曲线和复杂模式。这些模型通常具有更高的复杂性，能够学习数据中的深层次结构和特征。然而，这种复杂性也可能导致计算需求的增加和过拟合的风险。

常见的非线性模型包括决策树与随机森林、支持向量机、神经网络与深度学习模型，以及集成方法和提升算法。决策树通过树形结构对数据进行分类，能够产生非线性的决策边界。随机森林通过集成多个决策树来提高预测精度。支持向量机在引入核函数后，能够处理非线性可分的数据。神经网络和深度学习模型通过复杂的网络结构和非线性激活函数，能够学习并逼近任意复杂的非线性关系。集成方法和提升算法则通过组合多个弱学习器来增强模型的预测能力。

这些非线性模型在分类、回归、聚类等机器学习任务中发挥着重要作用。它们能够更准确地预测和分类复杂数据，为各种实际应用提供有力支持。然而，在选择和使用这些模型时，还需要考虑其复杂性、计算需求以及过拟合的风险，以确保模型的有效性和可靠性。总之，非线性模型是机器学习领域不可或缺的一部分，它们为处理复杂数据关系提供了强大的工具。

3.3 机器学习的应用

配套微课

机器学习是一种基于数据和算法的技术，它使计算机系统能够从数据中学习并自动改进其性能。随着技术的发展，机器学习在许多领域都有广泛的应用。

3.3.1 金融领域

机器学习在金融领域的应用广泛而深入，以下是几个具体的应用例子。

1. 信用评分

信用评分是金融机构决定是否给予个人或企业贷款时的重要依据。传统的信用评分模型通常基于人工特征选择和统计模型构建，但这种方法在数据规模和处理能力上有限制。随着大数据和机器学习的兴起，越来越多的金融机构开始采用基于机器学习的信用评分模型。机器学习模型能够自动学习和挖掘海量数据中的潜在特征关系，从而提高信用评分的准确性和预测能力。

2. 欺诈检测

欺诈是金融领域长期存在且严重的问题。传统的欺诈检测方法主要基于规则和阈值的设定，但这些方法往往无法有效应对新型的欺诈手段。机器学习在欺诈检测方面发挥着重要作用。通过机器学习算法对大规模的交易数据进行训练和学习，系统可以自动识别异常模式和行为，及时发现并阻止欺诈行为，保护金融机构和客户免受欺诈活动的侵害。

3. 交易策略和投资

机器学习在投资管理方面也发挥着关键作用。基金经理和投资者可以使用机器学习来分析市场数据，发现趋势和机会，并优化投资组合。这些系统利用自然语言处理和机器学习技术，可以回答客户的问题、处理交易和提供建议，这不仅提高了客户满意度，还降低了客户服务成本。此外，机器学习在高频交易中也得到了广泛应用。算法交易系统可以在毫秒内分析市场数据，并根据模型制定决策，从而提高交易的速度和效率，使客户能够更好地把握市场机会。

3.3.2 财务处理领域

机器学习在财务处理领域中的应用主要体现在以下几个方面。

1. 自动化审计

在自动化审计方面，传统的审计过程往往需要会计师耗费大量的时间和精力，进行烦琐的数据筛选和抽样。而机器学习能够通过智能算法，自动从海量的财务数据中筛选出关键信息，高效地完成审计任务。这不仅提高了审计的准确性，还极大地提高了审计效率，使得会计师有更多的时间和精力投入更高层次的财务分析和预测中。

2. 风险管理

在风险管理领域，机器学习更是展现了其强大的能力。通过对市场数据和财务数据的深入分析和挖掘，机器学习可以准确预测企业的风险水平，及时发现潜在的风险因素，为企业制定科学的风险管理策略提供有力支持。这不仅有助于企业防范风险，还能够提高企业的竞争力和可持续发展能力。

3. 财务预测与决策支持

在财务预测和决策支持方面，机器学习同样发挥着重要的作用。传统的财务预测通常依赖于历史数据和经验判断，容易受到主观因素的影响。而机器学习则能够通过学习历史数据的规律和趋势，精确预测未来的财务状况，为企业提供科学的决策依据。例如，在企业销售预测方面，机器学习可以通过分析市场趋势、消费者行为、竞争对手情况等多维度数据，准确预测未来的销售额和市场份额，为企业制定合理的销售目标和营销策略提供有力支持。

4. 税务管理和合规监管

随着税法法规的不断更新和完善，企业的税务管理和合规监管面临着越来越大的挑战，而机器学习则可以通过学习大量的税务法规和案例，自动识别企业可能存在的税务风险和合规问题，为企业提供及时、准确的风险提示和建议。这不仅有助于企业降低税务风险，还能够提高企业的合规水平和市场竞争力。

机器学习还在用户行为分析、语音处理等方面为财务处理带来了革命性的变化。例如，通过对用户的行为习惯进行深入分析，机器学习可以为财务处理人员提供精准的用户画像和需求预测，帮助他们更好地理解用户需求，提供更加个性化、高效的服务。同时，语音处理技术的应用也使得财务处理变得更加便捷和高效。用户可以通过语音输入来代替烦琐的文字录入，大大提高了工作效率；同时，语音处理技术还可以用于快速识别和处理问题单据、在电子档案中添加语音备注等场景，进一步提升财务处理的效率和准确性。

3.3.3 电商领域

机器学习在电商领域中的应用主要体现在以下几个方面。

1. 商品推荐

商品推荐系统是机器学习在电商领域最为核心的应用之一。通过收集和分析用户的历史购物记录、浏览习惯、搜索关键词等大量数据，机器学习算法可以精准地把握用户的购物偏好和需求，从而为他们推荐最符合心意的商品。这种个性化的推荐方式，不仅提升了用户的购物体验，还显著提高了电商平台的销售额和用户黏性。

2. 价格优化

在价格优化方面，机器学习也发挥着重要作用。通过分析商品的历史销售数据、市场需求趋势、竞争对手的价格变动等因素，机器学习模型能够预测未来价格走势，并据此为电商平台提供合理的价格调整建议。这样，电商平台既能确保商品价格具有竞争力，又能实现利润最大化，提高市场竞争力。

3. 欺诈检测

机器学习在欺诈检测方面有着不可忽视的作用。电商平台上存在着众多欺诈行为，如刷单、虚假交易等。这些行为不仅损害了用户的利益，也破坏了电商平台的声誉。机器学习算法通过深度学习用户行为模式、交易数据等，能够迅速识别出潜在的欺诈风险，为电商平台提供及时的风险提示和防范措施，从而保护用户利益和平台声誉。

4. 客户服务

机器学习还在客户服务方面发挥着重要作用。通过自然语言处理和深度学习等技术，智能客服系统能够理解客户的语义和意图，准确回答客户的问题，提供高效、便捷的客户服务。这不仅提高了客户服务的质量和效率，也提升了客户的满意度和忠诚度。

5. 供应链优化

在供应链优化方面，机器学习也扮演着重要角色。通过对销售数据、库存数据、物流数据等进行深度分析，机器学习能够预测未来的销售趋势和需求，帮助电商平台优化库存管理、物流调度等供应链环节。这有助于降低库存成本、提高物流效率，增强电商平台的竞争力。

德技并修

基于机器学习的智慧物流系统，能够实时分析历史运输数据、市场趋势和客户需求，精准预测未来的运输需求。同时，系统还能够根据预测结果，自动优化运输路线、车辆调度和仓储管理，实现资源的高效利用。例如，在节假日或促销活动期间，系统能够提前预测运输需求的激增，并自动调整运输计划和车辆配置，确保货物及时送达，同时减少空驶和库存积压。基于机器学习的精准决策，对于提高物流效率和资源利用率有着重要的意义。我们应该思考如何在未来的工作和学习中，运用科学方法和工具，实现资源的优化配置和可持续发展。

3.3.4 网络安全领域

机器学习在网络安全领域有着广泛的应用，以下是几个具体的应用例子。

1. 异常检测

机器学习技术可以通过对网络流量和活动数据的分析，自动学习出正常网络活动的规律，从而对异常活动进行检测和识别。这种方法能够快速响应并采取应对措施，有效应对新型网络攻击，弥补了传统安全防护方法只能检测已知攻击手段的不足。

2. 威胁情报分析

随着网络攻击手法的不断演进和变化，传统的威胁情报分析方法往往难以快速识别最新的威胁信息。而机器学习技术可以对海量的网络流量和威胁情报进行分析和挖掘，快速发现、分析和处理新型网络攻击，提高网络安全防护的效率和准确性。

3. 恶意代码分析

机器学习技术能够通过分析恶意代码的特征和行为，自动识别和分类恶意代码，这有助于提高安全防护的准确性和效率。

4. 用户行为分析

机器学习可以应用于用户行为分析，通过对用户行为数据的学习和分析，可以识别出异常行为模式，从而发现潜在的安全威胁。

5. 身份认证

机器学习可以用于增强身份认证的安全性。例如，通过分析用户的行为模式、登录时间、登录设备等信息，机器学习可以帮助识别出冒充用户或非法访问的行为。

3.3.5 医疗领域

机器学习在医疗领域有着广泛的应用，以下是几个具体的应用例子。

1. 预测模型

机器学习可以帮助医疗领域创建高度精确的预测模型。这些模型能够基于患者的年龄、性别、遗传信息、生活习惯以及既往病史等众多因素，预测他们可能面临的健康风险，如糖尿病、心脏病、癌症等。这些预测不仅是概率性的，而且可以提供具体的风险评估和生活习惯建议，使医生能够提前为患者制订个性化的预防和治疗计划。

2. 图像识别

在医学图像处理领域，机器学习取得了革命性的进步。深度学习算法，特别是卷积神经网络，已经被证明在识别和分析 X 光片、MRI 扫描、CT 图像等医疗图像方面非常有效。这些技术不仅可以快速准确地识别病变区域，还可以帮助医生确定病变的性质和程度，从而大大提高诊断的准确性和效率。

3. 患者管理

机器学习可以极大地改善患者管理的效率和质量。通过分析患者的医疗记录、病史、生活习惯等数据，机器学习模型可以为每个患者提供个性化的护理计划和健康建议。这不仅有助于医生更好地了解患者的需求，而且可以提高患者的生活质量，降低疾病复发的风险。

4. 药物研发

在药物研发领域，机器学习也发挥了重要的作用。传统的药物研发过程通常需要耗费大量的时间和资源，而机器学习可以通过分析大量的生物数据和药物反应数据，快速筛选出有潜力的药物候选者，从而大大缩短药物研发的时间和成本。此外，机器学习还可以帮助研究人员理解药物的作用机制和副作用，从而设计出更安全、更有效的药物。

5. 智能医疗辅助系统

机器学习技术正在逐步融入各种医疗辅助系统中，如智能病历系统、智能问诊系统等。这些系统不仅可以提高医生的工作效率，还可以帮助医生更快速、更准确地获取患者的信息，并提供相关的诊断和治疗建议。智能医疗辅助系统已经成为现代医疗领域不可或缺的一部分，为医疗服务质量的提升做出了重要贡献。

AI 应用

美团外卖推荐系统

美团外卖作为国内外卖行业的领军者，通过引入智能推荐系统，改变了用户的点餐方式，提升了用户黏性，为行业树立了标杆。

美团外卖智能推荐系统的核心目标是根据用户的个人喜好和历史数据，为其推荐最符合口味偏好的美食选择。该系统采用大数据分析与机器学习算法相结合的方式，不断优化推荐策略，并根据用户的反馈进行实时调整，提高推荐的精准度。

一方面，美团外卖通过用户的浏览记录、点餐历史、评价以及其他数据等多个维度进行分析，将用户划分为不同的群体，建立个性化的用户画像。同时，根据用户在平台上的行为，如搜索关键词、点击菜品、下单频次等，智能推荐系统能够准确把握用户的喜好，并对其进行精准推荐。

另一方面，美团外卖通过合作伙伴餐厅提供的菜品信息、用户评价、销量数据等，形成了庞大的大数据库。该数据库对菜品组合、价格、口味偏好等方面进行全面的分析，从而构建了一个全面而精准的推荐模型。

通过整合用户和菜品的相关信息，美团外卖智能推荐系统可以实时为用户提供满足其口味偏好的菜品推荐。在用户打开美团外卖 App 之后，智能推荐系统会根据用户的位置、时间、天气等情境因素，为其展示最合适的美食推荐。用户只需轻轻一触，即可获得个性化推荐，并完成下单操作。

除了个性化推荐外，美团外卖智能推荐系统还能根据用户的浏览、搜索、下单等行为，推荐相似或相关的美食选择。当用户正在浏览某一款菜品时，系统会在页面上方显示其他相似菜品，帮助用户拓宽选择范围。此外，系统还能根据当前位置和用户历史行为，主动为用户推荐附近热门、高评分的餐厅和菜品，为用户提供更加全面和多样化的选择。

美团外卖智能推荐系统的推出，极大地方便了用户点餐，提升了用户体验。用户不再需要花费大量时间浏览菜单，而是能够快速得到个性化推荐，减少选择困难。同时，智能推荐系统还可以通过自动化推荐和个性化促销等方式，提高用户的订单转化率和平均消费金额，实现了用户增长和商业变现的双赢。

本章小结

本章主要介绍了机器学习的基础知识，包括其概念、分类以及在实际生活中的应用。通过学习，我们了解了机器学习作为人工智能的重要分支，是如何通过算法和模型从数据中自动学习的。同时，本章也探讨了不同类型的机器学习算法，如监督学习、无监督学习、半监督学习、强化学习等，以及它们在各种领域中的广泛应用，如金融领域、财务处理领域、电商领域、网络安全领域、医疗领域。本章为我们提供了一个关于机器学习的基本框架，为后续深入学习和实践奠定了基础。

在线测试

第 4 章 深度学习

教学目标

- 知识目标：了解深度学习的发展历程和重要成果；熟悉深度学习的神经元、感知机和人工神经网络；能举例说明深度学习框架的特点，把握经典神经网络的特点和应用场景；掌握深度学习在数据分析和机器学习中的重要作用。
- 技能目标：学会运用深度学习技术处理实际数据问题；具备使用深度学习框架进行模型构建、训练和调优的能力；能够针对特定问题选择合适的神经网络模型，并理解其背后的数学原理。
- 素养目标：培养对深度学习的兴趣和热情；通过项目实践体验深度学习在解决实际问题中的价值，提高创新思维和实践能力。

知识导图

引导案例

自动驾驶：智能交通的未来

设想一个场景，一辆自动驾驶汽车正在城市道路上行驶。突然，前方出现一个行人，并且行人正打算横穿马路。这时，自动驾驶汽车需要迅速做出决策：是减速避让还是继续保持速度行驶？

在深度学习技术的帮助下，自动驾驶汽车可以通过训练大量的图像数据来识别行人，并预测其行走轨迹。当检测到行人时，深度学习模型会迅速分析行人的位置、速度以及车辆的当前状态，然后给出一个驾驶建议。这个驾驶建议可能是减速、避让或者保持当前速度。

此外，深度学习还可以帮助自动驾驶汽车处理复杂的交通场景。例如，在交叉路口，车辆需要同时考虑多个方向的交通情况。通过深度学习，自动驾驶汽车可以识别交通信号、其他车辆和行人的动态变化，从而做出合理的驾驶决策。

自动驾驶是近年来科技领域的一大热门话题，随着技术的不断进步和政策的逐步放开，自动驾驶汽车正逐渐走进人们的生活。

1. 百度等国内企业上榜全球自动驾驶企业竞争力排行榜

2023 年，全球知名的研究咨询公司 Guidehouse Insights 对全球范围内的自动驾驶企业进行综合评级，并发布了备受瞩目的全球自动驾驶企业竞争力最新排行榜。值得一提的是，百度等国内企业上榜，这无疑是中国自动驾驶技术领域的一次巨大突破，展现了中国在全球自动驾驶领域的实力和影响力。作为国内领先的互联网科技巨头，百度在自动驾驶领域的投入和研发力度一直很大。百度已经在自动驾驶技术方面取得了显著成果，包括高精地图、智能感知、决策规划等多个关键领域。此外，百度还积极与国内外合作伙伴开展合作，共同推动自动驾驶技术的发展和应用。

2. 自动驾驶出租车在上海投入运营

在 2023 年 7 月 8 日举行的“2023 世界人工智能大会”智能驾驶论坛上，AutoX 安途、百度智行、小马智行作为首批获得浦东新区政府发放无驾驶人智能网联汽车道路测试许可的企业，将可以在浦东新区行政区域内划定的开放测试道路划定路段、区域开展无驾驶人智能网联汽车道路测试。此次无驾驶人智能网联汽车从封闭道路走向开放道路，并从车内有安全员状态转变为车内无人化状态。这些出租车配备了先进的自动驾驶技术，可以在指定区域内实现自动驾驶功能，为市民提供更加便捷、安全的出行方式。

3. 自动驾驶技术助力物流配送

随着电商和物流行业的快速发展，自动驾驶技术在物流配送领域得到了广泛应用。一些企业开始尝试使用自动驾驶车辆进行配送，以提高配送效率、降低成本，并提升用户体验。比如京东在其物流配送中心使用自动驾驶配送车，这些配送车可以在城市道路上自主行驶，并通过智能调度系统优化配送路线。京东的自动驾驶配送车还可以与京东的无人机配送系统相结合，实现更快速、更高效的货物配送。

思考：结合实际，讨论深度学习在医疗、安全、交通等领域的应用案例。

4.1 深度学习概述

配套微课

4.1.1 深度学习与机器学习的关系

深度学习（Deep Learning，DL）是机器学习的分支，可以说，深度学习是机器学习的一种实现方式，它使用多层神经网络来实现自动特征提取和模式识别，从而解决各种机器学习问题。深度学习是一种以人工神经网络为架构，对数据进行表征学习的算法，主要目标是建立多层神经网络来学习输入和输出之间的映射关系。深度学习的主要优势是可以自动从大量数据中提取特征，这些特征可以用于解决各种机器学习问题，例如分类、回归、聚类、降维等。

4.1.2 深度学习的兴起

深度学习是机器学习领域中一个新的研究方向，它的引入使得机器学习更接近最初的目标——人工智能。2015 年《自然》杂志对深度学习的定义：深度学习是具有多层次特征描述的特征学习，通过一些简单但非线性的模块将每一层特征描述（从未加工的数据开始）转为更高一层的、更为抽象的特征描述。

1943 年，麦卡洛克（McCulloch）和皮茨（Pitts）提出 MP 神经元数学模型。1958 年，罗森布拉特（Rosenblatt）提出第一代神经网络：单层感知器。第一代神经网络能够区分三角形、正方形等基本形状，让人们觉得有可能发明出真正能感知、学习、记忆的智能机器。1969 年，明斯基（Minsky）发表的《感知机》，用数据详细地证明了感知器的弱点，尤其是感知器难以解决 XOR（异或）类型的分类任务。1986 年，辛顿（Hinton）提出第二代神经网络，将单一固定的特征层替换成多个隐藏层，并采用 Sigmoid 激活函数，同时利用误差的反向传播算法训练模型，有效地解决了非线性分类问题（见图 4－1）。1989 年，西本科（Cybenko）和奥尔尼克（Hornik）等人证明了万能逼近定理：任何函数都可以被三层神经网络以任意精度逼近。同样在 1989 年，杨立昆（Yann LeCun）发明了卷积神经网络来识别手写体，此网络的训练时间长达三天。1997 年，霍克赖特（Hochreiter）和施米德胡贝（Schmidhuber）提出长短期记忆网络（LSTM），这是一种使用至今的递归神经网络。1998 年，杨立昆正式发表 LeNet 的论文，在标准手写数字识别的任务中，LeNet 的表现超过了同时期的其他神经网络。

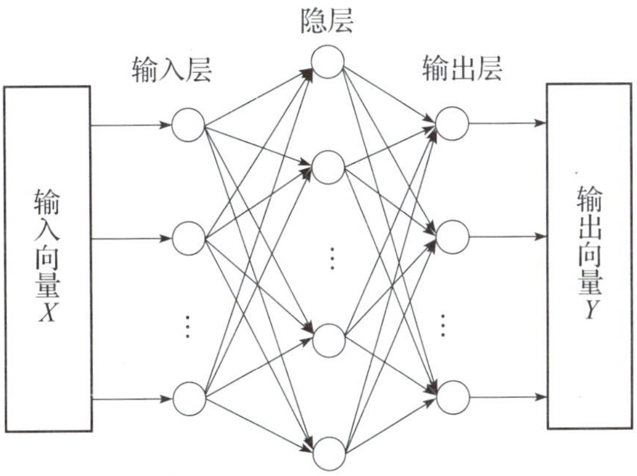

图 4－1　多层感知器

2006 年，辛顿等人提出深度网络是包含多隐藏层、多感知器的一种网络结构，能更抽象、更深层次地描述物体的属性和特征。由于深度学习算法属于高纬矩阵运算，而计算机存在运算能力弱、运算速度慢等限制，无法完成大规模运算，深度学习的发展再次遇到瓶颈。

近年来，随着计算机性能的不断提升，针对高性能运算的硬件不断完善，在一定程度上提高了计算机的运算能力和运算速度，现有的高性能计算已经可以完成深度学习中大规模的矩阵运算。因此，深度学习得到了快速发展，各种针对深度学习的算法模型被不断提出。例如，2012 年由克里热夫斯基（Krizhevsky）等人自主设计的卷积神经网络 AlexNet 在 ImageNet 大规模视觉识别挑战赛（ILSVRC）中取得冠军；2014 年，克里斯蒂安·塞盖迪（Christian Szegedy）提出的 GoogleLeNet 和牛津大学几何视觉组 VGGNet 分别获得 ILSVRC 的冠军和亚军。

目前，深度学习在搜索、数据挖掘、机器翻译、多媒体学习、语音识别、推荐和个性化以及其他相关领域都取得了很多成果。深度学习使机器能够模仿视听和思考等人类的活动，解决了很多复杂的模式识别难题，使得人工智能相关技术取得了巨大进步。

4.1.3 神经元、感知器、人工神经网络

动物复杂的神经系统是由简单的神经元相连组成的，神经元一端受到刺激时会将信号传递到另一端，一个神经元会将刺激信号传递给另一个神经元。人脑神经网络单元如图 4－2 所示。

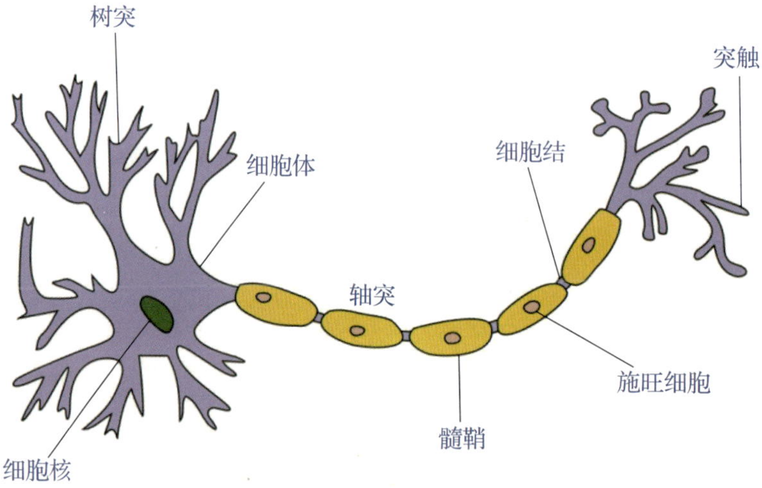

图 4－2　人脑神经网络单元示意图

人工神经网络，简称神经网络（Neural Network，NN），是受到人脑神经网络单元（神经元）工作方式启发而设计的一种计算模型，借鉴人脑神经元的一些基本特征和结构，用于对函数进行估计或近似计算。神经网络由大量的人工神经元联结并进行计算。

神经元有大量的数学模型，现在神经元标准的数学模型由两部分组成：线性变换和非线性变换。非线性变换又叫激活处理（非线性变换函数叫激活函数）。人脑中的神经元通过突触与其他神经元联结，接收来自其他神经元的信号并生成输出信号。同样，人工神经元也接收来自其他神经元的输入信号，并通过激活函数产生输出信号。人工神经元模型的图形表达也经常使用类似图 4－3 所示的形式。

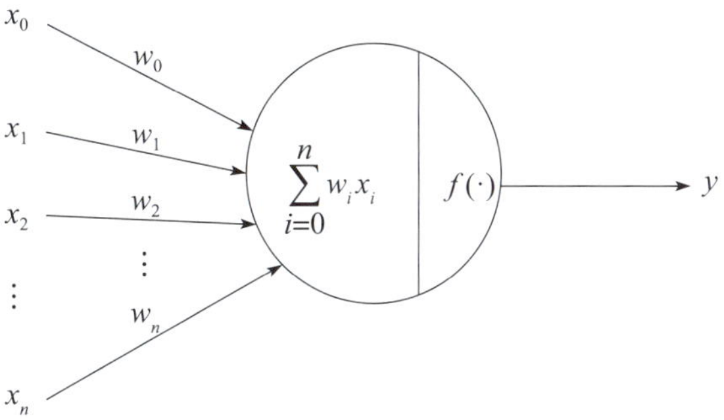

图 4－3　人工神经元模型

上述神经元的活动中，线性变换函数和激活函数可以用公式（4－1）和公式（4－2）进行表达。

$$u = \sum_{i=0}^{n} w_i x_i \tag{4-1}$$

$$y = f(u) = f\left(\sum_{i=0}^{n} w_i x_i\right) \tag{4-2}$$

1957 年，弗兰克・罗森布拉特提出了由一层感知器神经元组成的人工神经网络模型——“感知器”。感知器是首个可以“学习”的人工神经网络模型，能够识别简单图像。它把人工神经网络从纯理论探讨引向工程上的实现。感知器在人工神经网络的发展历史上有着非常重要的地位，人们认为已经发现了智能的奥秘，许多学者和研究机构纷纷投入神经网络的研究中。这一热潮直到 1969 年才退去。

今天，感知器已不是人工神经网络的主流方法，因为只有输出层有激活函数处理，即只有一层功能性神经元，所以它的能力非常有限，只能用于线性分类，如图 4－4 所示。

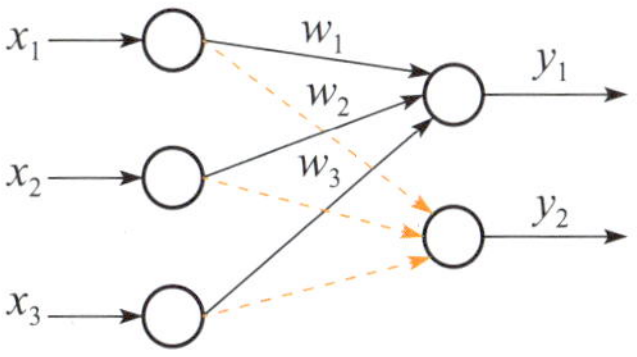

图 4－4　感知器模型

图 4－4 中，圆圈代表神经元，神经元作为基本单位，也是输入信号 $x_i(i=1,2,3)$ 的节点；权值 $w_i(i=1,2,3)$ 模拟生物神经元之间的连接关系，在输入层和输出层的神经元之间建立连接关系，同一层神经元之间不连接。图 4－4 所示的感知器为单层感知器，它模拟了神经元的功能，现在利用这个模型可以实现简单的二分类。

神经网络的基本术语如下：

输入层：输入神经网络的原始数据。

输出层：神经网络的预测结果。

隐藏层：在输入层和输出层之间的层。

层的编号：第 1 个隐藏层为第 1 层，依次加 1，通常将输入层称为第 0 层。

4.2 深度学习框架

配套微课

4.2.1 TensorFlow

1. 什么是 TensorFlow

TensorFlow 是一个由谷歌开发的开源机器学习框架，它最初是为了满足谷歌的机器学习需求而开发的，后来成为一个广泛应用于各种领域的流行工具。TensorFlow 的名称来源于其核心操作——张量（Tensors），张量是多维数组的数学概念，它是 TensorFlow 中的基本数据单元，而 Flow（流）意味着基于数据流图的计算。

Tensorflow 有三种计算图的构建方式：静态计算图、动态计算图以及 Autograph。TensorFlow1.0 时代，采用的是静态计算图，需要先使用 TensorFlow 的各种算子创建计算图，再开启一个会话 Session，显示执行计算图。TensorFlow2.0 时代，采用的是动态计算图，即每使用一个算子后，该算子会被动态加入隐含的默认计算图中立即执行得到结果，而无须开启 Session，方便调试程序。1.X 版本使用静态图进行运算，运算速度比 2.X 版本的动态图快，但 2.X 版本构建网络的过程比 1.X 版本简单。

2.TensorFlow 的特点

TensorFlow 框架可以应用在人工智能的各个领域，具有灵活性、多语言支持、生产就绪、自动做微分运算、可视化工具、跨平台兼容性、文档规范等特点。

（1）灵活性：TensorFlow 提供了高度灵活的编程模型，允许开发者构建各种复杂的神经网络结构和机器学习算法，只要能够把计算表示成数据流图，都可以使用 TensorFlow。

（2）多语言支持：TensorFlow 支持多种编程语言，其中 Python 接口因其简洁易用而广受欢迎。此外，TensorFlow 还提供了 C++、Java 等语言的接口，方便不同背景的开发者使用。

（3）生产就绪：TensorFlow 提供了 TensorFlow Serving 和 TensorFlow Extended

（TFX）等工具，帮助开发者将训练好的模型部署到生产环境中。这些工具支持模型的版本管理、监控和优化，确保模型在生产环境中的稳定运行。

（4）自动做微分运算：机器学习中的很多算法都用到梯度，使用 TensorFlow，它将自动帮你求出梯度，只要定义好目标函数、增加数据即可。

（5）可视化工具：TensorFlow 提供 TensorBoard 这一强大的可视化工具，可以帮助开发者理解、调试和优化模型。通过 TensorBoard，开发者可以直观地查看计算图、监控训练过程中的各种指标，以及分析模型性能。

（6）跨平台兼容性：TensorFlow 可以在不同的操作系统上运行，包括 Linux、macOS 和 Windows，为开发者提供了极大的便利。

（7）文档规范：TensorFlow 的官方文档非常详尽，为开发者提供了丰富的学习资源和参考资料。文档中不仅包含 API 的详细说明，还有大量的教程、案例研究和最佳实践指南，帮助开发者快速上手并深入理解 TensorFlow 的使用方法，如图 4－5 所示。

图 4－5　Tensorflow 官网学习教程

3.TensorFlow 的应用

在自动驾驶领域，特斯拉使用 TensorFlow 来训练自动驾驶系统，实现车辆的自主导航和避障。在医疗领域，TensorFlow 也被广泛应用于疾病诊断和药物研发。例如，谷歌的 DeepMind 团队利用 TensorFlow 开发了一种能够预测蛋白质结构的神经网络模型，这有助于加快新药的开发过程。在自然语言处理方面，TensorFlow 同样表现出色。例如，谷歌公司的谷歌搜索、谷歌翻译、Gmail 等产品中都有 TensorFlow 的身影。众多智能语音助手，如谷歌助手与亚马逊的 Alexa，均采用了 Tensorflow 框架。TensorFlow 的应用非常广泛，AlphaGo 背后应用的也是 TensorFlow 框架。

（1）金山 WPS 实现图片处理和转换。

借助 TensorFlow 和 TensorFlow Lite 在框架层的算法优化能力，移动版 WPS 有多个业务场景开始使用 AI 算法，来实现图片处理和转换：

1）物体边缘检测。金山 WPS 设计的 CNN 文档检测网络，可以让安卓版用户快速检测结果，自动判断边缘并调整滤镜。

2）自动识别图片类型。金山 WPS 利用 TensorFlow Lite 实现了能够自动识别图片类型的 OCR 模型，提供对应的滤镜和 OCR 输出格式。

3）扫描件 OCR。采用 TensorFlow 部署模型，可以对文档实现旋转校正、文本行检测等操作，节省大量文档编辑时间。

4）自然场景 OCR。利用 TensorFlow Lite 将自然场景 OCR 运行在手机上，使它能在短时间内从复杂场景中准确定位文字并获得理想的识别结果。

5）图片转文档的布局分析。金山 WPS 结合 TensorFlow 与 Scikit-learn 框架一起进行图文布局分析算法，大幅度降低了算法的研发成本。

（2）智能割接助手。

中国移动使用 TensorFlow 打造了一种人工智能应用——智能割接助手，如图 4－6 所示。通过分析历史数据和实时监控信息，智能割接助手能够自动预测切换时间范围、验证操作日志和检测网络异常。它借助深度学习框架 TensorFlow 创新性地破解了一线运维人员的网络运维难题，努力为一线运维人员减负，优化网络维护和故障处理流程。智能割接助手已经成功地为世界上规模最大的迁移项目提供支持，涉及数亿个 IoT HSS 号码。

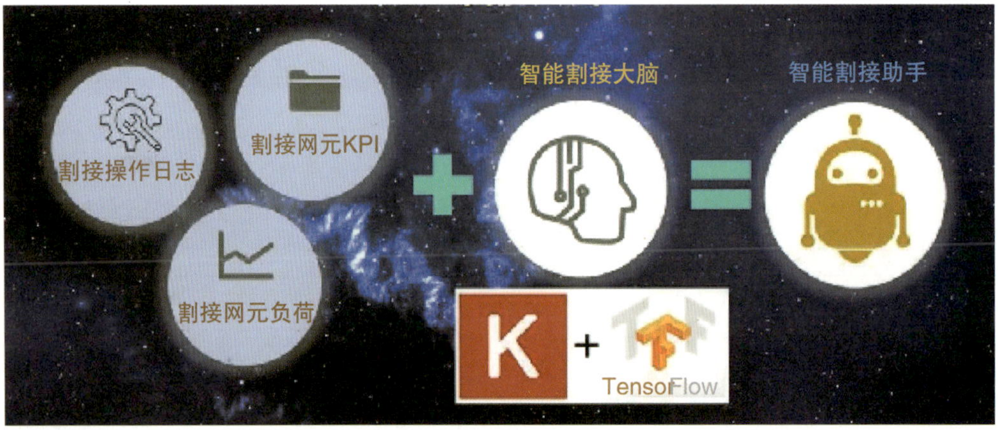

图 4－6　中国移动智能割接助手

4.2.2　Keras

1. 什么是 Keras

Keras 是一个高层次的深度学习框架，它建立在底层的深度学习库（如 TensorFlow、Theano 和 CNTK）之上，提供了更简单、更易用的接口，如图 4－7 所示。Keras 的设计目标是让用户能够快速构建和调试深度学习模型，以最小的时延把想法转换为实验结果，同时保持灵活性和可拓展性。Keras 的开发重点是支持快速的实验。

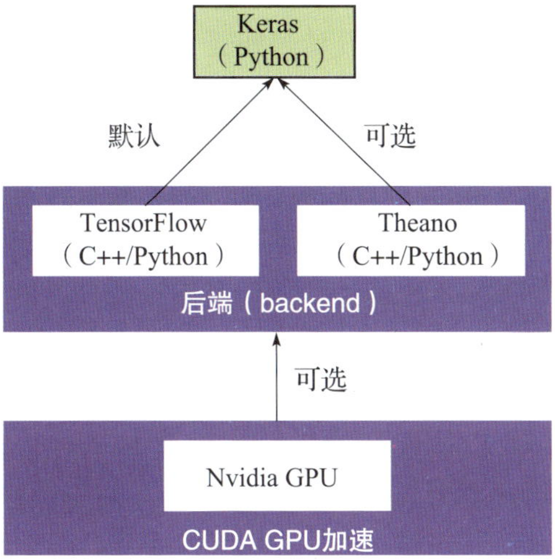

图 4－7　Keras与 TensorFlow 的前后端关系图

在发布 TensorFlow 2.0 时，Keras 成为 TensorFlow 的官方应用程序接口（Application Program Interface，API），即 tf.keras。该 API 用于快速设计和训练模型。随着 Keras 2.3.0 的发布，作者声明 Keras 是首个与 tf.keras 同步的版本，也是最后一个支持多个后端（Theano、CNTK）的版本。

2.Keras 的特点

Keras 是一个用 Python 编写的高级神经网络 API，它把用户体验放在首要和中心位置，是进行快速实验的首选。Keras 的核心特点如下：

（1）用户友好：Keras 提供了简洁、一致的 API，使得用户可以轻松定义、训练和评估深度学习模型，无论是初学者还是经验丰富的研究人员，都可以轻松上手。

（2）模块化：Keras 中的模型由一系列模块组成，如层（Layers）、损失函数（Loss Functions）、优化器（Optimizers）等。这些模块可以自由组合（像搭积木塔一样），方便用户根据需求定制模型。

（3）可扩展性。虽然 Keras 提供了许多内置的组件，但它也允许用户自定义层、损失函数和优化器等，从而满足特定需求，以适合高级研究。

（4）多后端支持：Keras 可以基于多种底层深度学习库进行计算，包括 TensorFlow、Theano 和 CNTK。目前的 Keras 3 支持 PyTorch 后端，可以训练一个 Keras + TensorFlow 在 PyTorch 上建模或在 tf.data.Dataset 上训练 Keras + PyTorch 模型。

（5）快速原型设计：Keras 非常适合快速原型设计，因为它允许用户在短时间内尝试不同的模型架构和参数，从而找到最佳的解决方案。这使研究人员和开发人员能够迅速迭代和优化模型，以应对各种复杂的问题。

3.Keras 的一些限制

（1）性能：虽然 Keras 在易用性和快速原型设计方面表现出色，但其性能可能不如一些底层深度学习库。对于需要高性能计算的场景，可能需要直接使用底层库进行优化。

（2）控制度较低：由于 Keras 的设计目标是易用性和快速实验，因此它在底层控制方面可能不如一些底层深度学习库灵活。对于需要精细调整和优化的场景，可能需要直接使用底层库进行操作。

（3）可能存在兼容性问题：由于 Keras 支持多种底层深度学习库，因此在不同后端之间可能存在兼容性问题。用户在切换后端时需要仔细检查代码的兼容性。

（4）高级功能有限：虽然 Keras 提供了许多内置组件，但在一些高级功能方面可能不如一些底层深度学习库丰富。对于需要复杂操作和高级功能的场景，可能需要直接使用底层库进行开发。

尽管存在一些限制，但 Keras 在易用性和快速实验方面表现出色，使得研究人员和开发人员能够轻松地构建和测试深度学习模型。随着深度学习技术的不断发展，Keras 也在不断改进和完善，以满足用户的需求。

4.2.3 PyTorch

1. 什么是 PyTorch

PyTorch 是由脸书人工智能研究院（FAIR）开发的深度学习框架，与谷歌的 TensorFlow 不同，它从第一代开始就采用动态计算图的设计方式，是当下最流行的动态图框架，支持动态神经网络。PyTorch 的底层实现基于 Torch 库，并提供了 PyThon 接口，支持 GPU 加速计算，可以方便地实现各种深度学习算法和模型。

PyTorch 的核心优势就是动态计算图，也称为即时执行（Define-by-run）方式。在 PyTorch 中，计算图是动态构建的，这使它在研究和开发阶段更加灵活，因为可以更方便地进行调试和修改模型结构。谷歌发布的 TensorFlow 2.x 版本中的 Eager Execution 模式被认为是追赶 PyTorch 动态计算图的举措。Torchvision 和 Torchtext 等库为计算机视觉和自然语言处理领域提供了便捷的工具。

2. PyTorch 的优缺点

PyTorch 从 2017 年发布到现在，发展势头迅猛，短短几年时间，就从无人知晓到与 TensorFlow 齐名。PyTorch 的优点包括如下几个方面：

（1）动态计算图：PyTorch 的动态计算图（即时执行）使得研究人员可以更灵活地进行实验和调试。在研究阶段，这种灵活性至关重要，因为它允许在运行时修改模型结构，从而快速尝试不同的想法。

（2）易于使用：PyTorch 提供了简洁的 API，使得用户可以轻松地实现自己的想法，即所思即所得，不需要考虑太多关于框架本身的束缚。PyThon 风格的编程方式使得代码易于理解和维护。PyTorch 也支持 TensorBoard，让神经网络训练过程可视化，如图 4－8 所示。

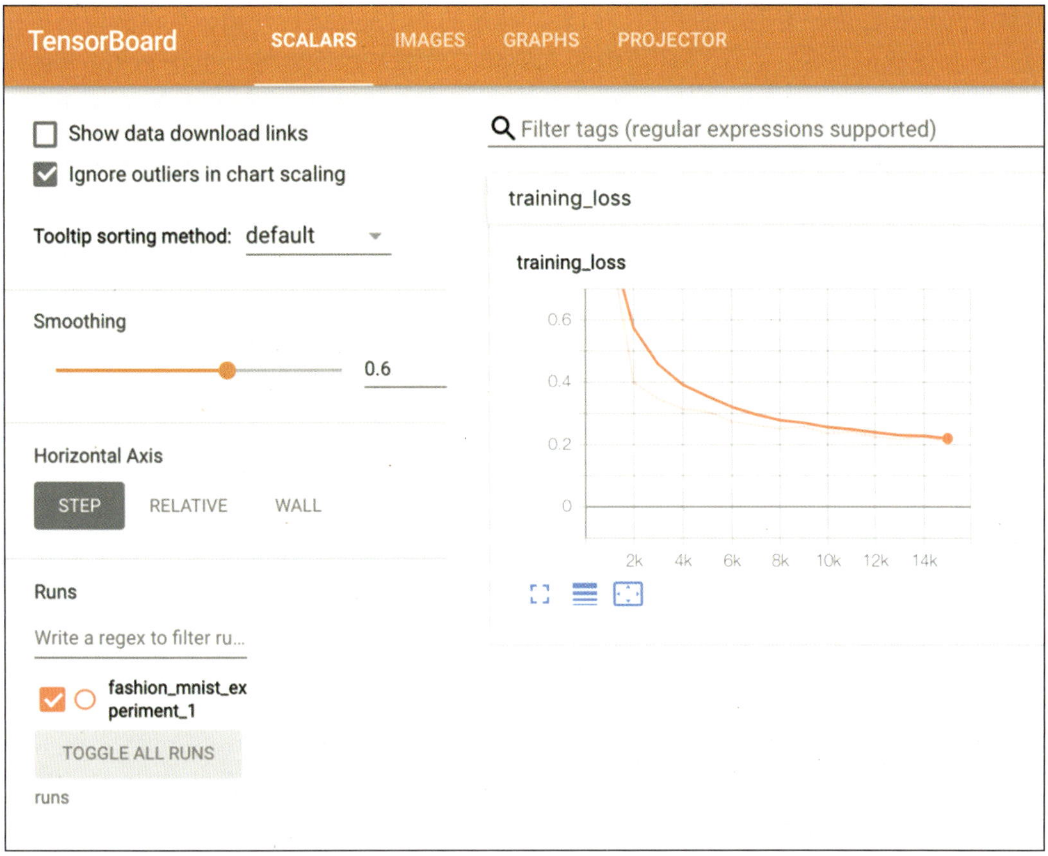

图 4－8 使用 TensorBoard 跟踪模型训练

（3）调试友好：PyTorch 的动态图特性使得调试过程更加直观。用户可以在代码中设置断点，逐步执行模型的构建和训练过程，从而更容易地发现和修复问题。

（4）社区支持：PyTorch 拥有一个活跃的社区（https://pytorch.org/#community-module），提供了大量的教程、文档和开源项目。这使得新手和经验丰富的研究人员都能快速找到所需资源，解决问题。

（5）强大的生态系统：PyTorch 不仅提供了核心库，还拥有丰富的扩展库和工具，如 Torchvision、Torchtext、TorchAudio 等，这些库为处理图像、文本、音频等不同类型的数据提供了便捷的接口。此外，PyTorch 还支持分布式训练和模型量化等高级功能，使得研究人员和开发人员能够更好地应对大规模数据和模型的训练需求。

3. PyTorch 的应用场景

在学术界，越来越多的论文和新技术选择使用 PyTorch 作为其实验框架。在开源机器学习系统中，PyTorch 是科研领域占有率最高的框架，其在 AI 顶刊上的占比在 2022 年已达 80%。而在企业应用上，除了 Facebook 之外，它也被 Intel、Twitter 和 CMU 等机构采用。但 PyTorch 在工业界的应用存在很多限制性因素，原因是 PyTorch 出现较晚，工业场景比学术研究领域相对滞后，已经用 TensorFlow 实现的工业场景替换为 PyTorch 也是一笔不小的开销。另外，高昂的 PyThon 运行开销，难以适应需要精细调整和优化的场景，在生产环境中的支持和工具链不够成熟等，也是 PyTorch 的工业应用与 TensorFlow 存在差距的原因。

4.2.4　PaddlePaddle

1. 什么是 PaddlePaddle

飞桨（PaddlePaddle）是由百度开发的深度学习平台，旨在提供高效、易用的深度学习框架和工具，支持大规模的分布式训练和部署。它集深度学习核心训练和推理框架、基础模型库、端到端开发套件、丰富的工具组件于一体，是中国首个自主研发、功能丰富、开源开放的产业级深度学习平台。飞桨于 2016 年正式开源，是主流深度学习框架中一款完全国产化的产品。

截至 2022 年 5 月，飞桨已凝聚 477 万开发者，基于飞桨开源深度学习平台创建 56 万个模型，服务 18 万家企事业单位。飞桨助力开发者快速实现 AI 想法，创新 AI 应用，作为基础平台支撑越来越多的行业实现产业智能化升级，并已广泛应用于智慧城市、智能制造、智慧金融、泛交通、泛互联网、智慧农业等领域，如图 4－9 所示。

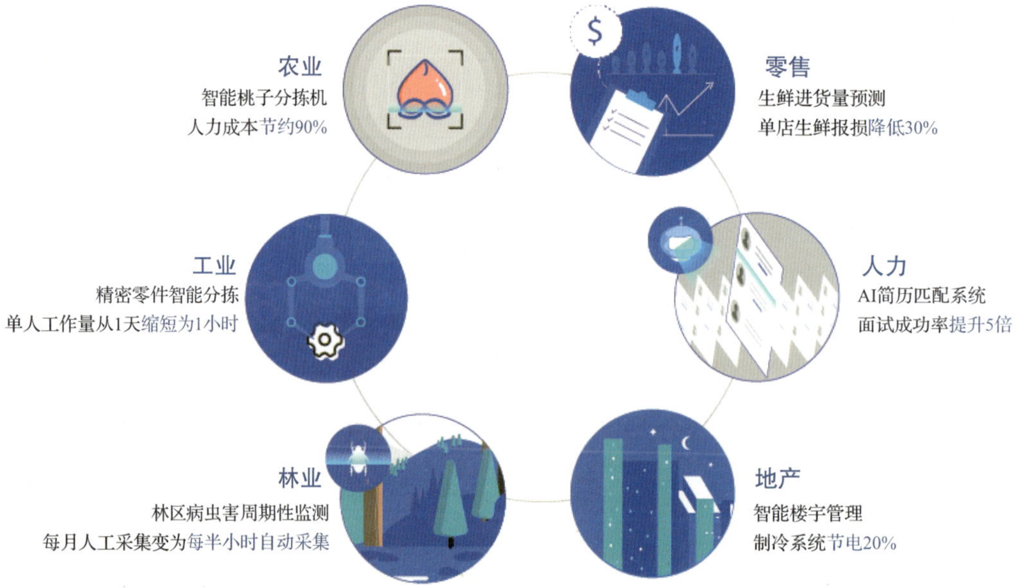

图 4－9　飞桨在各领域的应用

飞桨产业级深度学习开源开放平台包含核心框架、基础模型库、端到端开发套件与工具组件几个部分，各组件使用场景如图 4－10 所示。

图 4－10 上半部分是从开发、训练到部署的全流程工具，下半部分是预训练模型、封装工具、各领域的开发套件和模型库等模型资源，支持深度学习模型从训练到部署的全流程。

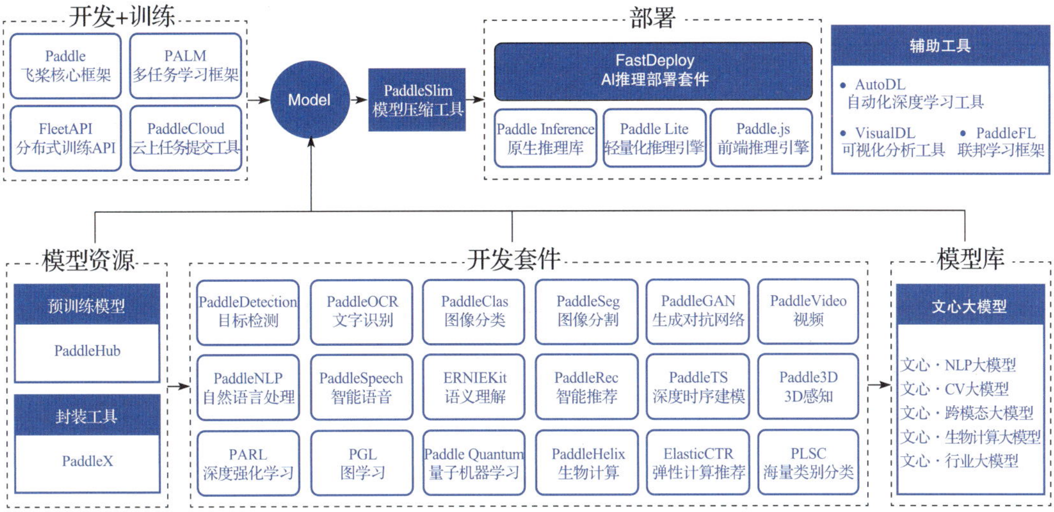

图 4－10　飞桨开源组件使用场景概览

德技并修

中国 AI 崛起新篇章：PaddlePaddle 引领全球，携手共建科技未来

在深度学习这一前沿科技领域，中国再次以强劲姿态登上世界舞台。2023 年，我国自主研发的深度学习框架 PaddlePaddle 在全球技术竞赛中脱颖而出，不仅在学术界引起轰动，更在商业应用中大放异彩。从智能医疗的精准诊断到智慧城市的数据分析，PaddlePaddle 以其高效、稳定的性能，助力多个行业实现了技术革新与效率飞跃，充分展现了中国在人工智能领域的强大创新能力和技术实力，极大地激发了国人的民族自豪感和自信心。

PaddlePaddle 的成功应用案例很多。在医疗领域，它帮助医生快速识别病变，提高诊断准确率；在金融领域，它助力银行实现智能风控，保障资金安全；在自动驾驶领域，它更是成为车辆“大脑”的重要组成部分，推动智能交通时代的到来。

然而，中国 AI 的崛起并非孤军奋战。在激烈的国际科技竞争中，我们深刻认识到合作与共赢的重要性。正如 PaddlePaddle 在不断发展壮大的同时，也积极与全球伙伴开展合作，共享技术成果，共同推动人工智能技术的普及和应用。此外，国内还有诸如阿里的 AI 开放平台、科大讯飞的智能语音平台等优秀框架，它们在各自的领域内也取得了显著成就，为中国 AI 生态的繁荣发展添砖加瓦。

2. PaddlePaddle 的应用

（1）PaddlePaddle 助力变电站智慧巡检。

南方电网电力科技股份有限公司引入飞桨深度学习开源框架，为变电站智能机器人赋能，表计检测和表盘分割能力大大提高，实现对变电设备的准确检测和分析（见

图 4 - 11），让人工巡检耗时大幅减少，原来需要 6 小时才能完成的巡检工作现在只花 10 分钟即可，智能运维效果大幅提高。

图 4 - 11　PaddlePaddle 在能源电力中的应用

（2）PaddlePaddle 助力动力电池高精度质量检测。

宁德时代联合百度飞桨深度学习开源平台，对电池缺陷质量检测产线进行了改良，通过飞桨深度优化过的 PP-YOLO 和 ResNet 系列算法和调整预测 Batch，实现了整体产品检测准确率的跃升，为动力电池质量保障筑起智能防线。此外，飞桨 PaddleX 全流程开发工具的选用，也极大地降低了宁德时代应用深度学习技术进行产业落地的难度。检测应用流程如图 4 - 12 所示。

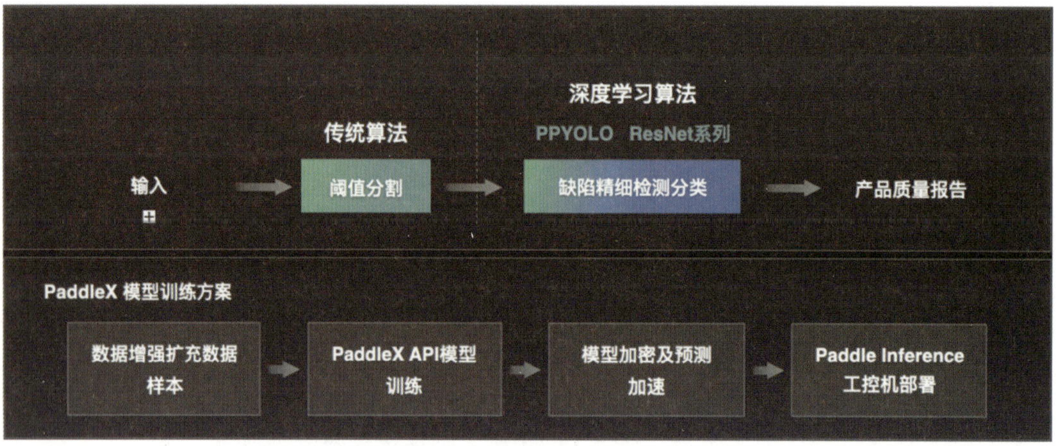

图 4 - 12　飞桨 PaddleX 在动力电池质量检测中的应用流程

（3）PaddlePaddle 助力农业智能化。

水稻是我国三大主粮之一。水稻田的田间管理复杂、重复度高（诸如打药、锄草等）且工作极其繁重，给从业人员造成了极大的负担。苏州博田利用百度飞桨的深度学习技术让拖拉机和农业机器人学会了视觉导航，可以根据水稻秧苗的种植情况实时调整航向，避免压苗等情况出现，从而更好地保养和管理水稻秧苗。苏州博田应用飞桨图像分割开发套件 PaddleSeg 中的 ICNet 模型，将秧苗按列从背景中分割出来，并以此为基础实现秧苗列中心线的精准提取，使用基于 PaddleSeg 的导航线提取方法后，在试验图像中的平均角度误差从 3.27° 降低到 1.65°。在反光、缺株等情况下也基本不会出现角度误差大于 5° 的情况。图 4－13 是分割结果展示。

（a）图像分割结果示意图　（b）原图特征点提取示意图　（c）秧苗列中心线提取结果示意图

图 4－13　PaddlePaddle 在农业智能化中的应用

4.3　经典神经网络

配套微课

4.3.1　径向基神经网络

径向基神经网络（RBF 神经网络）是一种性能良好的前馈型神经网络，由穆迪（J. Moody）和达肯（C. Darken）在 1988 年提出。这种网络结构包括输入层、隐藏层和输出层，如图 4－14 所示。其中，输入层由信号源节点组成，负责传递信号到隐藏层；隐藏层使用径向基函数（RBF）作为神经元的激活函数，它是关于中心点径向对称且衰减的非负线性函数，将低维的输入数据转换到高维空间内，使得原线性不可分的问题在高维空间内变得线性可分；输出层则对线性权进行调整，采用线性优化策略，因而学习速度较快。

4.3.2　Hopfield 神经网络

Hopfield 神经网络在 1982 年由约翰·霍普菲尔德（John Hopfield）提出，它是一种递归神经网络（见图 4－15）。其特点是网络中的每个神经元都与其他神经元相互连接，形成一个反馈循环，输出端又会反馈到输入端，在输入的激励下，其输出会不断地产生状态变化，这个反馈过程会一直反复进行。假如 Hopfield 神经网络是一个收敛的稳定网络，则这个反馈与迭代的计算所产生的变化将越来越小，一旦达到稳定的平衡状态，Hopfield 神经网络就会输出一个稳定的恒值。

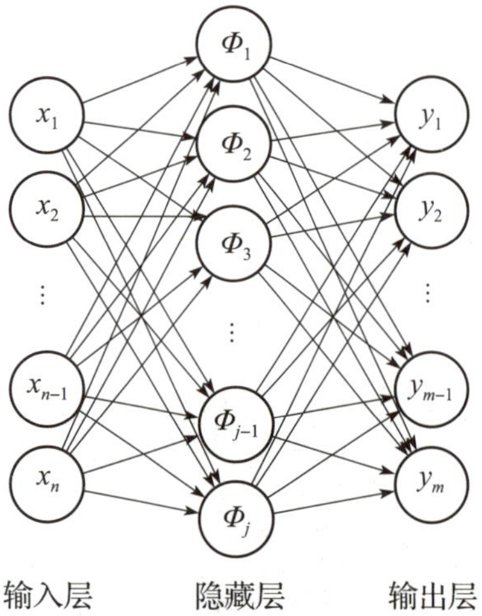

图 4-14　径向基神经网络

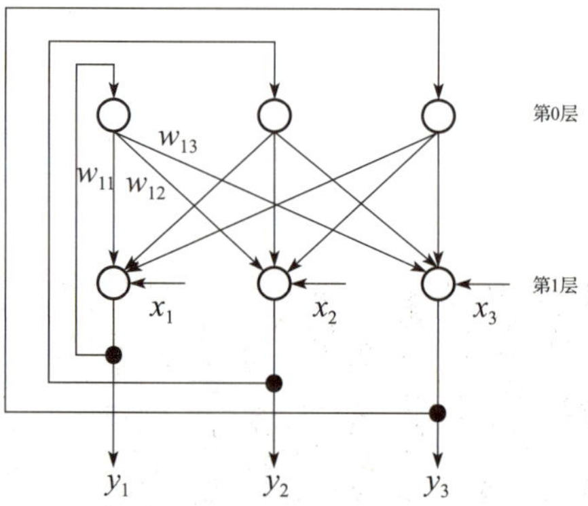

图 4-15　Hopfield 神经网络

然而，Hopfield 神经网络也存在一些问题，例如，它需要大量的存储空间来存储模式，且对于大规模的问题，网络的训练过程可能会变得非常耗时。此外，如果存储的模式之间存在冲突，网络可能会陷入不稳定的状态。因此，虽然 Hopfield 神经网络在理论上具有一些吸引人的特性，但在实际应用中，它并不像其他类型的神经网络那样广泛使用。

4.3.3　玻尔兹曼机

玻尔兹曼机（Boltzmann Machine）是一种基于统计物理学的随机神经网络模型。在实际应用中使用最多的是受限玻尔兹曼机，受限玻尔兹曼机本身模型很简单，只是一个两层的神经网络，如图 4-16 所示。

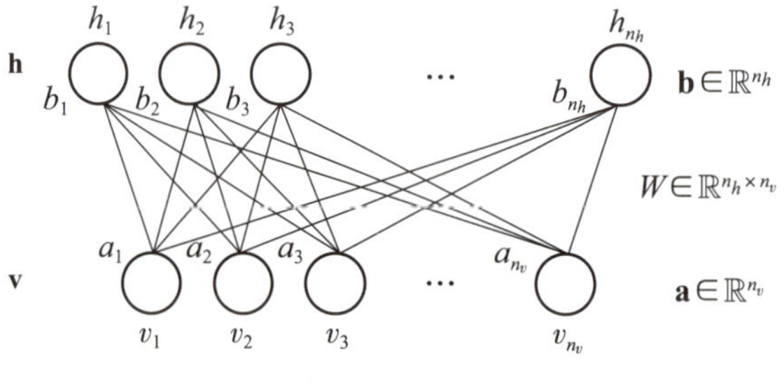

图 4-16　受限玻尔兹曼机模型

玻尔兹曼机上面一层神经元组成隐藏层（Hidden Layer），用 h 向量表示隐藏层神经元的值。下面一层的神经元组成可见层（Vsible Layer），用 v 向量表示可见层神经元的值。隐藏层和可见层之间是全连接的，隐藏层神经元之间是独立的，可见层神经元之间也是独立的。连接权重可以用矩阵 W 表示。可见层的状态可以作用于隐藏层，而隐藏层的状态也可以作用于可见层。隐藏层的偏置系数是向量 b，可见层的偏置系数是向量 a。

玻尔兹曼机可以看作一个编码解码的过程，从可见层到隐藏层就是编码，反过来从隐藏层到可见层就是解码。在推荐系统中，可以把每个用户对各个物品的评分作为可见层神经元的输入，有多少个用户就有多少个训练样本。由于用户不是对所有的物品都有评分，因此任意样本有些可见层神经元没有值。但是这不影响模型训练，对于每个样本，仅仅用有用户评分的可见层神经元来训练模型即可。

4.3.4　BP 神经网络

BP 神经网络，即反向传播神经网络（Backpropagation Neural Network）。BP 神经网络的基本结构包括输入层、隐藏层和输出层，每一层的神经元都与下一层的神经元全连接，而同一层的神经元之间则没有连接。当网络接收到输入信号后，信号会通过输入层传递到隐藏层，然后通过隐藏层传递到输出层，最后输出层产生输出结果。这个过程称为前向传播。网络会根据输出结果和期望结果之间的误差（也称为损失函数），通过反向传播算法调整网络中的权值和偏置，使得输出结果逐渐接近期望结果，这个过程称为反向传播。通过不断地前向传播和反向传播，BP 神经网络可以逐渐学习输入与输出之间的映射关系，从而实现对新数据的预测。BP 神经网络通过反向传播算法进行训练，能够学习和存储大量的输入 - 输出模式映射关系，而无须事前揭示描述这种映射关系的数学方程。

损失函数越小，说明预测越准确。深度学习的目的就是求解在最小化损失函数的情况下的权重，方法就是算出损失函数的偏导数，将偏导置为 0 并计算权重参数，沿着梯度下降方向迭代。迭代的过程也是梯度不断下降的过程，这个方法就是梯度下降。

预测误差是反向传播的起点。从输出层开始，根据链式法则，反向传播算法逆序计算每一层的梯度。具体而言，反向传播算法从输出层开始，计算输出层的误差对于该层每个神经元的影响。然后，基于这些误差和激活函数的导数，计算出输出层参数的梯度。接下来，该梯度被传递回前一隐藏层，并根据链式法则计算隐藏层参数的梯度（见图 4 - 17）。这个过程一直持续到达输入层，得到所有参数的梯度。一旦获得了参数的梯度，可以使用梯度下降来更新网络中的参数。更新规则为：新参数 = 旧参数 - 学习率 × 梯度。梯度下降根据梯度方向和学习率的设置，以逐渐减小误差并改善模型的预测性能。

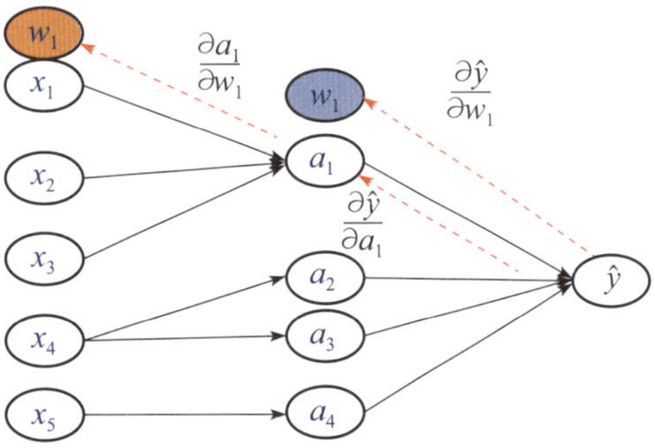

图 4 - 17　反向传播算法

BP 神经网络的一个重要特点是，它可以通过增加隐藏层的层数和每层神经元的数量来提高网络的复杂性和表达能力。这使得 BP 神经网络可以处理一些复杂的非线性问题。然而，随着网络规模的增大，BP 神经网络的训练时间也会显著增加，甚至可能出现过拟合等问题。因此，在实际应用中，需要根据具体问题和数据特点来选择合适的网络结构和参数。

4.3.5 深度神经网络

前面介绍的神经网络都属于浅层神经网络，只有一个隐藏层。而深度学习所研究的神经网络，则是有多个隐藏层的神经网络，如图 4－18 所示。深度学习的“深”主要是指网络层数深，一些深度神经网络的网络层数多达上百层。

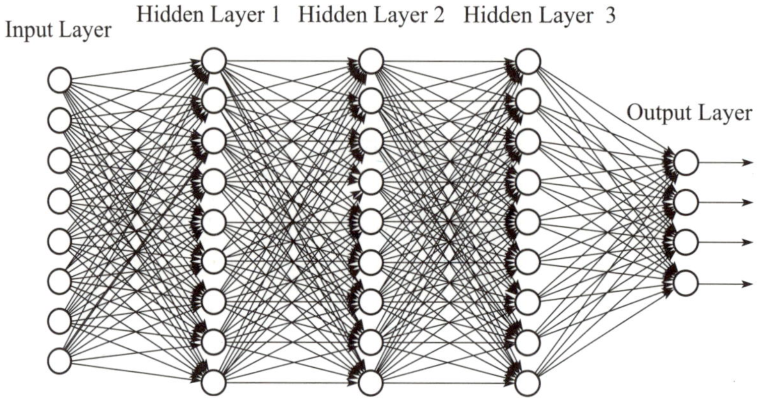

图 4－18 深度神经网络

深度神经网络（Deep Neural Networks，DNN）是近年来人工智能领域取得重大突破的关键技术之一。与传统的浅层神经网络相比，深度神经网络具有更多的隐藏层，能够学习更加复杂的特征表示和映射关系。深度神经网络之所以强大，主要归功于其强大的特征学习能力。通过多层的非线性变换，深度神经网络可以将原始输入转换为更加抽象和有用的特征表示。这种特征表示不仅能够捕捉到输入数据的底层结构，还能够学习到高级别的语义信息。这使得深度神经网络在解决复杂问题时具有更强的泛化能力和更高的准确性。

区别于传统的浅层学习，深度学习的不同在于：强调了模型结构的深度，可以有几十层、上百层隐藏层；明确突出了特征学习的重要性。

德技并修

中国的算力建设成就

在当今全球科技竞争的浪潮中，深度神经网络（DNN）的迅猛发展对算力提出了前所未有的挑战。而我国在算力领域的快速崛起，为深度神经网络的广泛应用提供了坚实支撑。

从超级计算机到数据中心，从云计算平台到边缘计算节点，我国构建起了一个多层次、广覆盖的算力网络。截至 2024 年 3 月底，我国 10 个国家数据中心集群算力总规模已超过 146 万标准机架，整体上架率为 62.72%。我国的高性能计算芯片“龙芯”“飞腾”等国产 CPU 芯片，在超级计算机和数据中心中得到了广泛应用。“神威·太湖之光”“天河”系列等超级计算机，多次在全球超级计算机 TOP500 排名中名列前茅，展示了我国在算力基础设施建设方面的雄厚实力。

4.3.6　卷积神经网络

深度的全连接神经网络，虽然能够处理一些复杂的问题，但是对于图像、语音等具有局部相关性的数据，其效果并不理想。因为这些数据中的局部信息对于整体的理解至关重要，而全连接神经网络无法有效地利用这种局部信息。为了解决这个问题，研究者们提出了卷积神经网络（Convolutional Neural Network，CNN）。

卷积神经网络是一种专门用于处理具有类似网格结构数据的神经网络，如图像、语音等。它的核心思想是利用卷积操作来提取输入数据的局部特征，然后通过池化操作进行降维，最后通过全连接层进行分类或回归。卷积神经网络由输入层、卷积层、池化层、全连接层、输出层组成。卷积神经网络的基本结构如图 4－19 所示。

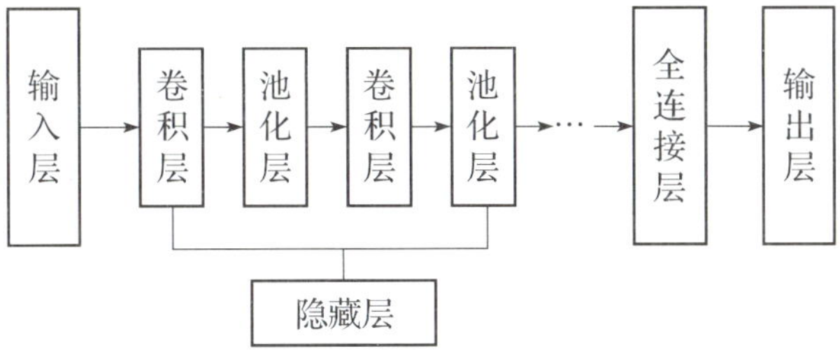

图 4－19　卷积神经网络的基本结构

卷积层是卷积神经网络的核心部分，它通过卷积操作提取输入数据的局部特征。卷积操作可以理解为在输入数据上滑动一个为卷积核，将卷积核中的权重与输入数据对应位置的元素相乘并求和，得到一个新的特征图。卷积层由一系列参数可学习的卷积核集合构成，不同卷积核可以提取不同的特征，例如边缘、线性、角等特征。卷积操作过程为：卷积核在图片上按照一定步长从左至右、从上至下滑动，滑动到某一位置时，卷积核与图片上对应位置的数相乘最后相加，得到某一位置的一个像素值。

卷积层的实现方式实际上是数学中定义的互相关（Cross-correlation）运算，具体的计算过程如图 4－20 所示，每张图的左图表示输入数据是一个维度为 3 × 3 的二维数组；中间的图表示卷积核是一个维度为 2 × 2 的二维数组。

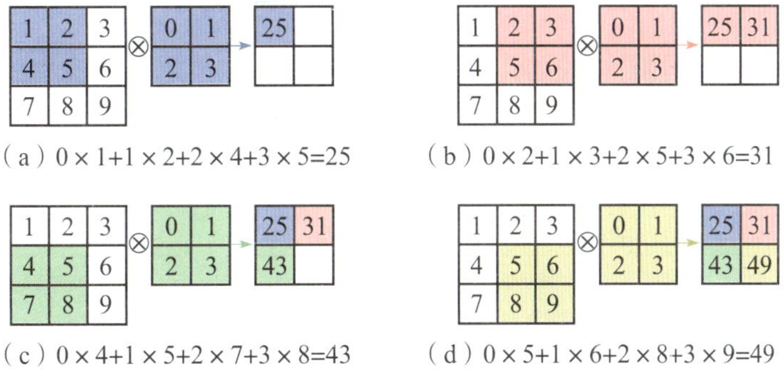

图 4－20　卷积计算过程

卷积的优势在于权值共享和局部连接。

（1）权值共享：指的是卷积操作中，每个卷积核在整个输入数据上滑动时，对于所有位置的输入数据，共享相同的权重。这种权值共享减少了网络中的参数数量，降低了过拟合的风险。

（2）局部连接：卷积核在输入数据上滑动时，只与局部区域的数据相乘求和，而不是与整个输入数据直接相连。这种局部连接有助于提取输入数据的局部特征。

4.3.7 循环神经网络

循环神经网络（Recurrent Neural Networks，RNN）是一种适用于处理序列数据的神经网络。与卷积神经网络不同，循环神经网络通过引入内部状态（也称为隐藏状态）来捕捉序列数据中的时间依赖性。这使得 RNN 更适应于处理具有时间依赖性的数据，如文本、语音、时间序列等。

RNN 的基本结构包括输入层、隐藏层和输出层，结构如图 4－21 所示。RNN 当前时刻的输入为当前时刻的输入特征和前一时刻的隐藏状态，历史信息可以被循环神经网络所记住，并与输入特征共同决定输出。

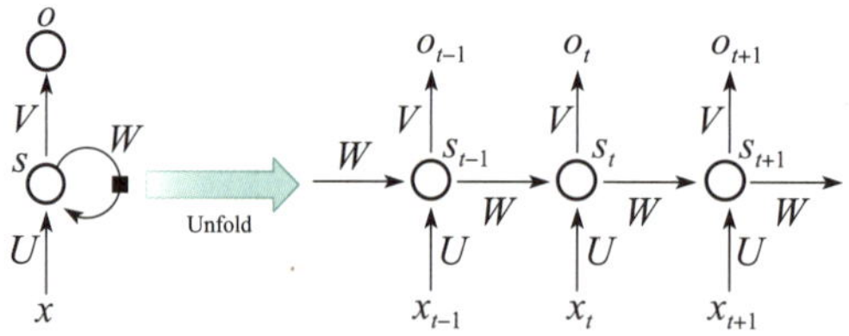

图 4－21　循环神经网络的结构

RNN 的隐藏状态会保留先前的信息，这使得它能够在处理序列时记住之前的状态，这种记忆特性使其特别善于处理序列数据。图 4－22 为循环神经网络的展开结构。循环神经网络在每个时间状态下的网络拓扑结构相同，均由三部分组成，即输入单元、输出单元和隐藏单元，分别使用 x_t、o_t、h_t（t=0，1，2，…，n，n 为各单元总数）表示。

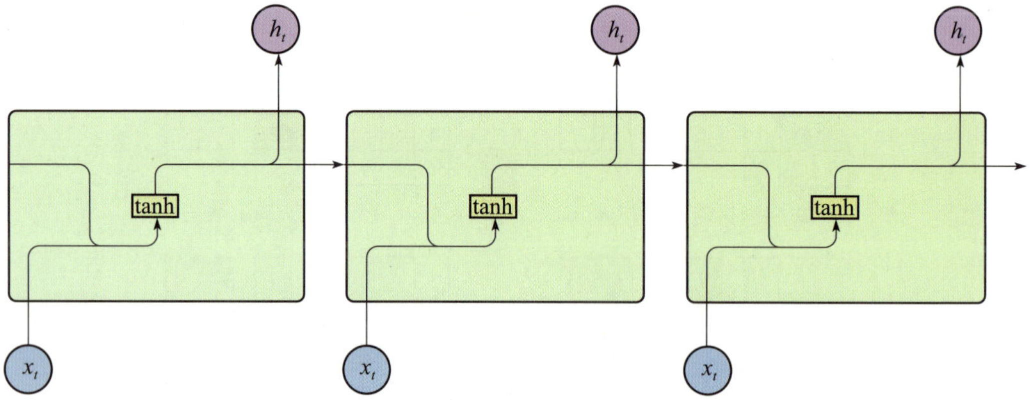

图 4－22　循环神经网络的展开结构

在循环神经网络的展开形式中，当前时间步的隐藏状态 h_t 是由上一时间步的隐藏状态 h_{t-1} 和当前时间步的输入值 x_t 共同决定的，t 表示时间步，输出值 o_t 由隐藏状态 h_t 决定。它们之间的关系如下：

$$h_t = f(Ux_t + Wh_{t-1}) \tag{4-3}$$

$$o_t = g(Vh_t) \tag{4-4}$$

其中，式（4－3）是隐藏层的计算式，隐藏层是一个循环层；式（4－4）是输出层的计算式，输出层是一个全连接层，也就是说，它的每个节点都与隐藏层的每个节点相连；参数 U、V、W 分别对应输入到隐藏单元的权值、隐藏单元到输出的权值、前一时间步的隐藏单元到当前时间步的隐藏单元的权值，f 和 g 分别是隐藏单元和输出的激活函数，隐藏单元一般使用非线性激活函数，如 tanh 或 ReLU，输出层常将 Softmax 函数作为激活函数。

传统的 RNN 在处理长序列时可能会遇到梯度消失或梯度爆炸的问题。为了解决这些问题，研究者们提出了许多改进的 RNN 结构，如长短期记忆网络（Long Short-Term Memory，LSTM）和门控循环单元（Gated Recurrent Unit，GRU）。

LSTM 通过在隐藏状态中添加门控机制，允许网络在需要时存储或遗忘信息（见图 4－23）。这使得 LSTM 能够捕获长期的依赖关系，并在处理长序列时表现出色。与 CNN 相比，LSTM 网络除了使用隐藏状态保存信息，还增加了记忆细胞，并设立了输入门、输出门和遗忘门来控制记忆细胞。LSTM 网络利用门控单元控制信息流动：遗忘门（Forget Gate）决定从记忆细胞中丢弃哪些信息，输入门（Input Gate）决定向记忆细胞中添加哪些新信息，而输出门（Output Gate）则控制从记忆细胞到隐藏状态的输出信息。

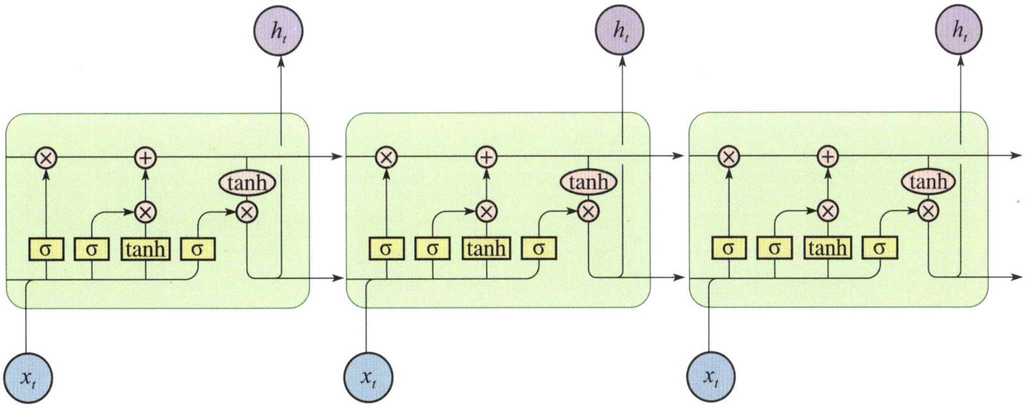

图 4－23　长短期记忆网络结构图

LSTM 的这些特性使得它非常适合处理具有长期依赖关系的序列数据，如自然语言处理、语音识别、时间序列预测等任务。通过引入门控机制和记忆细胞，LSTM 有效地缓解了传统 RNN 面临的梯度消失和梯度爆炸问题。

与 LSTM 类似，门控循环单元（GRU）也是为解决 RNN 在处理长序列时的问题而提出的一种改进结构（见图 4－24）。GRU 相对于 LSTM 更为简单，但同样能够有效地捕获序列中的长期依赖关系。

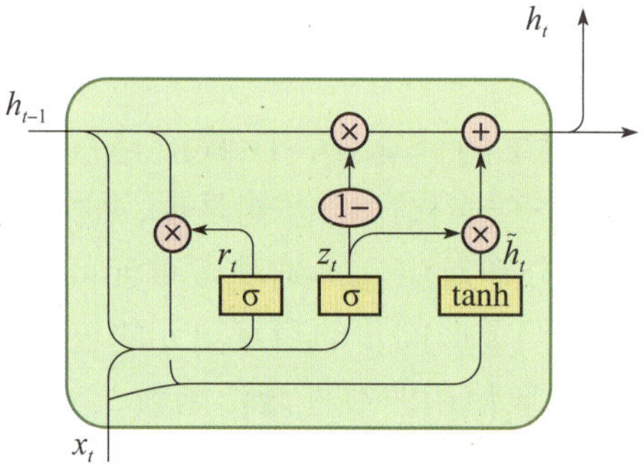

图 4－24　门控循环单元结构图

GRU 只有两个门：更新门（Update Gate）和重置门（Reset Gate）。更新门决定前一时刻的状态信息有多少需要保留到当前时刻，而重置门则决定前一时刻的状态信息有多少需要被忽略。与 LSTM 相比，GRU 没有记忆细胞，而是使用隐藏状态来保存信息，因此计算量较小，但性能在很多任务中与 LSTM 相近。

4.3.8　生成对抗网络

生成对抗网络（Generative Adversarial Networks，GANs）是一种深度学习模型，由两个神经网络组成：生成器（Generator）和判别器（Discriminator）。生成器的任务是生成尽可能接近真实数据的假数据，而判别器的任务则是尽可能准确地判断输入数据是真实数据还是由生成器生成的假数据。生成对抗网络的基本模型如图 4－25 所示。

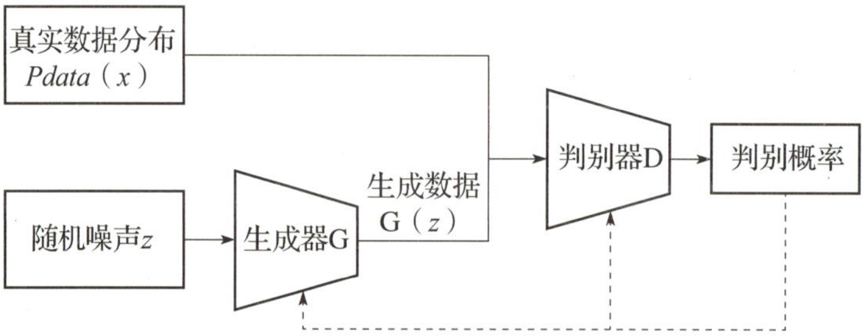

图 4－25　生成对抗网络的基本模型

GANs 的工作流程是一个零和博弈的过程，生成器通过不断生成新的假数据来“欺骗”判别器，而判别器则通过不断优化自己的判断能力来“识破”生成器的“谎言”。这个过程一直进行下去，直到生成器能够生成出足够接近真实数据的假数据，使得判别器无法区分输入数据是真实数据还是假数据，这时生成器所生成的数据分布接近于真实数据分布。例如生成网络可以生成类似真实的拍摄图像，而判别网络判断不出真假（真实拍摄的图像与计算机生成的图像的识别概率都为 0.5），即达到了纳什平衡。

GANs 在深度学习领域的应用场景非常广泛，见表 4－1。

表 4－1　生成对抗网络的应用场景

图像生成	GANs 可以生成逼真的图像，例如生成人脸、动物、建筑物等。
图像增强	GANs 可以用于图像增强，例如增强低质量图像，或者生成不同角度、光线或背景的图像。
数据生成	GANs 可以用于生成新的数据，例如生成文本、音频、视频等。
自然语言处理	GANs 可以用于语言模型、文本生成、文本摘要等任务。

知识链接　CNN 和 GANs 在图像修复中的区别

图像修复是指从损坏或缺失的图像中恢复原始图像的过程，这个任务需要解决的问题包括噪声去除、缺失值填充和结构恢复等。在深度学习中，图像修复通常使用卷积神经网络（CNN）或生成对抗网络（GANs）等结构来实现。CNN 和 GANs 的主要区别见表 4－2。

表 4－2　CNN 和 GANs 在图像修复中的区别

	卷积神经网络（CNN）	生成对抗网络（GANs）
基本原理	利用卷积层提取图像特征，通过池化层减少计算量，学习从损坏图像到修复图像的映射	由生成器和判别器组成，通过对抗训练提升生成器生成真实图像的能力
关键组件	卷积层、池化层、全连接层	生成器、判别器
训练方式	监督学习，通过最小化预测值与真实值之间的差异来优化网络	对抗训练，生成器与判别器相互竞争，共同提升
损失函数	通常包括分类损失（如交叉熵损失）和回归损失（如均方误差损失）	生成器损失（如 L1/L2 损失）和判别器损失（如交叉熵损失）
修复过程	直接预测图像中缺失或损坏部分的内容	生成器生成修复后的图像，判别器帮助提升修复结果的真实性
应用优势	自动化程度高，能够学习到复杂的图像特征映射关系	能够生成高质量的修复结果，尤其擅长处理复杂的图像结构和纹理

4.4 深度学习的应用

配套微课

4.4.1 TensorFlow 游乐场简介

TensorFlow 游乐场（http://playground.tensorflow.org）是一个由谷歌开发的在线工具，旨在帮助用户直观地理解和探索神经网络的工作原理。这个工具提供了一个交互式的环境，允许用户通过调整各种参数来训练神经网络，并观察神经网络的运行情况。用户可以通过网页浏览器搭建简易的网络，并可视化整个训练过程。打开网站，界面如图 4-26 所示。

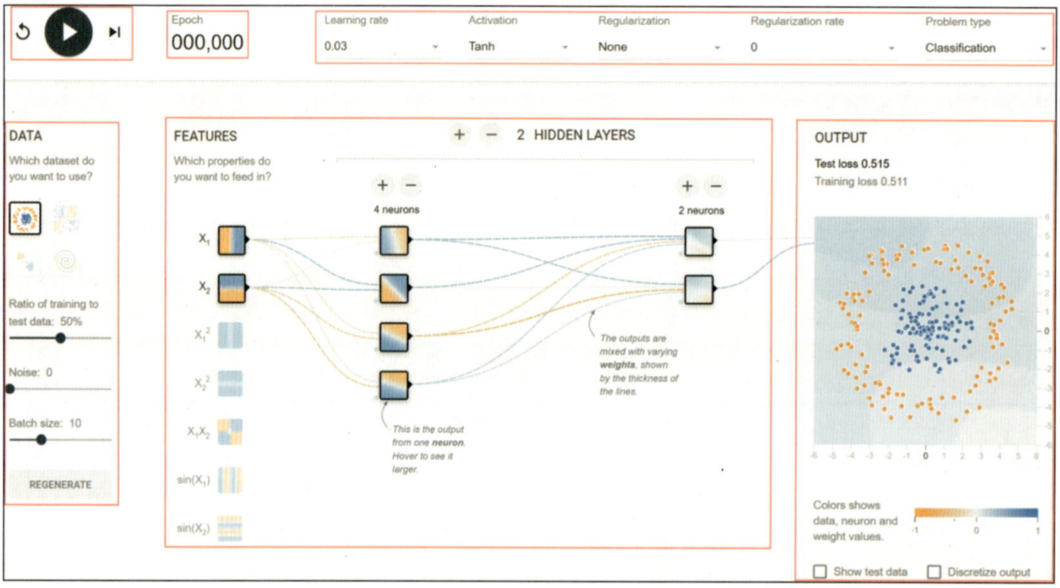

图 4-26　TensorFlow 游乐场的基本功能

在如图 4-26 所示的界面中，从左至右、从上至下的功能依次为：控制运行、运行周期数、参数调整、数据、网络结构调整、输出结果。

（1）控制运行：三个功能分别是重启、运行、一次运行一个周期。

（2）运行周期数：用户查看训练的周期数。

（3）参数调整（见表 4-3）。

表 4-3　参数调整

名称	功能说明
Learning rate	学习率，它决定了在优化过程中参数更新的步长大小。合适的学习率可以加速模型的收敛，提高训练效率。
Activation	激活函数（默认为非线性函数 Tanh）。

续表

名称	功能说明
Regularization	正则化，旨在解决过拟合问题。它通过对模型复杂度的惩罚来减少模型在训练数据上的过度拟合，从而使模型在未见过的数据上也能表现良好。
Problem type	问题类型，在这里我们要解决的是一个二分类问题，根据训练集推断它所对应的类别（如 +1，-1），是一种定性输出，也叫离散变量预测。

（4）数据区域。

TensorFlow 游乐场的左侧提供了四种不同的数据集来训练神经网络，可以看到，它们有不同的形态分布，如图 4-27 所示，分别为高斯分布（Gaussian）、异或、圆形（Circle）、螺旋形（Spiral）。我们默认选中第一种，被选中的数据也会显示在最右侧的 Output 中。每一个小点代表一个样例，点的颜色代表样例的标签，因为只有蓝色和黄色两种，所以在这里是一个二分类问题。在这里举一个例子来说明颜色可以代表的实际问题，假设需要判断某工厂生产的零件是否合格，那么可以用蓝色的点表示合格的零件，黄色的点表示不合格零件。

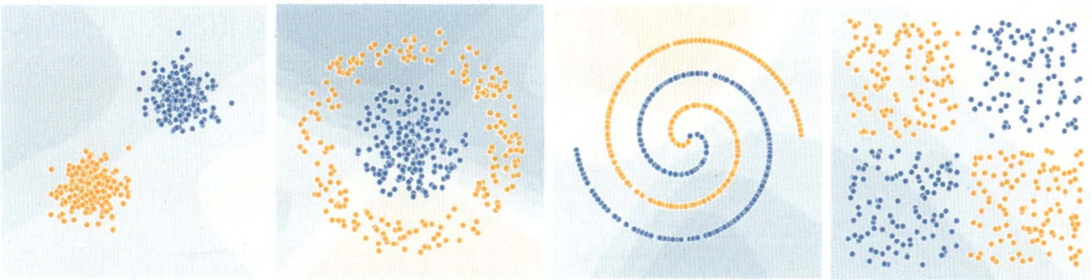

图 4-27　TensorFlow 游乐场提供的数据集

Ratio oftraining to test 指设置数据用于测试的比例，Batch size 表示每次将多少样本放到神经网络中训练。

（5）网络结构。

在数据集中，我们可以看到这是一个二维平面，也就是说，每个点有横向和纵向两个特征，以上述例子中的零件为例，可以用零件的长度和重量来大致描述一个零件，横向表示零件的长度，纵向表示零件的重量，网络结构中 Features（特征向量）X_1 代表零件的长度，而 X_2 代表零件的重量。在机器学习中，特征向量就是用于描述实体的数字的组合。通过特征提取，可以将实际问题中的实体转化为空间中的点，本例为二维空间。除此之外，由这两个特征可以衍生出许多其他特征，如 X_1^2、X_2^2、X_1X_2、sin（X_1）等。

TensorFlow 游乐场默认设置了两个隐藏层，第一个隐藏层上有四个神经元，第二个隐藏层上有两个神经元，如图 4-28 所示。隐藏层越多说明神经网络越深。直接通过点击各个图标即可选择特征向量的类型，对于隐藏层的操作，可以选择加减号即可获得想要的隐藏层数以及每层的神经元个数。

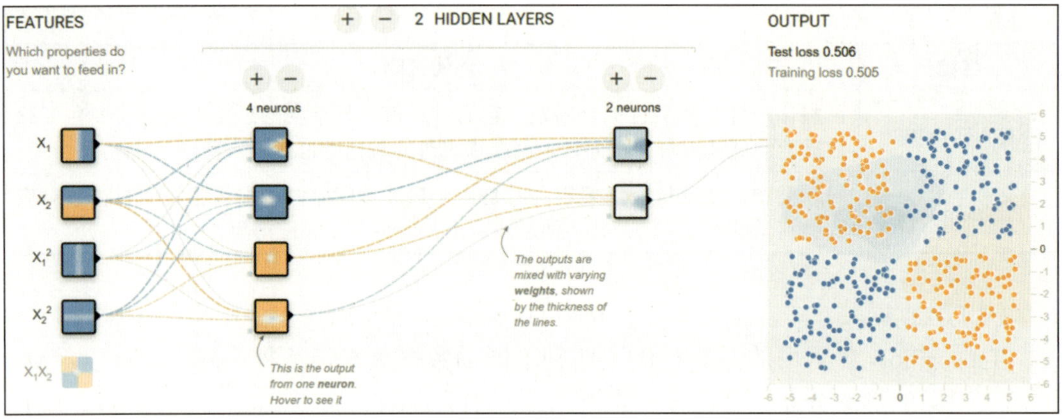

图 4－28　神经网络结构

（6）输出结果。

设置完上面的参数，点击运行即可观测到输出结果的变化，训练过程中可暂停。图 4－29（a）为迭代 68 次后的分类效果，观察发现，基本能够把两类数据正确划分。在输出结果区域，背景色显示网络对特定区域的预测，颜色的强度显示该区域预测的置信度。黄色越深表示负的绝对值越大，蓝色越深表示正的绝对值越大，白色区域说明置信度不高。此外，还可将结果离散化，如图 4－29（b）所示。

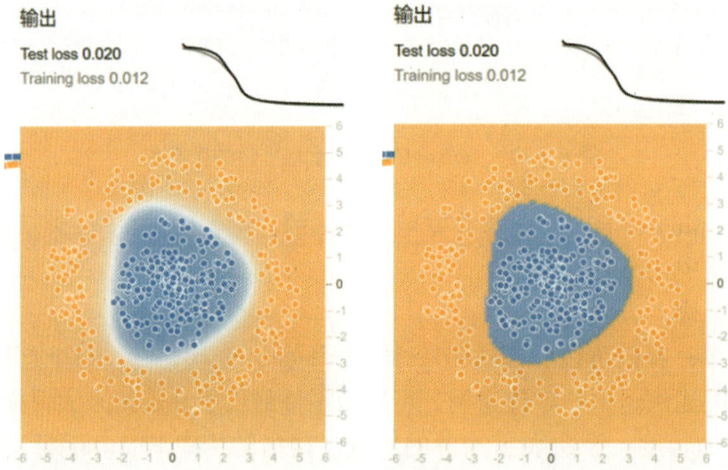

（a）　（b）

图 4－29　TensorFlow 游乐场迭代 68 次后的结果和离散化

4.4.2　在企业内部审计的应用

以 ChatGPT 为代表的生成式人工智能技术被誉为第二次信息革命，其强大的数据深入分析能力为企业智能化内部审计提供了新思路。针对现有审计风险预警中传统机器学习泛化能力提升有限以及特征分析维度不足等问题，有团队提出一种基于

ChatGPT 技术内核的深度自编码网络方法，对往来款项这一重要会计活动中的风险做出事前判别。

首先，根据影响因素，从业务匹配、期限结构、减值损失、关联交易、单体统计和文本信息多个角度筛选提取审计特征；随后，考虑到风险样本的不平衡性以及业财指标在经营周期下的前后时变特性，基于无监督和深度学习思想，构建了以添加注意力机制双向长短期记忆（Bi-LSTM）作为神经网络的深度自编码器（DAE）预训练模型，并借鉴多任务学习思想，利用融合模型迁移的集成框架量化审计风险概率以保证预警的稳定性；最后，通过大数据技术采集企业往来业务和财务的真实数据，对上述方法进行多方面对比验证（见图 4－30）。

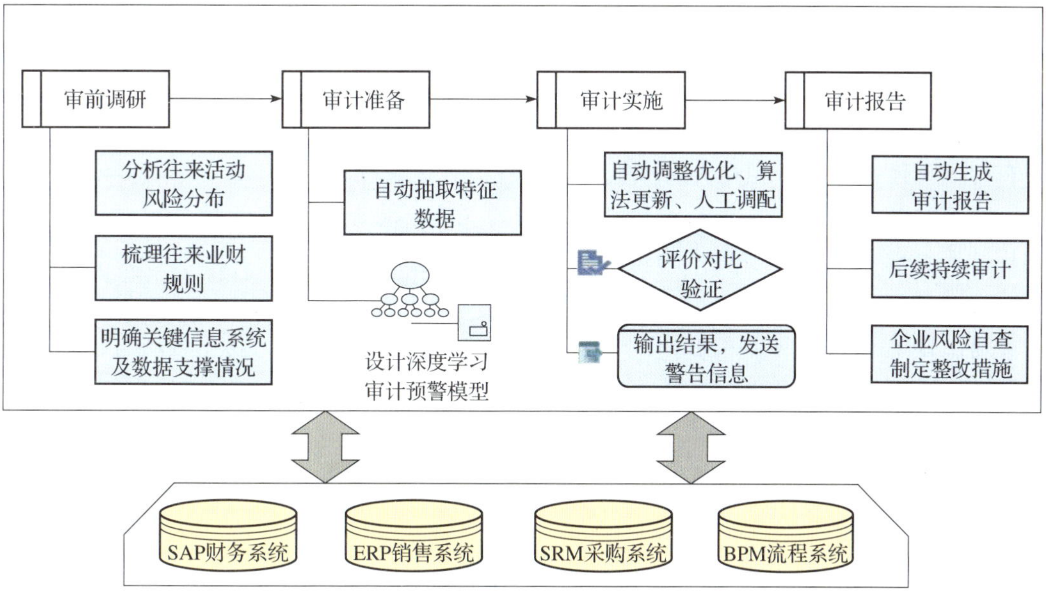

图 4－30　基于数据智能的往来款项内部审计框架

试验结果表明，该方法有助于不同预警时间窗口下审计特征的高效精准挖掘，相较常用的监督学习和迭代聚类法，能显著提升审计风险预警的精度和鲁棒性，同时能识别出导致风险产生的关键因素以快速定位审计疑点，为企业改善内部审计的质量和效率提供智能化决策支持。

AI 应用

飞桨打造智能眼镜视觉辅助系统

目前中国视障人士数量多达 700 万，占全世界视障人士总数的 18%。此外，全国还有约 1 200 万弱视人群。严重的视觉障碍给他们的日常生活带来了巨大困难。视障人群需要专人陪同，或借助辅助工具如导盲杖、导盲犬等才能正常生活。这些传统解决方案存在普及率低、成本高以及使用困难等问题。如何有效助力视障人士日常生活与出行，改善他们的生活质量，是当下全社会亟待解决的问题。

幸运的是，当前广泛使用的手机芯片，具备高效能、超低功耗、开发设计弹性等优点，能满足特殊行业应用的定制系统整合设计需求，因此非常适合用来开发智能出行类产品应用。例如，手机搭配百度推理引擎 Paddle Lite，不仅能够加速设备开发，同时能提供设备持续维护、优化的设计弹性，加上目前手机完善的生态链和自身高可靠度表现，可大大降低智能眼镜设备开发过程的风险。此外，通过设计出合理的并行运算机制，可以对人工智能算法进一步优化，特别是那些利用深度学习技术进行训练或推理的场合。百度飞桨支持并行计算，可以很容易设计出符合要求的系统结构，其丰富的程序资源和硬件支持，可以满足更广泛的市场需求。

百度基于人工智能技术，开发出一套视觉辅助智能眼镜系统。该系统首先通过百度深度学习平台飞桨进行大规模日常生活环境图像的训练，形成服务于视障人士生活与出行的深度神经网络。接着配合智能眼镜，采用安卓智能手机作为运算核心，使用 Paddle Lite 作为智能手机上的人工智能图像推理平台，并导入前述网络配置参数，从而在智能眼镜系统中实现对视障人士的生活和出行提供辅助。

用户佩戴上眼镜后，语音告诉眼镜相应的指令，例如，进行物体寻找，通过交互模块，手机端首先会处理用户的语音信号，并执行相应的指令，与此同时，智能眼镜通过眼镜镜架处的摄像头捕捉周围的环境，通过通信模块传入手机端，手机采用飞桨生成的深度卷积神经网络 SSD 作为核心算法单元，完成画面中的物体检测与识别。获得结果以后，将结果通过交互模块再反馈给用户。

本章小结

本章从实例出发，主要介绍了深度学习的发展历程以及经典的神经网络与深度学习框架，还介绍了现代生活中的深度学习应用。深度学习作为机器学习的一个重要分支，近年来在人工智能领域取得了显著的进展，其核心思想是通过构建和训练深层的神经网络模型，从数据中自动学习并提取出高层次的抽象特征，进而解决复杂的问题。深度学习作为一种强大的机器学习技术，在多个领域都取得了显著的成果。随着技术的不断发展和完善，相信深度学习在未来可为人工智能领域带来更多的创新和突破。同时，我们也需要关注深度学习所面临的问题和挑战，并积极寻求解决方案，以推动深度学习技术的健康发展。

在线测试

第 5 章 语音处理

教学目标

- 知识目标：了解语音处理技术的发展历程和主要技术架构；熟悉语音处理中的信号处理、语音合成和语音识别，能举例说明不同语音处理技术的的特点。
- 技能目标：熟练掌握语音处理的基本技能；具备分析和解决语音处理中遇到的实际问题的能力，能够独立思考、查找资料、提出解决方案并进行验证。
- 素养目标：培养实践能力和创新能力，能够运用所学知识解决实际问题，并在实践中不断探索新的语音处理技术和应用方法；培养职业道德和责任感，遵守相关法律法规，尊重用户隐私，确保数据的安全性和合规性。

知识导图

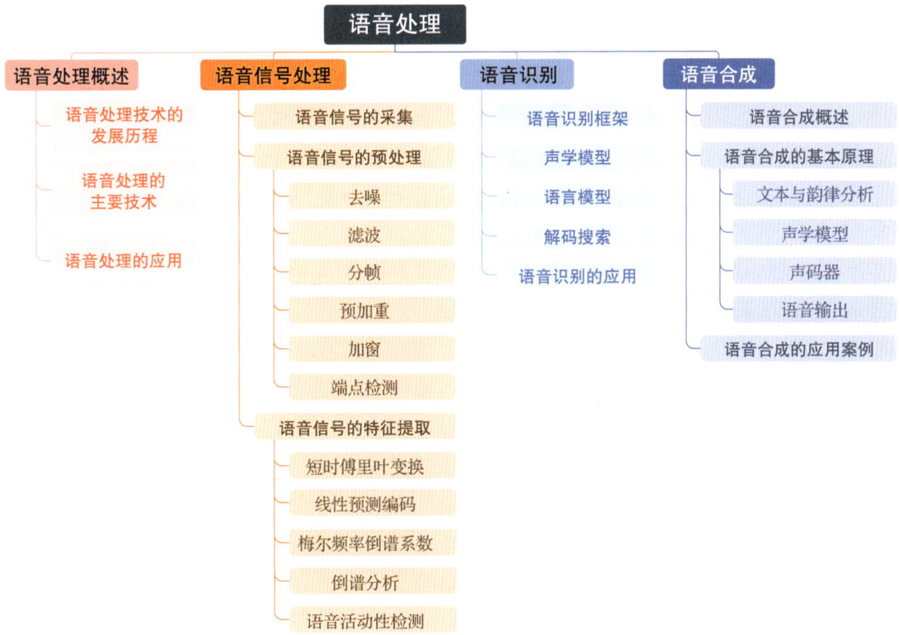

引导案例

语音处理技术革新金融领域，引领便捷、安全、个性化新体验

随着科技的不断发展，语音处理技术已经从单纯的语音识别和合成，逐步拓展到更为广阔的领域。金融作为社会经济的核心，对技术创新的需求尤为迫切。语音处理技术在金融领域的应用，不仅提高了金融服务的效率，还为用户带来了更为便捷、个性化的体验。

1. 语音合成技术：虚拟语音助手

许多金融机构已经开始使用语音助手来处理客户咨询和服务请求。这些助手能够理解自然语言，并且能够回答关于金融产品和服务的问题，提供账户余额、交易历史、利率和费用等信息。通过自动化客户服务，金融机构可以提高效率、减少成本，并提供 24×7 的服务。例如金融机构可以利用语音处理技术来提供投资咨询和理财规划服务。它可以根据用户的财务状况、投资目标和风险偏好，提供个性化的投资建议和资产配置方案。用户可以通过自然语言与智能投资顾问进行交互，随时了解市场动态、调整投资策略，并获得实时的投资建议和风险提示。这种技术可以帮助金融机构提高客户满意度，增加客户黏性，并促进资产管理业务的发展。除此以外，客户也可以通过语音助手进行股票、外汇等金融产品的交易操作，或者通过语音指令完成支付操作。

2. 声纹识别技术：安全验证新手段

声纹识别是一种通过捕捉和分析个人语音特征进行身份验证的前沿科技，正日益在金融领域崭露头角。声纹识别技术通过识别客户的独特语音特征，如音调、音色、语速等，构建出独一无二的“声纹”信息。以手机银行应用为例，某知名银行在推出全新版本的手机银行时，引入声纹识别技术，客户在进行转账、支付等关键操作时，不仅需要输入正确的密码，还需要通过声纹验证，其独特的验证方式大大提升了手机银行的安全性，有效防止了因密码泄露或冒名顶替导致的金融风险。

3. 语音情感分析：客户体验优化

语音情感分析技术能够精准地识别客户的语音情感，从而判断客户对服务的满意度，为金融机构提供了实时了解客户体验、调整服务策略的重要工具。某保险公司引入语音情感分析技术后，发现部分客户在咨询理赔时存在不满情绪，于是及时调整理赔流程，大大提高了客户满意度。语音情感分析技术还可以为金融机构提供更为深入的客户行为分析。通过分析客户的语音情感，金融机构可以了解客户的消费习惯、风险偏好等信息，从而为客户提供更加个性化的服务。这种个性化的服务不仅能够提高客户满意度，还能帮助金融机构拓展市场份额，实现更大的商业价值。

思考：如何利用语音处理技术在金融领域提升服务效率与客户体验？语音处理技术的应用范围广泛，除了以上应用，语音处理技术在我们日常生活中还有哪些应用？

5.1 语音处理概述

配套微课

语音信号是一种特殊的信号，它连续、非平稳、时变，并具备短时平稳性、周期性和非线性等特点。这些特性使得语音处理成为一个既具挑战性又充满可能性的领域。语音处理是一个涉及多学科领域的综合性技术，涵盖了信号理论、数字信号处理、模式识别、机器学习、深度学习、语音学、语言学、声学、心理学、编码理论、数据压缩、音频编码、信号增强、噪声抑制以及回声消除等多个领域。它主要利用数字信号处理技术对语音信号进行分析、处理和识别，涵盖从简单的语音增强到复杂的语音识别和语音合成等多个方面。其中，语音识别是语音处理领域最为成功和广泛应用的技术之一。通过语音识别技术，可以将人类语音转化为计算机可以处理的文本或命令，从而实现语音交互和自动化控制。这种技术使得人们可以通过语音来操作设备、搜索信息甚至控制整个系统，大大提高了人机交互的便利性和效率。

5.1.1　语音处理技术的发展历程

语音处理技术的起源可以追溯到 20 世纪初，当时科学家们开始研究如何利用电子设备来处理和分析语音信号。在 50 年代，美国贝尔实验室的科学家开始研究语音识别技术，这是语音处理技术的一个重要里程碑。他们利用计算机对语音信号进行数字化处理，从而实现了简单的语音识别功能。这一技术的出现为后来的语音处理技术的发展奠定了基础。

随着计算机技术的不断进步，语音处理技术也得到了快速发展。在 20 世纪 70 年代，基于统计模型的语音识别技术开始崭露头角。这种技术通过对大量语音数据进行统计分析，构建出更为精确的语音识别模型。相较于早期的技术，它大大提高了语音识别的准确率和稳定性，使得语音处理技术在更广泛的领域得到应用。

到 20 世纪 90 年代，随着深度学习技术的兴起，语音处理技术迎来新的发展机遇。深度学习技术为语音处理提供了更强大的计算能力和更精确的模型，为语音处理提供了全新的可能性。通过深度神经网络对语音信号进行深层次的学习和分析，语音处理技术得以在语音识别、语音合成、语音增强等多个方面取得突破性的进展。正如著名科学家贝尔所说："语音是人类最自然、最直接的交流方式，将语音处理技术应用于各个领域，将极大地推动人类社会的发展。"未来，随着技术的不断进步和应用领域的拓展，语音处理技术将为人类创造更加美好的未来。

5.1.2　语音处理的主要技术

语音处理并非仅仅涉及声音的简单录制与播放，它实际上涵盖了一系列复杂的技术，包括语音信号处理、语音识别、语音合成、语音情感分析、语音编码和压缩，以及语音增强等（见表 5－1）。这些技术的综合运用，使得我们能够完成更加复杂和精细的语音处理任务。

表 5-1　语音处理的主要技术

技术类别	描述	关键点	应用领域
语音信号处理	基础环节，包括信号采集、预处理和特征提取	采集（采样率、量化位数）、预处理（去噪、滤波、分帧、端点检测）、特征提取（LPC、MFCC）	为后续处理提供高质量信号
语音识别	将语音信号转换为文本	核心组件：声学模型、语言模型、解码器	智能家居、智能客服、语音助手等
语音合成（TTS）	将文本转换为语音，调整音调、语速等	包括文本预处理、语言学分析、声音生成与合成等步骤。	智能家居、车载导航、电子阅读器、语音助手
语音情感分析	分析语音信号中的情感特征，识别说话人的情感状态	基于声学特征、语言特征及上下文信息	智能客服、医疗护理、人机交互
语音编码和压缩	利用编码理论减少语音数据存储和传输成本	波形编码、参数编码、混合编码；深度学习提升压缩效率和音质	语音通信、语音存储
语音增强	改善语音信号质量，去除噪声和干扰	应用于通信、语音识别、音频录制等	提高可懂度和可听性

5.1.3　语音处理的应用

语音处理技术作为近年来最热门的一种先进的技术，已经深入我们生活的方方面面，被广泛应用于智能终端、移动互联网、金融、电信、汽车、家居、教育等行业，推动了车载语音、智能客服、智能家居、语音课件等产品的迅猛发展。近年来，国内外智能语音厂商纷纷进行市场布局，提供了语音识别、语音合成、集成化产品、智能语音云平台等多样化服务，如手机端的语音助手 Siri、微软小娜、地图导航高德、智能音箱天猫精灵等，引发了汽车、家电、银行、家居、电信等领域传统行业的应用创新。这些技术为我们的生活和工作带来了巨大的便利。下面介绍一些语音处理技术的典型应用。

1. 在智能家居中的应用

随着语音处理技术的发展，智能家居系统逐渐成为现代家庭的重要组成部分。通过语音指令，用户可以绕过复杂的按键操作，轻松控制家中的各种设备，如智能电视、音箱、家用机器人等。这种智能化的家居控制方式不仅提高了生活的便捷性，还为用户带来全新的居住体验。

（1）想象一下，你踏进家门，疲惫不堪地放下背包，只需轻声一句“我回来了”，家中便瞬间为你营造出最舒适的氛围。灯光自动调节到柔和的亮度，空调微风轻轻吹拂，音响播放起你最喜欢的音乐，仿佛一切都在用最温柔的方式对你说：“欢迎回家。”

它不仅让我们的生活变得更加便捷，更在无形中提升了我们的居住体验。

（2）在厨房烹饪时，你可以通过语音指令告诉智能冰箱你需要什么食材，冰箱会自动为你推荐合适的菜谱，并提示你所需的食材数量。当你需要查询某个食材的烹饪方法时，只需问一声“怎么做这道菜？”智能音箱就会为你详细解答，让你在烹饪过程中得心应手。

（3）语音处理技术可以应用于家庭安全领域。例如，智能门锁可以通过语音识别技术识别家庭成员的声音，实现个性化的开锁方式。当有不熟悉的声音试图解锁时，门锁会发出警报并通知主人，提高了家庭的安全性。

（4）通过与车载系统的语音交互，驾驶员可以更加专注于驾驶，同时获取所需的信息和服务。例如，通过语音指令查询路况、播放音乐或调整车内温度等，使驾驶过程更加舒适和安全。

2. 在医疗行业的应用

语音处理技术在医疗行业也展现出了巨大的应用潜力。在医疗诊断过程中，医生往往需要处理大量的病历和检查结果，医生可以通过语音输入病历信息，然后利用语音识别技术将语音转化为文本，从而快速完成病历的录入，大大减少了医生手写记录的时间和出错率。科大讯飞正在和中国科学技术大学附属第一医院、上海交通大学附属第六人民医院南院以及北京大学口腔医院等医院合作，让医生使用定制麦克风，通过定向和降噪，先将语音转换成文字，再通过自然语言处理技术对文字进行结构化处理，医生只需做简单修改即可生成电子病历。此外，语音处理技术在康复训练中也发挥着重要作用。对于一些因疾病或事故导致语言障碍的患者，通过语音合成技术生成清晰、准确的语音，可以帮助他们进行语音训练，逐步恢复语言能力。这种技术不仅能够模拟出自然流畅的语言，还能够根据患者的具体情况进行调整和优化，以满足他们在康复训练中的个性化需求。

语音处理技术在医疗领域的应用远不止于此。例如，在医疗咨询和预约服务中，患者可以通过语音交互的方式，向智能客服系统咨询疾病信息、医生排班、预约挂号等问题，系统通过语音识别和自然语言处理技术，能够自动理解患者的问题并给出准确的回答。除此以外，通过语音通话和视频通话的方式，医生可以远程为患者提供诊疗服务，语音处理技术能够帮助医生更加准确地捕捉和理解患者的症状和病情，为诊断和治疗提供更加可靠的支持。相信在不久的将来，这种技术将为医疗行业带来更多的创新和变革，让医疗服务更加智能化、高效化和人性化。

3. 在教育领域的应用

在教育领域，语音处理技术的应用同样广泛而深入。首先，语音处理技术可以帮助教师更高效地进行课堂管理。通过语音识别技术，教师可以实现对学生提问的即时回应，无须花费过多时间在书写或查找资料上。这不仅提升了课堂的互动性和趣味性，还能激发学生的学习兴趣和积极性。

其次，语音处理技术可以指导语言学习。无论是英语、中文还是其他语言的学习，语音识别和语音合成技术都能为学生提供实时的语音反馈，帮助他们更准确地掌握发音和语调。同时，通过智能语音交互系统，学生还可以进行模拟对话练习，提高口语表达能力和语言运用能力。

此外，在特殊教育领域，语音处理也具有重要意义。对于存在语言障碍或听力障碍的学生，语音处理技术可以帮助他们更好地理解和表达语言。例如，通过语音合成技术生成清晰的语音，帮助听力障碍的学生更好地接收和理解信息；通过语音识别技术将学生的语音转化为文字，帮助他们更好地表达自己的需求和想法。

在教育资源的开发方面，通过语音识别和自然语言处理技术，可以将大量的教育资源转化为可搜索、可编辑的数字化内容，方便教师和学生进行查阅和使用。同时，还可以根据学生的学习进度和需求，为他们推荐个性化的学习资源和学习路径。

4. 在客户服务领域的应用

通过语音识别技术，能实时响应客户的咨询和问题，大大提升了客户服务的即时性。传统的客户服务方式可能需要客户等待客服人员的接听或回复，而语音识别技术则能够立即处理客户的语音信息，为客户提供即时的反馈和解决方案。

经过对客户的语音信息进行分析，系统还可以识别出客户的口音、语速、情绪等特征，从而为客户提供更加贴心的服务。例如，系统可以根据客户的口音调整识别模式，确保准确理解客户的意图；或者根据客户的情绪变化提供相应的安慰或建议，增强客户服务的情感化。

此外，语音识别技术与机器学习算法相结合，不断优化自身的识别能力和服务质量。通过大量的数据训练，逐渐提高对不同口音、方言和语境的识别准确率，进一步提升客户服务的满意度。在处理客户反馈和投诉方面，语音识别技术的应用可以自动将客户的语音投诉转化为文本，并进行分类和分析，帮助客服人员快速定位问题并采取相应的解决措施。这不仅可以提高处理效率，还可以减少人为因素导致的误解和延误。

5. 在金融领域的应用

在客户服务方面，通过语音识别技术，客户可以仅凭语音指令向银行提出疑问或需求。银行端则能迅速将语音转换为文本，并借助自然语言处理技术理解并回应客户。这种交互模式不仅加快了服务速度，更实现了服务的智能化与个性化。同时，在处理客户投诉时，语音识别技术能够自动识别投诉内容，实现自动回复或转接人工处理，进一步提升了服务响应速度。

在交易系统方面，交易员可借助语音命令执行交易操作，大大减轻了工作压力，提高了交易效率。此外，通过深度挖掘语音数据，还能预测市场走势，为交易员提供有价值的策略建议。

语音处理技术在金融风险防控中也具有重要作用。通过语音识别和语义分析技术，金融机构可以实时监测和分析客户的语音信息，发现异常交易和欺诈行为，从而及时采取措施，保障金融安全。再者，通过分析客户的语音特征，银行可以更精准地评估客户的信用风险。同样，分析公司的语音数据也有助于预测其财务状况，为投资者提供决策支持。

总之，语音处理技术在我们的日常生活中有着广泛的应用前景。随着技术的不断进步和应用领域的拓展，我们有理由相信，未来的语音处理技术将为我们的生活和工作带来更多的便利和创新。

5.2 语音信号处理

配套微课

语音信号处理是语音处理技术的核心之一，它涉及语音信号的采集、预处理、特征提取等多个环节。语音信号处理的目的是提取语音中的有用信息，改善语音质量，增强语音的可懂性，以便进行后续的语音识别、语音合成等应用。

5.2.1 语音信号的采集

语音信号的产生是一个复杂的过程，它涉及人类的生理结构和神经系统的交互作用。以下是语音信号产生的基本步骤：

（1）思想转化为语言信息：人们在头脑中产生想要用语言表达的信息。这些信息可能是思想、感觉、需求、观点等。

（2）语言编码：大脑将这些语言信息转化为语言编码。这个过程涉及音素序列、韵律、响度、基音周期的升降等因素。音素是语言中的基本声音单位，如元音和辅音。韵律是指语言的节奏和音调变化。响度是指声音的强弱。基音周期的升降决定了声音的音调高低。

（3）神经肌肉控制：一旦语言信息被编码，大脑会通过神经肌肉系统控制相关的肌肉群，如唇、舌头、声带和腭等，以产生相应的声音。声带的振动产生基音，而唇、舌头和腭等则塑造和调制这个基音，形成不同的音素和音节。

（4）声音发出：通过肌肉的协调动作，产生所需的声音序列。这些声音通过空气传播，形成声波。

声波的采集通常通过麦克风等语音采集设备实现。麦克风能够将声波转化为模拟电信号，然后经过模数转换器（ADC）将模拟信号转化为数字信号。在采集语音信号时，需要注意一些问题。首先，麦克风的选择和放置位置对语音信号的采集质量有很大的影响。一般来说，应该选择具有高灵敏度、低噪音和宽频响范围的麦克风，并将其放置在离说话人适当距离的位置，以避免环境噪音和回声的干扰。其次，采样率和量化位数也是影响语音信号采集质量的重要因素。采样率决定了数字信号对原始模拟信号的采样频率，采样率越高，数字信号就越接近原始模拟信号，但也会增加存储和处理的难度。量化位数则决定了数字信号的精度，量化位数越高，数字信号的精度就越高，但也会增加存储和处理的数据量。最后，在采集语音信号时，需要注意避免信号失真和干扰。信号失真可能是由于麦克风本身的问题、电路噪声、电磁干扰等原因引起的，而干扰则可能是由于环境噪声、其他电子设备的干扰等原因引起的。

语音信号是一种连续的、时变的、非平稳的、带限的、实数域的物理信号。语音信号由基音、共振峰、噪声等成分组成，其中基音和共振峰是语音信号的主要特征。

5.2.2 语音信号的预处理

语音信号的预处理是为了消除语音信号中的噪声和干扰，提高语音质量和可懂性。常见的语音信号预处理包括去噪、滤波、分帧、预加重、加窗和端点检测等。

1. 去噪

去噪是为了消除背景噪声和干扰，提高语音信号的纯净度。常见的去噪方法包括基于频谱减法、基于小波变换、基于神经网络等。

（1）基于频谱减法的方法是一种经典的去噪技术，它假设信号的噪声只是一种简单的加性噪声，另外噪声信号是稳态信号，从语音信号的频谱中减去噪声估计的频谱，进而恢复出清晰的语音信号（见图 5－1）。具体做法是首先通过快速傅里叶变换（FFT）转化到频域，得到语音信号的频谱图，然后对比噪声频谱，得到语音信号中的噪声频率和幅度信息的估计值。利用噪声频率和幅度信息，对语音信号的频谱图进行减噪处理。最后通过快速逆傅里叶变换（IFFT）将减噪后的频谱图转化回时域，得到去噪后的语音信号。这种方法适用于一些具有稳定噪声背景的信号处理，例如在音乐录音中，可以有效去除背景噪音，提高音质。但是，对于非稳态噪声或者复杂环境下的语音信号，这种方法的去噪效果可能会受到一定的限制。

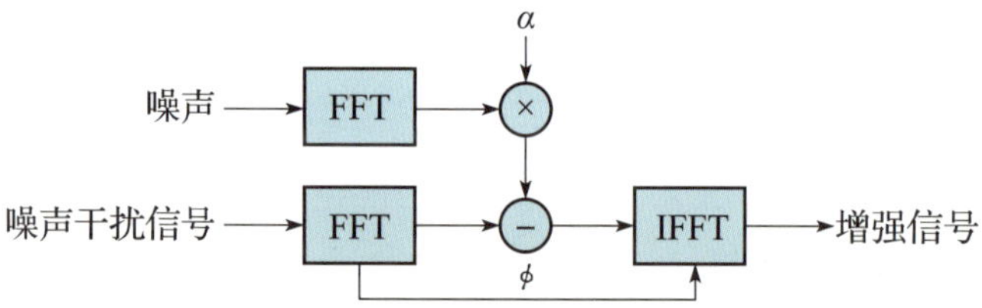

图 5－1　基于频谱减法的去噪示意图

（2）基于小波变换的去噪方法是一种多分辨率的分析方法，它能够在不同的尺度上提取语音信号的特征，有效地去除噪声。小波变换通过将信号分解为一系列小波基函数的线性组合，将信号从时域转换到小波域。在小波域中，语音信号和噪声信号具有不同的表现特性，可以通过设置合适的阈值来去除噪声。阈值的选择是关键，如果阈值设置得过高，可能会去除语音信号中的有用信息；如果阈值设置得过低，可能无法有效地去除噪声。去除噪声后，再通过逆小波变换将信号从小波域转换回时域，得到去噪后的语音信号。

（3）基于神经网络的去噪方法近年来受到广泛的关注。通过训练神经网络模型，可以学习到从带噪语音到纯净语音的映射关系。这种方法不需要对噪声进行显式建模，而是通过学习大量数据中的统计规律来实现去噪。卷积神经网络（CNN）和循环神经网络（RNN）等深度学习模型在去噪任务中表现出强大的能力，能够处理各种复杂的噪声模式，并恢复高质量的信号。

2. 滤波

滤波器允许我们选择性地通过或抑制不同频率的信号成分，从而实现语音的去噪、平滑和提取基本频率等。常见的滤波方法包括低通滤波、高通滤波、带通滤波等。

低通滤波器允许低频信号通过，并抑制高频信号，其核心思想是在频率域上通过移除高频成分来平滑信号。在语音识别中，低通滤波器用于去除高频噪声，保留语音信号。在图像处理中，低通滤波器可以用于平滑图像，去除细节和噪声。在通信系统中，低通滤波器用于限制信号的带宽，以适应信道特性。高通滤波器允许高频信号通过，并抑制低频信号。它的工作原理与低通滤波器相反，通过移除低频成分来突出高频特征。在语音处理中，高通滤波器有助于去除直流分量和低频噪声。在图像锐化中，高通滤波器可用于增强图像的边缘和细节。带通滤波器允许特定频率范围内的信号通过，而抑制其他频率的信号。它结合了低通和高通滤波器的特性。在通信中，带通滤波器可用于选择性地传递特定频带的信号。在生物医学信号处理中，带通滤波器用于提取生理信号的特定频率成分。

3. 分帧

从宏观上看，语音信号是一个非平稳信号，信号（信号对应的特征及其参数）每时每刻都在变化。但是根据人体的发声机理来看，肌肉的运动过程（主要是口腔肌肉变化、唇舌的位置变化）相对于信号的变化是非常缓慢的，因此，从很短的时间段上，又可以认为语音信号是短时平稳信号。基于此，语音信号处理的全过程都是基于短时平稳这一特性，因此我们需要将语音信号进行分帧处理。分帧一般采用交叠分段的方法，这是为了使帧与帧之间平滑过渡，保持其连续性。前一针和后一帧的交叠部分称为帧移，如图 5－2 所示。分帧后的语音信号可以进行短时傅里叶变换、短时能量分析、短时过零率分析等处理，从而提取出语音信号的各种特征参数，如基音频率、共振峰等。

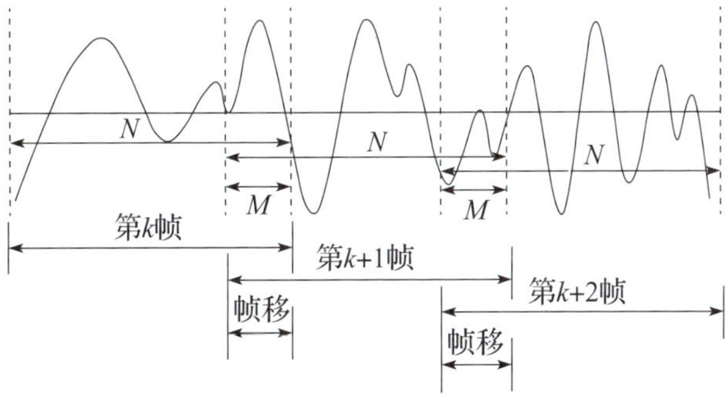

图 5－2　音频分帧示意图

在进行分帧时，需要注意帧长和帧移的选择。帧长决定了每一帧所包含的语音信号的时间长度，通常选择 20ms ～ 30ms 的帧长。帧移决定了相邻两帧之间的时间间隔，通常选择帧长的 1/3 或 1/2 作为帧移。选择合适的帧长和帧移可以在保证语音信号特性的同时，减少计算量和存储量。

4. 预加重

人的发声系统是从肺开始，肺作为能量源，气流通过声带，引发周期性震动（元音），能量经过咽、口腔、唇、舌，形成最后的声音。其中口唇辐射对低频影响比较小，但是对高频段影响比较大，预加重就是为了消除这种影响，提升高频分量，以补偿语音传输和录音过程中可能产生的高频损失。

5. 加窗

在语音信号处理中，加窗是一种常用的技术，用于减少信号在分帧处理时的频谱泄漏。由于语音信号是连续变化的，而我们在处理时通常将其分为短的帧进行分析，这可能导致帧与帧之间的信号不连续，从而在频谱分析时产生泄漏。为了减少这种泄漏，我们通常在每帧信号上应用一个窗函数，使帧两端的信号逐渐平滑过渡到零。

窗函数的选择对语音信号的处理结果有重要影响。常见的窗函数包括矩形窗、汉明窗、汉宁窗等。矩形窗是最简单的窗函数，但它会导致较大的频谱泄漏。汉明窗和汉宁窗是改进的窗函数，通过在帧两端引入较小的权重，使信号在帧边界处平滑过渡，从而减少频谱泄漏。

6. 端点检测

端点检测是为了确定语音信号的起始点和终止点，即确定语音段和非语音段的边界。这对于后续的语音识别和语音合成等应用非常重要。常见的端点检测方法包括基于能量、基于过零率、基于频谱变化等。

基于能量的端点检测方法是一种简单而常用的方法。它的基本思想是利用语音信号和非语音信号在能量上的差异来检测端点。语音信号通常具有较高的能量，而非语音信号（如背景噪声）的能量相对较低。因此，可以通过计算每一帧的能量，并设置一个合适的阈值来区分语音段和非语音段。当能量超过阈值时，认为是语音段；当能量低于阈值时，认为是非语音段。

基于过零率的端点检测方法则是利用语音信号和非语音信号在过零率上的差异来检测端点。过零率是指信号在时域上穿越零点的次数。语音信号通常具有较高的过零率，而非语音信号的过零率相对较低。通过计算每一帧的过零率，并设置一个合适的阈值，可以区分语音段和非语音段。

基于频谱变化的端点检测方法则是利用语音信号和非语音信号在频谱上的变化来检测端点。语音信号通常具有较为稳定的频谱结构，而非语音信号的频谱结构可能会发生变化。通过计算每一帧的频谱变化，并设置一个合适的阈值，可以区分语音段和非语音段。

总的来说，预加重、加窗、分帧等预处理步骤在语音信号处理中起着重要作用。

它们有助于减少信号在传输和录音过程中可能产生的高频损失和频谱泄漏，从而使后续的语音特征提取更加准确和可靠。

5.2.3　语音信号的特征提取

语音信号的特征提取是语音信号处理中的关键步骤。特征提取是从语音信号中提取出与语言相关的特征信息，这些特征信息可以是时域特征、频域特征或倒频域特征。如短时傅里叶变换、线性预测编码（LPC）、梅尔频率倒谱系数（MFCC）等。特征提取的目的是将原始的语音信号转换为一种更适合后续处理和识别的形式。语音信号的特征提取过程如图 5－3 所示。

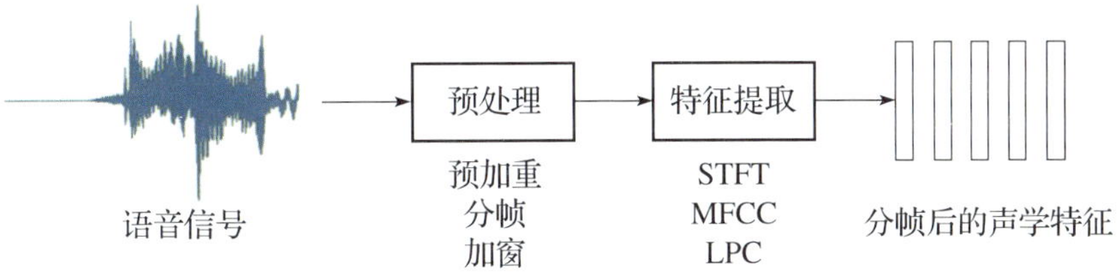

图 5－3　语音信号的特征提取过程

以下是一些常用的语音信号特征提取方法。

1. 短时傅里叶变换

短时傅里叶变换是一种将时间域信号转换为频率域信号的方法，特别适用于非平稳信号的分析。通过将语音信号分帧并进行傅里叶变换，我们可以得到每一帧的频谱信息，从而提取出如基音频率、共振峰等语音特征。

2. 线性预测编码

线性预测编码是一种基于语音信号的自相关性的特征提取方法。通过对语音信号进行线性预测分析，我们可以得到一组线性预测系数，这些系数能够很好地描述语音信号的统计特性。

3. 梅尔频率倒谱系数

梅尔频率倒谱系数是一种模拟人耳听觉特性的特征提取方法。通过将频谱转换为梅尔频率域，并计算其倒谱，我们可以得到一组 MFCC 系数，这些系数对于语音识别等任务非常有效。

4. 倒谱分析

倒谱分析是一种将信号从时域转换到倒谱域的分析方法，特别适用于提取语音信号中的周期性结构。通过对语音信号进行倒谱分析，我们可以得到倒谱图，从而提取出如基音周期、共振峰轨迹等特征。

5. 语音活动性检测（VAD）

语音活动性检测是一种用于区分语音段和非语音段的特征提取方法。通过对语音信号的能量、过零率等参数进行分析，我们可以判断当前帧是否为语音帧，从而提取出语音活动性信息。

5.3 语音识别

配套微课

5.3.1 语音识别框架

语音识别是将语音信号转换为文字或命令的过程。对于不同的语音识别过程，人们采用的识别方法和技术都不尽相同，但其基本框架大致相同，语音识别框架如图 5－4 所示。

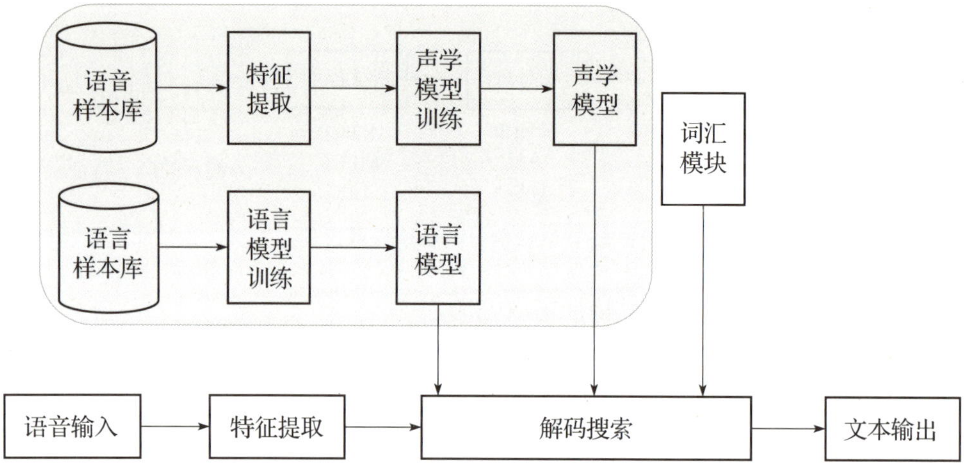

图 5－4 语音识别框架

语音识别的基本流程可以概括为以下五点：

（1）预处理：对输入的语音信号进行预处理，包括分帧、加窗、预加重等步骤，以去除信号中的噪声和失真。

（2）特征提取：从语音信号中提取出声学特征，如线性预测编码（LPC）、梅尔频率倒谱系数（MFCC）等。

（3）训练声学模型：使用大量标注的语音数据和对应的文本标签来训练声学模型。声学模型是一种统计模型，用于建模语音信号与文本之间的对应关系。

（4）训练语言模型：用于建模语音信号中的语言结构和语法规则，描述词语之间的概率关系，根据上下文进行语音识别，有助于确定最可能的识别结果。

（5）解码搜索：在解码阶段，利用训练好的声学模型和语言模型，结合词汇模块，对输入的语音信号进行解码，找到最可能对应的文本输出。常用的解码算法包括动态时间调整（DTW）和隐马尔科夫模型（HMM）等。

5.3.2 声学模型

声学模型是语音识别系统中最关键的部分，它占据着语音识别大部分的计算开销，决定着语音识别系统的性能。声学模型的任务是建立语音信号和文本之间的映射关系，即根据输入的声学特征预测出最可能的文本序列。传统的语音识别系统普遍采用的是基于混合高斯模型和隐马尔科夫模型的声学模型，即 GMM-HMM 模型。其中 GMM 用于对语音声学特征的分布进行建模，HMM 则用于对语音信号的时序性进行建模。

2006 年深度学习兴起以后，深度神经网络被应用于语音声学模型。基于深度神经网络的语音识别技术，用神经网络代替 GMM 来对 HMM 的观察概率进行建模。2009 年，辛顿及其学生将前馈全连接深度神经网络应用于语音识别声学建模，在 TIMIT 数据库中，基于 DNN-HMM 的声学模型相比于传统的 GMM-HMM 声学模型可以获得显著的性能提升。DNN 相比于 GMM 的优势在于：（1）DNN 对语音声学特征的后验概率进行建模，不需要对特征的分布进行去分布假设；（2）GMM 要求对输入的特征进行去相关处理，而 DNN 可以采用各种形式的输入特征；（3）GMM 只能采用单帧语音作为输入，而 DNN 可以通过拼接相邻帧的方式利用上下文的有效信息。

2011 年，邓力等提出基于 CD-DNN-HMM 的声学模型，在大词汇量连续语音识别任务上取得成功，相比于传统的 GMM-HMM 系统可以获得超过 20% 的相对性能提升。基于 DNN-HMM 的语音声学模型开始取代 GMM-HMM 成为主流的声学模型。此后大量的研究人员投入基于深度神经网络的语音声学建模研究中，语音识别取得了突破性的进展。

5.3.3　语言模型

对于不唯一的字序列，语言模型需要进一步的甄别。这个甄别过程就是计算这些句子的出现概率，句子的出现概率越高，就表示句子越合理，合理性的判断涉及自然语言处理中的词法、句法和语法处理。语言模型通过一段话中词之间的上下文信息及语义信息，判断句子的逻辑和上下文相关度，即判断句子是否合理。

5.3.4　解码搜索

句子由若干个词组成，每个词通过查询词汇模块（该模块存储了所有词的发音）得到发音的字序列，解码时搜索模块主要根据给定的语音特征，在由声学模型和语言模型等多种知识源组成的搜索空间中进行搜索，最终找到最佳词串进行输出。解码空间有两种构建方式，分别是静态编译和动态编译。

1. 静态编译

静态编译是指将所有知识源（如语言模型、声学模型、声学上下文和发音模块）统一编译在一个状态网络中，并将整个状态网络预先加载到内存中。解码器根据节点之间的转移权重获得概率信息，最后给出出现概率最高的文本。这种方式占用内存较大，但是构建速度较快。

2. 动态编译

动态编译不是一次性加载整个状态网络，而是在解码过程中根据算法不断地构建和销毁解码网络。这种方式占用内存较小，但是构建速度低于静态编译方式的构建速度。

解码空间构建好后，解码器要根据某种搜索算法进行解码。搜索算法按时间模式来分有时间同步（如 Viterbi 算法）和时间异步（如 A 星算法）两种。

5.3.5 语音识别的应用

1. 体验语音识别技术成果

同学们可以登录百度、阿里云、科大讯飞的人工智能开放平台，体验语音识别功能。图 5－5 和图 5－6 分别展示了阿里云和科大讯飞公司的语音识别效果。

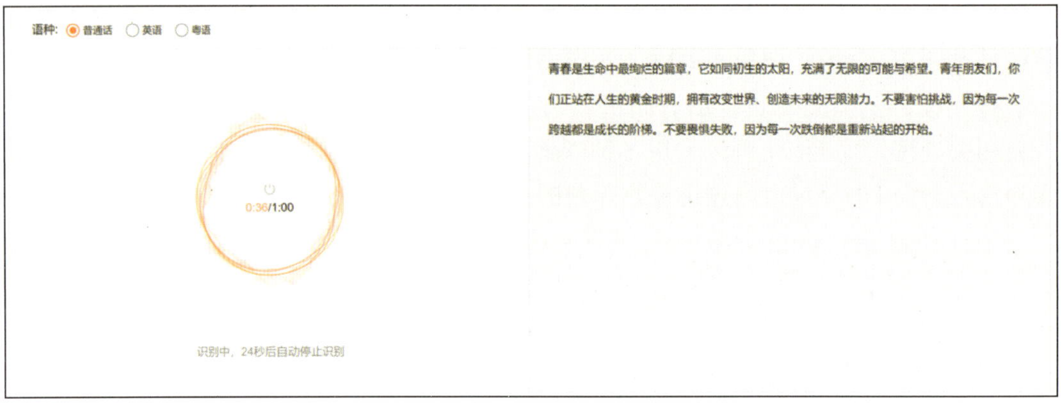

图 5－5　阿里云 AI 开放平台“语音识别”测试界面

图 5－6　科大讯飞 AI 开放平台“语音识别”测试界面

2. 语音识别助力党建工作

某政府党群服务中心与百度 AI 合作，引入“魔屏智能会议平板”。魔屏设备融合百度语音识别技术，可将党建报告的宣讲重点和展厅展示的重点语音发言实时转换显示成可编辑的文字，如图 5－7 所示。与此同时，融合百度语音唤醒技术，重点的语音纪要可支持随时唤醒设备开始或停止记录的操作，在提升创新党建宣传交互体验的同时，打造出更加智能化的舒适交流空间。

图 5－7　语音识别助力党建工作

德技并修

语音识别技术融入党建工作，开启了智慧党建新篇章。它不仅提升了工作效率，更让党的声音更加贴近群众。作为党员，我们应积极拥抱科技，利用语音识别等技术创新学习方式，深化理论学习，增强党性修养。同时，保持清醒头脑，确保技术应用服务于党建大局，不忘初心，牢记使命，为新时代党的建设贡献智慧与力量。

配套微课

5.4 语音合成

5.4.1 语音合成概述

语音合成和语音识别相反，它的主要功能是将文本信息转换成自然流畅的语音。在语音交互系统中，语音识别是用户向系统输入相关内容后系统要执行的处理过程，而语音合成则是将系统推理、运算后的结果转换成语音向用户输出。语音合成，它将文本信息转换成可听的自然语言，这个过程通常也被称为“文本转语音”（Text-to-Speech，TTS），其主要目的是模仿人类发声机制，创造出逼真的、自然流畅的语音。语音合成技术在多个领域有着广泛的应用，如人机对话、导航系统、电话咨询、自动播音、助讲助读和语音教学等（见图 5－8）。随着技术的进步，语音合成在提高语音的自然度和逼真度方面也在不断改进和完善。

图 5－8　语音合成的应用场景

5.4.2　语音合成的基本原理

语音合成（TTS）是将文本通过一系列的信号处理转换为“人造”语音（声学波形）。与简单的录音播放不同，机器进行语音合成时，往往并没有这些文本的人声录音，而是通过音节拼接与参数调整来生成尽可能接近人声的合成语音。

语音合成一般会经过文本与韵律分析、声学处理与声音合成三个步骤，分别依赖于文本与韵律分析模型、声学模型与声码器（见图 5－9）。其中文本与韵律分析模型一般被称为“前端”，声学模型和声码器被称为“后端”，也可以定义为输入文本转换成语音内部表示的文本分析阶段和内部表示转换为波形的波形合成。

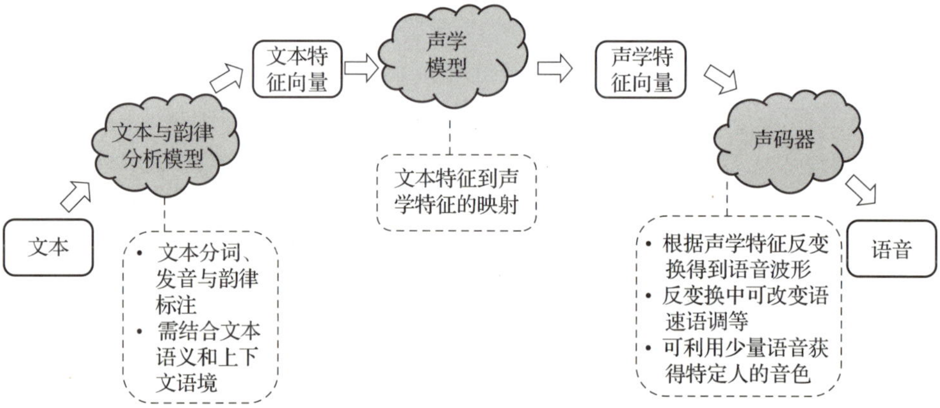

图 5－9　语音合成基本流程

在文本与韵律分析中，首先对文本进行分词和标注：分词会将文本切成一个个词语，标注则会注明每个字的发音以及哪里是重音、哪里需要停顿等韵律信息，然后根据分词和标注的结果提取文本的特征，将文本变成一个个文本特征向量组成的序列。也就是文本分析的结果。声学模型建立了从文本特征向量到声学特征向量的映射。一个个文本特征向量经过声学模型的处理，会变成一个个声学特征向量。声码器将一个个声学特征向量通过反变换分别得到相应的语音波形，然后依次进行拼接就得到了整个文本的合成语音。声学特征反映了声音信号的一些“关键信息”。所以在反变换的过程中可以有人为“操作”的空间（如参数的调整），从而改变合成语音的语调、语速等。反变换的过程还可以让合成的语音具备特定的音色。录制某个人少量的语音片段，在合成时即可据此调整参数，让合成的语音拥有这个人的音色。比如语音导航中的“××× 导航语音包”就是这么来的。

1. 文本与韵律分析

文本与韵律分析是语音合成过程中的第一步，其主要任务是将输入的文本信息转换为适合后续处理的内部表示。这一过程主要包括分词、标注、特征提取等步骤。

（1）分词和标注。

分词是将输入的文本切成一个个词语，而标注则注明每个字的发音、重音和停顿等韵律信息。这一步的结果为后续的语音合成提供必要的语法和韵律信息。

（2）特征提取。

特征提取是将文本转换为一系列文本特征向量的过程。这些特征向量包含文本的语义、语法和韵律信息，为后续的声学模型提供输入。

2. 声学模型

声学模型建立了文本特征向量与声学特征向量之间的映射关系。通过训练大量语音数据，模型可以学习到不同文本特征向量对应的声学特征向量，从而在语音合成过程中能够准确地转换文本信息为声音。声学模型通常采用深度神经网络结构，如循环神经网络（RNN）或其变体（如 LSTM、GRU 等），以捕捉文本特征向量与声学特征向量之间的长距离依赖关系。

3. 声码器

在声学模型阶段，我们已经得到与输入文本对应的声学特征向量，它描述了语音的声学特性，如音高、音量、音长。声码器是将声学特征向量转换为声音波形的模块。它通过反变换技术，将声学特征向量还原为具有丰富音色和自然度的语音波形。声码器通常包括多个阶段，如波形拼接与平滑处理、音质优化等。

波形拼接与平滑处理：为了生成连续的语音波形，系统可能需要将多个波形片段进行拼接。这些波形片段可能对应于不同的音素或音节。在拼接过程中，系统会对波形进行平滑处理，以消除可能的拼接痕迹，使生成的语音听起来更加自然和流畅。

音质优化：在波形生成过程中，系统还会对音质进行优化。这可能包括调整音色的亮度、温暖度，平衡高低频成分，以及消除不必要的噪声和畸变。这些优化措施旨在提升语音的清晰度和可听性，使其更加接近人类真实发音的效果。

4. 语音输出

波形数据转换：生成的波形数据通常以数字形式存在，为了使其能够被人类听觉所感知，需要将这些数字波形数据转换为模拟信号。这个过程通常由数模转换器（DAC）完成，它将数字波形数据转换为连续的模拟电压信号。

音频播放：转换后的模拟信号被送到音频播放设备（如扬声器或耳机），通过空气传播到听众的耳朵。在播放过程中，音频设备会对信号进行进一步的放大和处理，以确保其能够以适当的音量和音质被听到。

文件格式与存储：除了实时播放外，生成的语音波形还可以被保存为特定的音频文件格式（如 WAV、MP3 等），以便后续使用或分享。这些文件格式通常支持压缩和编码技术，以减小文件大小并方便存储和传输。

5.4.3 语音合成的应用案例

1. 体验语音合成技术成果

语音合成可以帮助新闻媒体提供多元化的内容形式，让智能硬件发出媲美真人的声音，提升电话客服的真实感，在出行场景下提供语音播报服务，为电梯、车库闸机等各类产品提供无障碍播报服务……语音合成已经在现实中大展身手，同学们可以登录百度 AI 开放平台（见图 5－10）、阿里云 AI 开放平台（见图 5－11）、科大讯飞 AI 开放平台（见图 5－12），比较这三家平台的“语音合成”能力效果。

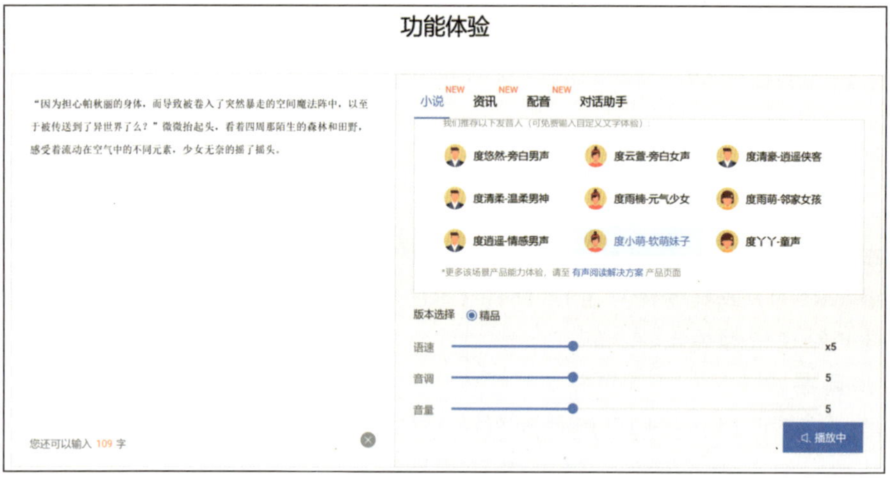

图 5－10　百度 AI 开放平台

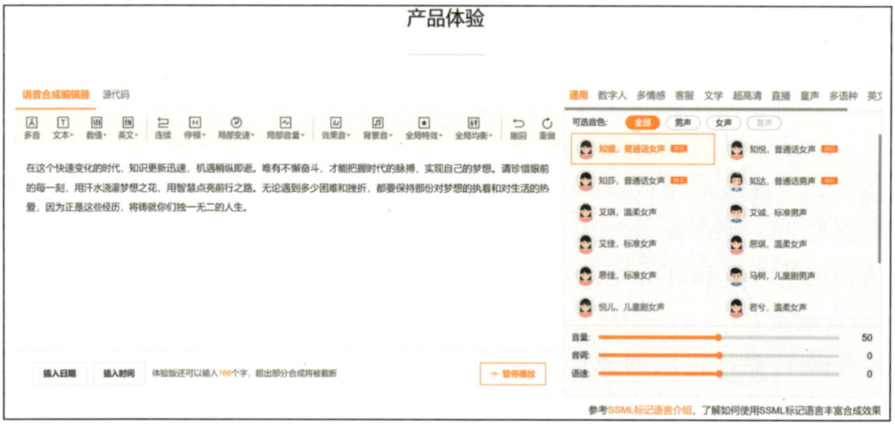

图 5－11　阿里云 AI 开放平台

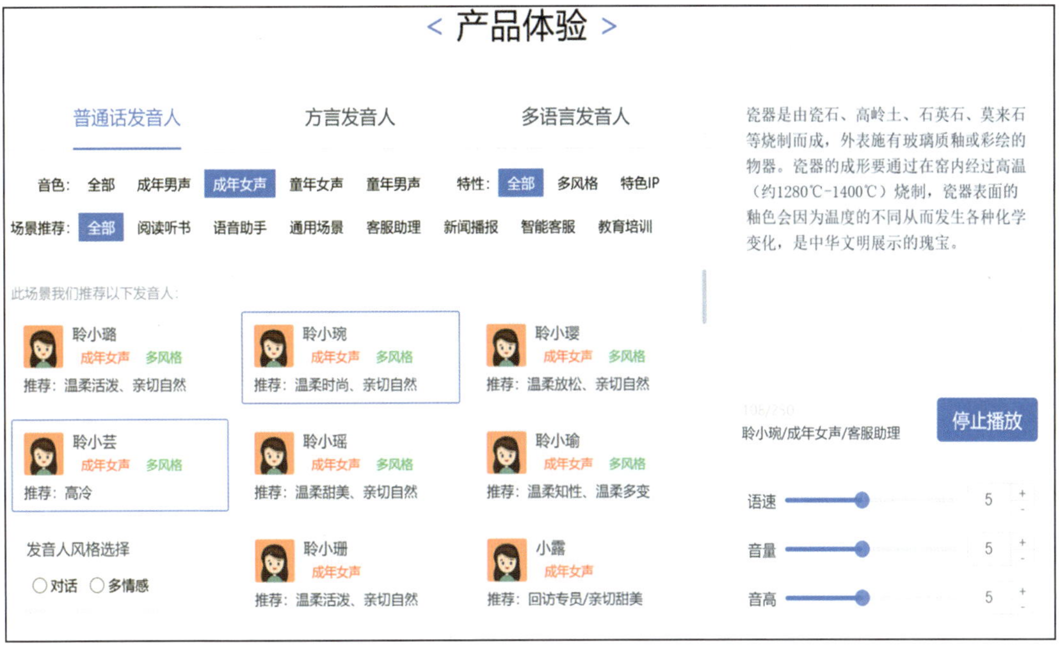

图 5-12　科大讯飞 AI 开放平台

2. 语音合成助力有声阅读新场景

纵横小说为给用户提供更广泛的应用场景、更丰富的体验，启用百度 AI 在线语音合成功能，为每一本小说匹配高度拟人、流畅自然、风格匹配的音频（见图 5-13）。读者可以根据个人喜好，自由选择音色，调节音调等。语音与文字实时同步，可基于语音一键定位小说原文，“听”与“阅”在点按之间，即可实现丝滑过度。

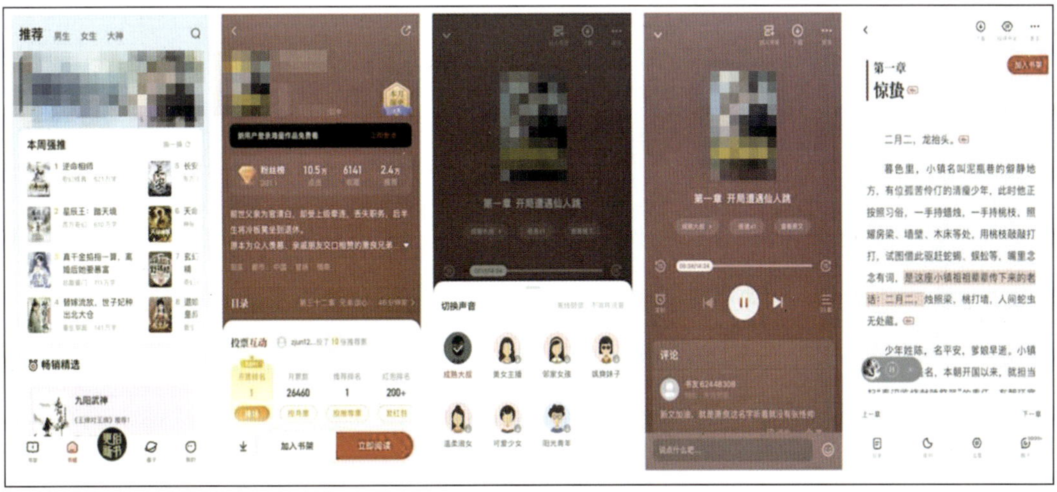

图 5-13　语音合成助力有声阅读新场景

德技并修

语音合成，让有声阅读焕发新生

语音合成将文字转换为生动语音，让阅读不再受限于双眼，随时随地听书即享。无论是通勤路上还是睡前时光，语音合成技术都能陪伴左右，用个性化音色讲述故事，提升阅读体验，让知识传递更加便捷高效。作为新时代的青年，应勇于创新，敢于探索未知领域，用科技赋能生活，让科技的光芒温暖每一个角落。同时，我们也应关注技术背后的伦理与责任，确保技术发展惠及全人类，共同构建更加和谐美好的智能生活。

3. 语音合成助力新闻播报

为给新闻播报场景提供风格稳重、字正腔圆的男女声主播，帮助新闻媒体快速完成有声内容建设，科大讯飞为中央电视台提供定制音库解决方案，定制多位知名主持人音库，通过讯飞的语音合成接口，帮助建设中央新闻公众号中“早啊！新闻来了”有声栏目。大家熟知的高德地图上林 ×× 、郭 ×× 的“声音”也是科大讯飞的语音合成技术应用成果。

AI 应用

语音处理在客服系统的应用

基于人工智能的客服系统，是在原有客服系统中搭建人工智能处理模块来替代原有的人工处理功能，其中语音识别和语音合成模块为核心模块。基于人工智能的客服系统架构示意图如图 5-14 所示。

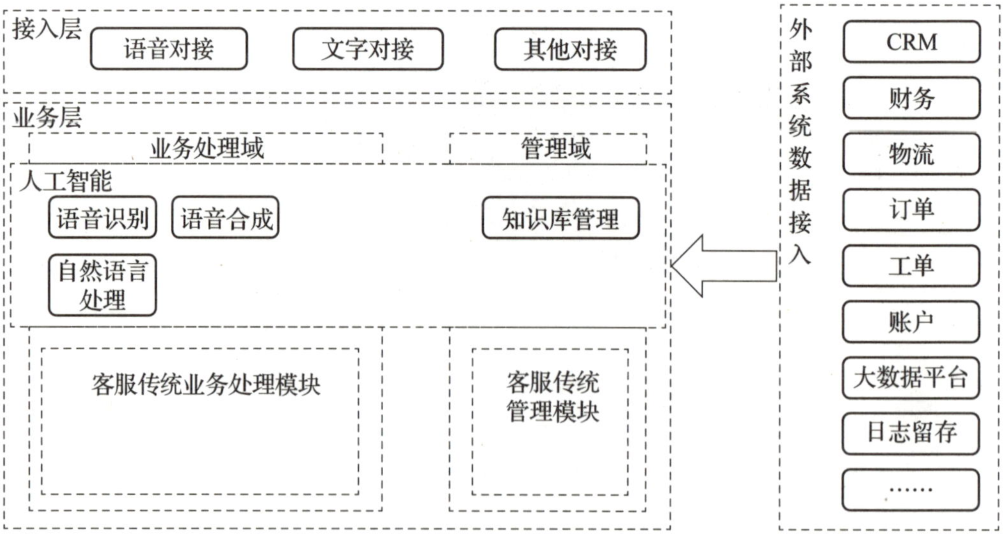

图 5-14　基于人工智能的客服系统架构

在系统架构中，使用语音识别和语音合成模块代替了原来人工与用户交流沟通的模式。使用自然语言处理相应的话单或工单，代替了之前由业务处理人员承担的人工操作；使用知识管理模块取代原有的知识库构建方式。用人工智能技术模块代替了原来依靠人工处理的、具有一定重复性和规律性的工作。这样做的目的主要是在不影响客服质量的前提下，降低人工成本，提升效率和效果。

本章小结

本章主要介绍了语音信号处理、语音识别、语音合成等技术，从概述、发展背景、基本原理、具体方法、实际应用等多个角度加以阐述。随着人工智能技术的快速发展，语音处理技术在不断进步，其应用场景也在不断扩大。语音处理技术的核心目标是实现自然流畅、高度拟人化的语音交互体验，以提升用户体验和便利性。总的来说，语音处理是一门多学科的综合技术，它涉及信号处理、人工智能、语言学等多个领域的知识，为现代社会的智能化发展提供了重要的技术支持。

在线测试

第 6 章
计算机视觉

教学目标

- 知识目标：了解计算机视觉的概念、发展历程；理解计算机视觉的经典任务；把握计算机视觉关键技术和应用。
- 技能目标：掌握计算机视觉的经典任务实现流程；能够概述计算机视觉中的关键技术；能够探讨计算机视觉在不同行业中的应用实例。
- 素养目标：培养精益求精的新时代工匠精神；树立自主创新、勇于担当、科技强国的使命感。

知识导图

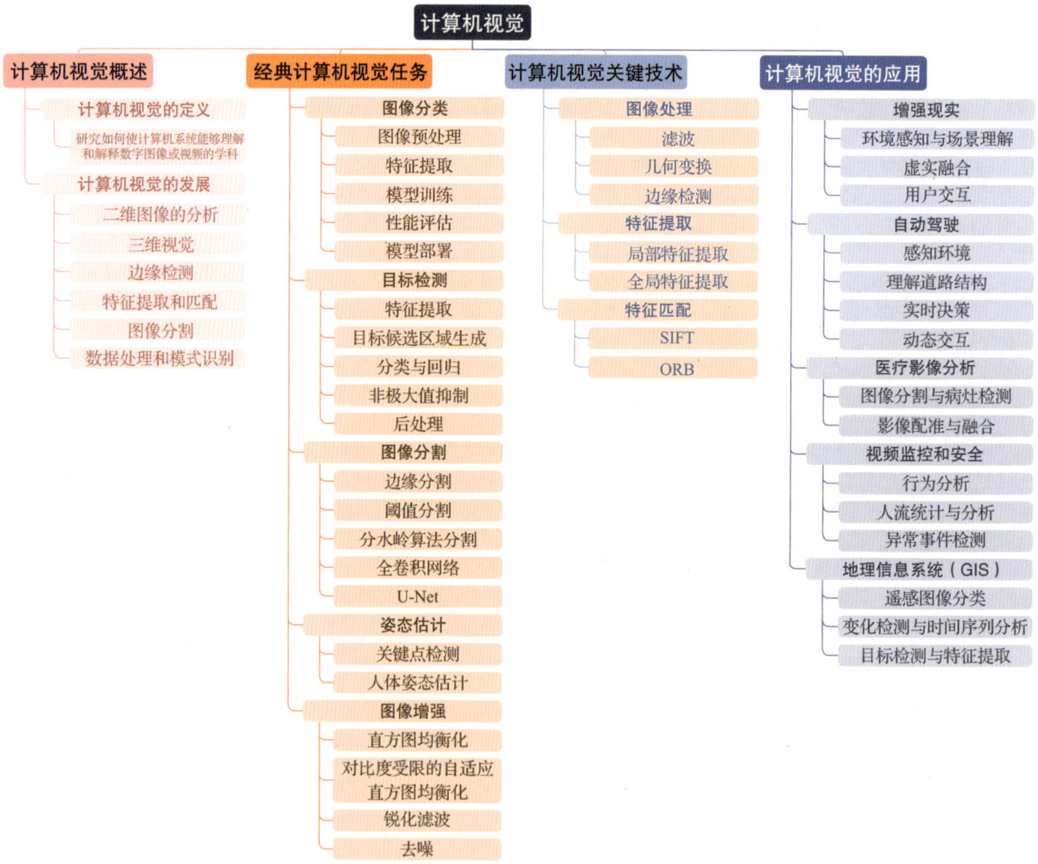

引导案例

计算机视觉赋能财会金融：智能化的风险管理与客户体验革新

随着人工智能技术的不断进步，计算机视觉已经成为金融行业中不可或缺的一部分。通过模拟人类视觉系统处理和解释图像信息的能力，计算机视觉技术在财会金融领域的应用日益广泛，不仅提高了业务效率，还增强了风险控制和客户体验。

1. 智能柜台与客户身份验证

在银行和金融机构中，客户身份验证是一个重要的环节。传统的人工验证过程不仅耗时，而且容易出错。通过计算机视觉技术，智能柜台可以通过摄像头捕捉客户的面部特征，并与数据库中的信息进行比对，实现快速、准确的客户身份验证。这不仅提高了业务办理速度，还有效防止了身份盗用等风险。

2. 支票和文档扫描识别

在财会工作中，处理大量的纸质文档是一项烦琐的任务。计算机视觉技术可以自动识别和读取支票、发票、合同等文档上的信息，将其转换为电子数据。这不仅提高了数据处理的效率，还减少了人为错误，确保了数据的准确性。

3. 风险监控与异常交易检测

金融机构需要对大量的交易数据进行监控，以识别和防范潜在的风险。计算机视觉技术可以通过分析交易模式、行为习惯等信息，自动识别异常交易行为。这有助于金融机构及时发现欺诈行为，保护客户资产安全。

4. 智能投资分析

在投资领域，计算机视觉技术可以帮助分析师快速识别市场趋势和潜在的投资机会。通过对历史数据和实时市场信息的分析，计算机视觉系统可以提供可视化的市场分析报告，帮助投资者做出更明智的决策。

5. 客户服务与交互体验

为了提供更好的客户服务，金融机构正在利用计算机视觉技术改善客户交互体验。例如，通过视频通话中的面部识别和情绪分析，客服人员可以更好地理解客户的需求和情绪，提供个性化的服务。

通过这些案例，我们可以看到计算机视觉技术在财会金融领域的应用不仅提高了工作效率，还增强了风险管理能力，优化了客户服务体验。随着技术的不断发展，计算机视觉在金融行业的应用将会更加深入和广泛，为行业带来更多的创新和变革。

思考：上述案例涉及计算机视觉的哪些任务？除了上述内容，谈谈计算机视觉如何改变我们的日常生活。

6.1 计算机视觉概述

配套微课

6.1.1 计算机视觉的定义

计算机视觉（Computer Vision）是一门研究如何使计算机系统能够

理解和解释数字图像或视频的学科，其目标是使计算机具备人类视觉系统的能力，能够从图像或视频中提取信息、理解场景并做出相应的决策。

计算机视觉涵盖多个领域，包括图像处理、模式识别、机器学习、深度学习等。它与人工智能、机器人学、图像图形学等领域有着密切的联系。

计算机视觉是利用计算机及其辅助设备来模拟人的视觉功能，实现对客观世界的三维场景进行感知、识别和理解，实现类似人的视觉功能。计算机视觉在透彻理解相机性能与物理成像过程的基础上，构建或分析成像模型，通过视觉信息的处理和分析技术，完成距离估计、目标检测与跟踪、物体分割、目标识别等任务，达到计算机通过视觉理解世界的目的。

6.1.2 计算机视觉的发展

计算机视觉的起源可以追溯到20世纪50年代，这一时期科学家们开始尝试编写程序以实现简单的图像处理和分析任务。这些早期的研究为计算机视觉领域的发展奠定了坚实的基础。计算机视觉发展史见表6－1。

表6－1　计算机视觉发展史

时间	研究重点	应用
20世纪50年代	二维图像的分析	光学字符识别、工件表面分析
20世纪60年代	三维视觉	工业机器视觉
20世纪70年代	边缘检测	图像分割、目标检测
20世纪80年代	特征提取和匹配	理解图像中物体和场景
20世纪90年代	图像分割	基于特征的对象识别
21世纪初至今	数据处理和模式识别	图像识别、目标检测等任务

此外，深度学习还推动了计算机视觉在其他领域的拓展和应用，如三维场景的重构、人体姿态的精确估计以及对视频内容的深度理解等。随着深度学习技术的不断发展和完善，计算机视觉在未来会取得更加令人瞩目的成就，为人类的生活和工作带来更多便利和创新。

6.2 经典计算机视觉任务

配套微课

6.2.1 图像分类（Image Classification）

图像分类是计算机视觉中最基础的任务之一，旨在识别图像中的对象，并将其分类到预定义的类别中。图像分类的核心任务是从预定义的类别集中为图像分配一个标签。实际上，这意味着我们需要分析输入图像并返回一个对图像进行分类的标签。这个标签总是来自预定义的可能类别集合。例如，图像分类模型可以识别一张图片是猫、狗还是其他动物。图像分类主要包括图像预处理、特征提取、模型训练、性能评估、模型部署等步骤，其流程图如图 6－1 所示。

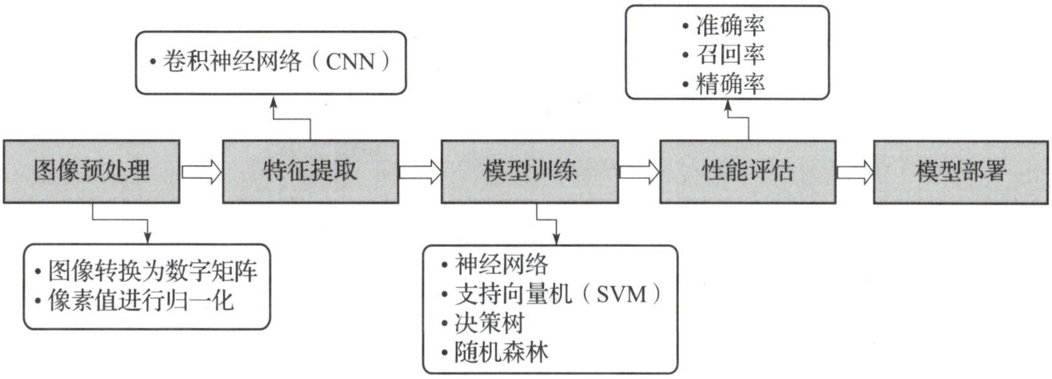

图 6－1　图像分类流程

知识链接　图像预处理

图像转换为数字矩阵的过程被称为图像数字化，它不仅为计算机处理图像提供便利，还为实现更复杂的图像处理任务、提高图像处理的精度和稳定性以及支持图像分析与机器学习的结合提供了坚实的基础。像素值归一化是图像预处理中的一个重要步骤，它有助于确保图像数据具有统一的尺度和分布，从而有利于后续的图像处理和模型训练。图像预处理流程见表 6－2。

表 6－2　图像预处理流程

	关键步骤	详细过程
图像转换为数字矩阵	读取图像	使用图像处理软件或编程库读取图像文件
	调整图像大小	根据需要，调整图像的大小到特定的像素尺寸
	转换为灰度图	将彩色图像转换为灰度图像，简化数据
	转换为数字矩阵	使用图像处理库中的函数将灰度图像转换为数字矩阵，每个元素的值对应图像像素点灰度值
像素值进行归一化	确定归一化范围	选择归一化目标范围，了解原始像素值范围
	应用归一化公式	最小－最大归一化公式：归一化后的值＝（原始值－最小值）/（最大值－最小值）
	处理归一化后的数据	数据类型转换、保存或输出归一化后的图像

接下来，以 CIFAR-10 数据集为例，提取图像的不同特征进行图像分类，这些特征能够描述图像中的内容并区分不同的类别。数据集的 10 个类别展示见图 6－2。

图 6-2　CIFAR-10 数据集

以经典的 SVM 算法为例，结果如图 6-3 所示，挑选其中 10 张图片的分类结果。图片下方的内容表示每个类别的概率值，即模型预测该图像属于该类别的可能性。例如，如果图像下显示“airplane: 0.22”，这意味着模型认为这个图像是飞机的概率为 22%。接着 SVM 模型根据最高的概率值来做出最终的分类决策。举例来说，如果“bird”类别的概率是 0.40，而其他类别的概率都低于 0.40，那么模型会将该图像分类为“bird”。在某些图像中，模型正确地预测了类别，例如“True: cat，Pred: cat”的图像。在这些情况下，目标类别的概率通常最高，例如“cat: 0.51”，表明模型对该分类的概率较高。不过，模型也会发生错误分类。例如，第一张图片真实标签是“airplane”，但模型预测为“bird”。这里“bird”的概率是 0.29，虽然比其他类别的概率略高，但仍然会出现分类错误的情况。

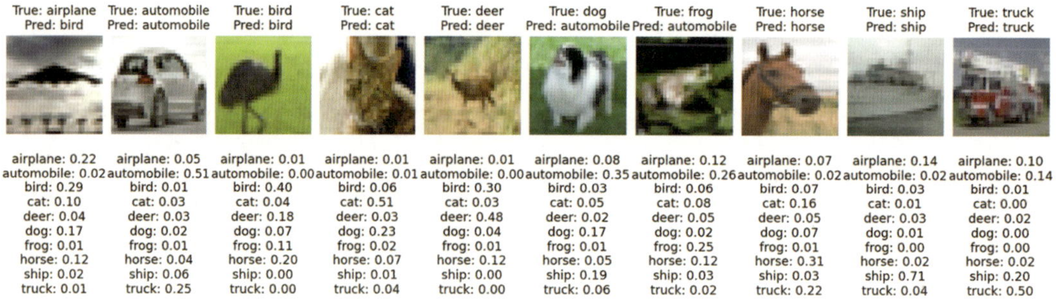

图 6-3　SVM 分类结果

总的来说，图像分类的实现原理是将图像转化为数字信号，提取有意义的特征，并使用机器学习算法进行模型训练和分类预测。这一过程涉及多个领域的知识和技术，包括图像处理、机器学习、深度学习等。随着相关技术的不断发展，图像分类在各个领域的应用也越来越广泛。

6.2.2　目标检测

此任务旨在识别图像中特定对象的位置和类别。与图像分类不同，目标检测不仅告诉我们图像中有什么，还告诉我们对象在哪里。

目标检测采用算法判断图片中是否包含特定目标，并且标记该目标的位置，通常用边框或红色方框把目标圈起来。目标检测和图像分类的区别是，目标检测侧重目标的搜索，而且检测的目标必须有固定的形状和轮廓；图像分类的目标可以是任意对象，既可以是物体，也可以是一些属性或场景。

对于人类来说，目标检测是一个非常简单的事情。然而，计算机能够“看到”的是图像被编码之后的数字矩阵，很难理解图像或视频中出现了人或物体这样的高层语义的概念，也就更加难以定位目标出现在图像中的哪个区域了。与此同时，由于目标会出现在图像或视频中的任意位置，并且目标的形态千变万化，图像或视频的背景千差万别，诸多因素都使得目标检测对计算机来说是一个具有挑战性的技术。目标检测是一项十分重要的计算机视觉的图像处理技术，很多应用，如目标定位与跟踪、图像分割等，都基于目标检测，找不到目标就谈不上后续的处理。由此可见，目标检测是大多数计算机视觉系统的关键组成部分。

目前流行的目标检测模型包括但不限于：R-CNN 系列（如 Fast R-CNN、Faster R-CNN）、YOLO 系列、SSD 等。这些模型各有优缺点，需要根据具体任务的需求和资源限制来选择。

特征提取、目标候选区域生成、分类和回归、非极大值抑制（NMS）、后处理和输出等步骤共同构成了计算机视觉中目标检测的核心内容，通过不断迭代和优化，可以提高模型的性能，使其在实际应用中达到更高的准确率和效率。基于 SSD 和 YOLO 预训练，标注了可信度的目标检测标注图分别如图 6-4（a）、图 6-4（b）所示。

（a）基于 SSD 目标检测　　（b）基于 YOLO 目标检测

图 6-4　目标检测标注图

6.2.3 图像分割（Image Segmentation）

图像分割是计算机视觉中的一项基础任务，旨在将图像划分为多个区域，每个区域具有相似的视觉特性。

图像分割主要用于定位物体的边界，即将每一像素进行分类，使得同一物体具有共同的类别和属性，即可展现出共同的视觉特性。对图像进行分割时，一般会使用某种属性（灰度、彩色、空间纹理、几何形状等）的相似度量方法，使得同一个子区域中的像素在此技术的计算下都很相似，而不同区域中的像素则差异很大，即类内差异小、类间差异大。图像分割的初级操作就是将图像的前景和背景进行分割，前景一般包含大家关心的物体。例如，将包括人的区域与背景分割开。图像分割利用的是灰度值的不连续和相似的性质，不需要区分主体之间的差别。

图像分割技术的应用领域也非常广泛，包括医学影像、自动驾驶、交通控制、人脸识别、指纹识别等。

根据任务需求选择合适的图像分割模型，如边缘分割、阈值分割、分水岭算法分割、水平集、图割（Graph Cut）、全卷积网络（FCN）、U-Net 等。

对于同一张图片，基于边缘分割、阈值分割、分水岭算法分割的图像分割如图 6－5 所示。

(a) 原图　(b) 边缘分割　(c) 阈值分割　(d) 分水算法岭分割

图 6－5　图像分割

图像分割是一个复杂的过程，需要根据具体的应用场景和需求进行细致的设计和优化。随着深度学习等技术的发展，图像分割的准确性和效率都有了显著的提升。

德技并修

精益求精的新时代工匠精神

在计算机视觉的探索之旅中，我们不仅是技术的驾驭者，更是精益求精工匠精神的践行者。计算机视觉这一融合了图像处理、模式识别、机器学习等多领域技术的学科，要求我们不能仅满足于技术的掌握，更要追求技术的极致。从图像分类的精细化处理，到目标检测的精准定位，再到图像分割的细腻划分，每一步都要求我们以工匠般的心态，对待每一个细节，不断优化，力求完美。这种精益求精的精神，不仅是对技术的不懈追求，更是对专业、对事业的尊重与热爱，它激励着我们不断攀登科技高峰，为社会进步贡献自己的力量。

6.2.4　姿态估计（Pose Estimation）

姿态估计涉及估计图像或视频中人体或物体的姿态。例如，在人体姿态估计中，模型可以预测人体的关节点位置（如关节、肢体末端等），从而理解人体的姿势，姿态估计是计算机视觉领域的一个重要任务。人体的关键点通常包括身体的主要关节，如肩膀、肘部、膝盖、脚踝等。人脸、人手、人体关键点如图 6-6 所示。

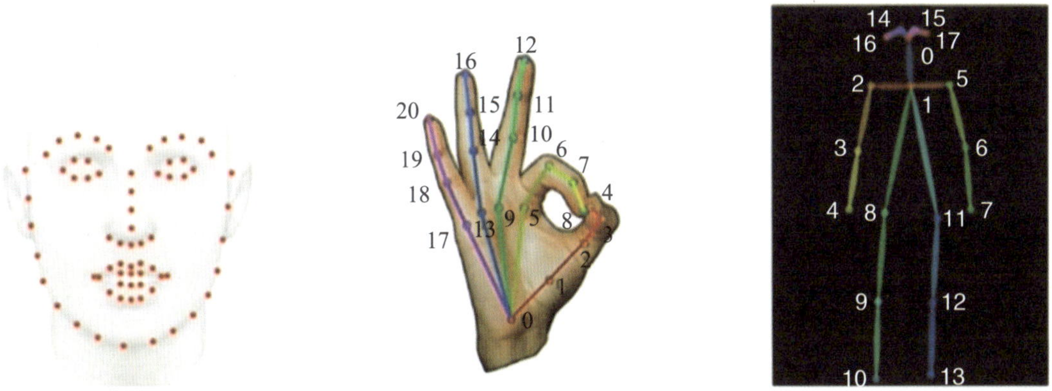

（a）人脸 68 个关键点位　　（b）人手 21 个关键点位　　（c）人体 18 个关键点位

图 6-6　人体关键点位

将检测到的关键点按照人体结构进行关联，形成完整的人体姿态，根据人体 18 个关键点位检测人体姿态结果如图 6-7 所示。

（a）人体关键点检测匹配

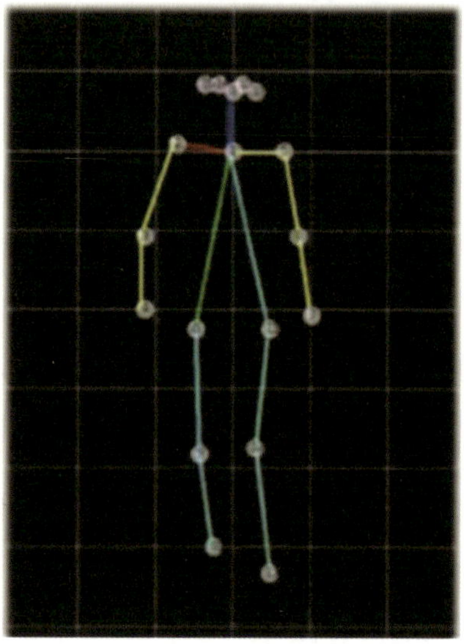

（b）坐标系中的关键点

图 6－7　人体姿态检测

6.2.5　图像增强（Image Enhancement）

图像增强任务旨在改善图像的质量，包括去噪、超分辨率、动态范围扩展等。这对于提高图像在各种环境下的可用性和视觉效果非常重要。

我们可以根据增强需求选择合适的图像增强算法，如直方图均衡化、对比度受限的自适应直方图均衡化（CLAHE）、锐化滤波、去噪等。视觉检查和客观评价指标，如峰值信噪比（PSNR）、结构相似性（SSIM）可以验证增强效果。

图像增强技术在提高图像质量、改善视觉效果、增强图像在特定任务中的性能等方面发挥着重要作用。图 6－8 为基于直方图均衡化前后的图像对比图，图 6－9 为基于直方图均衡化、对比度受限的自适应直方图均衡化（CLAHE）效果对比。

图 6－8　基于直方图均衡化的图像对比图

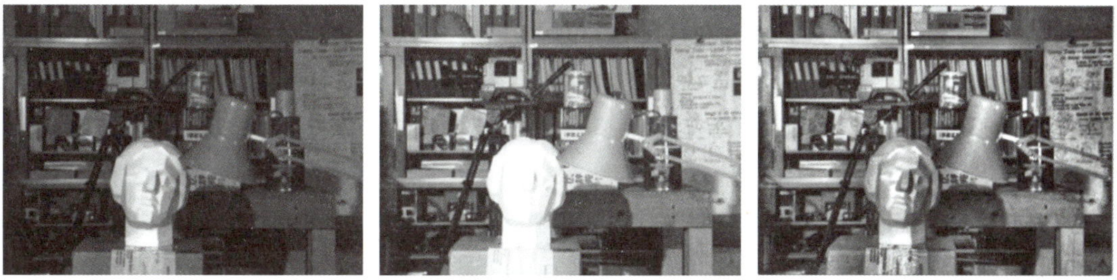

（a）原图 （b）直方图均衡化的图像增强 （c）CLAHE 图像增强

图 6－9 基于直方图均衡化、对比度受限的自适应直方图均衡化效果对比

6.3 计算机视觉关键技术

配套微课

在本节中，我们将深入讨论支撑计算机视觉任务的关键技术。计算机视觉的关键技术涵盖多个方面，使计算机能够解析、理解图像和视频信息。

6.3.1 图像处理

图像处理是计算机视觉的基础，包括滤波、几何变换、边缘检测等方法。

1. 滤波

滤波是图像处理中用于去除噪声或提取特征的技术。滤波器可以是线性的或非线性的（见表 6－3），它们通过特定的数学操作（如卷积）应用于图像。

表 6－3 滤波的分类和应用

	分类	应用
线性滤波	均值滤波器：对每个像素点及其邻域内的像素取平均值	减少图片噪声
	高斯滤波器：使用高斯函数作为权重，对邻域内的像素赋予不同的影响力	减少图像的高斯噪声
非线性滤波	中值滤波器：替换像素值为其邻域内的中值	去除椒盐噪声
	双边滤波器：根据像素的空间距离和强度差异对像素值进行加权平均	保留边缘信息，同时平滑图像
	非线性最大熵滤波：基于图像的熵概念，通过最大化图像的熵来估计像素值	图像重建

线性滤波器通常用于图像去噪、模糊处理以及图像的预处理阶段。它们在处理图像时保留了图像的线性特征，但可能会模糊图像的边缘。

非线性滤波器适合于处理具有复杂特性的图像，如去噪同时保持边缘清晰、图像细节增强等。它们在图像处理中的应用包括图像去噪、细节增强、图像重建等。

图 6－10 展示对于同一张噪声图片，卷积核为 11 时，均值滤波和中值滤波的处理对比结果。

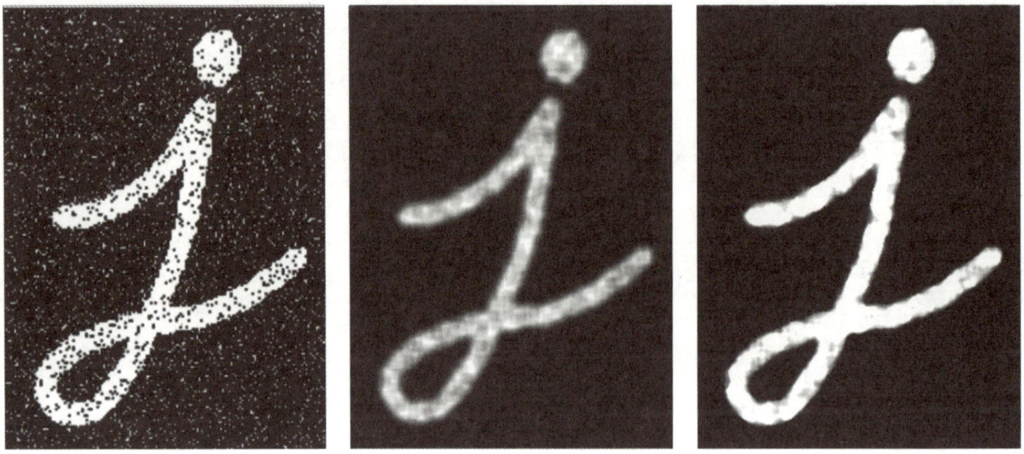

(a) 原图　(b) 均值滤波处理结果　(c) 中值滤波处理结果

图 6－10　均值滤波和中值滤波噪声处理效果

线性滤波器和非线性滤波器各有优势，选择哪种滤波器取决于具体的应用需求和图像特性。线性滤波器实现简单，计算效率高，但可能会模糊图像的边缘；非线性滤波器在处理图像细节和边缘信息时更为灵活，但计算复杂度通常更高。

2. 几何变换

几何变换涉及改变图像的空间位置或尺寸，以适应不同的应用需求。常见的几何变换见表 6－4。

表 6－4　几何变换

几何变换形式	概念	应用
旋转	旋转是围绕一个固定点（旋转中心）旋转图像的一个操作	旋转用于调整图像的方向，比如将倾斜的文本或物体调整为水平方向
缩放	缩放是改变图像尺寸的过程	缩放用于适应不同的显示需求或分辨率要求
平移	平移是将图像中的每个点按照某个向量移动的操作	用于估计相机的运动
透视变换	透视变换将图像中的一个平面区域映射到另一个平面	纠正透视失真，如将照片上的文本或场景变换为正面视角

透视变换对图像的处理结果如图 6－11 所示。

（a）原图　　（b）透视变换后的图片

图 6－11　透视变换对图像的处理结果

这些几何变换在图像处理和计算机视觉中非常重要，它们不仅用于图像编辑和增强，还用于图像分析、三维重建和其他高级视觉任务。选择合适的变换取决于所需的视觉效果和应用场景。

3. 边缘检测

边缘检测是识别图像中物体边界的过程，它是图像分割、目标跟踪和特征提取等任务的基础。边缘检测算法通常基于图像亮度的快速变化。常用的边缘检测算法见表 6－5。

表 6－5　常用的边缘检测算法

算法	实现方法	应用
Sobel 算子	通过计算图像的一阶导数的近似值来检测边缘	适用于噪声干扰低的图片
Canny 算子	首先使用高斯滤波去除噪声，然后计算梯度幅度和方向，接着通过非极大值抑制来细化边缘，最后使用双阈值检测来确定和连接边缘	适用于需要高精度边缘定位的场合
Laplacian 算子	基于二阶导数来检测边缘	用于增强图像快速变化区域

三种边缘检测对比结果如图 6－12 所示。

（a）原图

（b）Sobel 算子边缘检测

（c）Canny 算子边缘检测

（d）Laplacian 算子边缘检测

图 6－12　三种边缘检测结果对比

这些边缘检测算法各有优缺点，选择哪种算法取决于具体的应用需求、图像特性以及对噪声的敏感度。在实际应用中，可能需要对这些算法进行调整或组合使用，以达到最佳的检测效果。通过计算图像在水平和垂直方向上的梯度来检测边缘。

6.3.2　特征提取

特征提取是描述和表示图像中对象和场景的关键步骤，有助于计算机更准确地识别和理解图像内容，包括局部特征和全局特征的提取方法。

局部特征提取关注图像中的具体区域或小部分，这些特征通常与图像的特定内容或结构有关，全局特征提取关注整个图像或图像的重要全局属性。常用的几个特征提取方法见表 6－6。

表 6－6　常用的特征提取方法

	简介	应用
角点检测	包括 Harris 角点检测器、Shi-Tomasi 角点检测器等，对场景的局部结构具有描述性	广泛应用于运动跟踪、立体视觉、全景拼接、特征匹配和增强现实等领域
局部二值模式（LBP）	描述图像的全局纹理信息	广泛应用于纹理分类、人脸识别、背景分割和图像分割等领域
颜色直方图	一种全局图像描述符，它统计图像中每种颜色的分布	常用于图像检索、视频分析、场景分类和颜色识别任务

Shi-Tomasi 角点检测和 LBP 特征提取结果如图 6 - 13 所示。

（a）原图

（b）Shi-Tomasi 角点检测

（c）LBP 特征提取

图 6 - 13　Shi-Tomasi 角点检测和 LBP 特征提取结果

这些技术在处理图像和视频数据时各有优势，通常根据具体任务的需求来选择最合适的方法。例如，需要稳健的特征匹配时可能会选择 SIFT 或 SURF 描述子，而在对计算效率要求较高时可能会选择 ORB 描述子。同样，对于光照变化不敏感的纹理分析任务，LBP 可能是一个很好的选择。

局部特征和全局特征各有优势，通常在实际应用中会结合使用，以获得更全面和鲁棒的图像描述。例如，在物体识别和分类任务中，局部特征可以帮助识别特定的物体部分，而全局特征则有助于理解整个场景的上下文信息。通过综合这些特征，可以提高图像分析的准确性和效率。

6.3.3　特征匹配

特征匹配是计算机视觉中许多应用的基础，包括图像配准、摄像机跟踪、三维重建、物体识别以及人脸识别等。它的核心在于从图像中提取特征点，对这些特征点进行描述，并计算特征向量之间的距离来确定它们之间的匹配程度。两种特征匹配方法对比见表 6-7。

表 6-7　两种特征匹配方法

	简介	应用
SIFT（尺度不变、特征变换）	一种提取局部特征的算法，它寻找图像中的关键点，并生成一个与尺度和旋转变化无关的描述符	由于其尺度不变性和旋转不变性，非常适合于图像匹配、目标识别、全景拼接、视频分析等任务
ORB（Oriented FAST and Rotated BRIEF）	是一种结合了 FAST 关键点检测和 BRIEF 描述符的算法	由于其快速和稳健的特点，常用于需要快速特征匹配的场合，如 SLAM（同步定位与地图构建）、移动设备上的增强现实应用等

SIFT 与 ORB 两种方法对比如图 6-14 所示。

(a) 原图

(b) SIFT 特征检测

(c) ORB 特征检测

图 6-14　两种特征检测方法对比

SIFT 与 ORB 的算法各有优势和局限性，SIFT 提供了高度的精确性和稳健性，但计算成本较高；ORB 在速度和效率上有优势，适合于对速度要求较高的应用。在实际应用中，可能需要根据图像的特性和应用场景的具体要求来选择最合适的算法。

德技并修

科技强国的使命感

在浩瀚的科技星空中，计算机视觉犹如一颗璀璨的星，以其独特的魅力引领着人工智能的浪潮。作为这一领域的探索者，我们深知计算机视觉技术不仅是科技进步的先锋，更是国家实力和国际竞争力的重要体现。在全球科技竞争日益白热化的今天，我们每个人的心中都应燃起一股强烈的使命感——以科技为翼，助力国家翱翔于世界之巅。

这份使命感，源自对科技力量的深刻认识。计算机视觉技术的每一次突破，都意味着我们离智能世界更近一步。它不仅能够提升生产效率、改善生活质量，更能在国家安全、医疗健康、环境保护等领域发挥不可替代的作用。因此，我们学习计算机视觉，不仅仅是为了掌握一项技能，更是为了肩负起推动国家科技进步、提升国际竞争力的历史重任。

为了实现这一使命，我们需要不断学习、勇于创新。计算机视觉领域日新月异，新技术、新方法层出不穷。我们要保持敏锐的洞察力，紧跟时代步伐，不断吸收新知识、新技能。同时，我们还要敢于挑战传统、突破常规，用创新的思维和方法解决实际问题，为计算机视觉技术的发展注入新的活力。

6.4 计算机视觉的应用

配套微课

本节将探讨计算机视觉技术在各个领域的广泛应用，包括但不限于医疗影像分析、自动驾驶、安防监控、工业检测等。我们将详细介绍每个领域中计算机视觉的具体应用案例，以及其对改善生产效率、提升安全性、促进科学研究等方面的重要作用。

6.4.1 增强现实（AR）

增强现实技术通过在用户的视野中叠加虚拟图像或信息，提供了一种全新的交互体验。在教育、游戏、房地产等行业中，AR 技术可以用来创建互动式的学习材料、游戏环境和虚拟展示，增强用户的感知和理解。与虚拟现实（VR）完全依赖于虚拟环境不同，AR 将虚拟内容与现实世界无缝融合，增强了用户对周围环境的感知和互动能力。全息投影的应用如图 6－15 所示。这种技术不仅为娱乐和游戏领域带来全新的体验，还在教育、医疗、房地产等领域展现出了巨大的应用潜力。具体任务和计算机视觉在 AR 的应用见表 6－8。

图 6－15　全息投影

表 6－8　AR 的主要任务和计算机视觉在 AR 中的应用

主要任务	环境感知与场景理解	AR 系统需要识别并理解用户周围的物理环境，如房间结构、物体的位置和形状等
	虚实融合	虚拟对象需要与现实环境无缝融合，这意味着虚拟内容必须根据现实场景的光线、阴影和物理特性进行渲染
	用户交互	AR 系统还需提供自然且直观的用户交互方式，使用户能够与虚拟内容进行互动
计算机视觉在 AR 中的应用	实时环境感知	计算机视觉赋予 AR 系统实时感知和理解周围环境的能力。通过摄像头和传感器，系统可以分析场景的深度信息、物体的形状和位置等
	物体识别与跟踪	通过计算机视觉技术，AR 系统可以识别现实中的特定物体，如图书、建筑模型等，并在其上叠加相关的虚拟信息
	手势识别与自然交互	AR 系统利用计算机视觉技术可以识别用户的手势，并将其转换为系统指令

6.4.2　自动驾驶

自动驾驶技术的核心在于车辆能够自主感知环境、理解环境，并基于此做出安全的驾驶决策。在这一过程中，计算机视觉技术是实现自动驾驶的关键组成部分。通过计算机视觉，自动驾驶汽车可以识别并理解车辆周围的环境，从而实现自主驾驶。主要任务和计算机视觉在自动驾驶中的应用见表 6－9。

表 6－9　主要任务和计算机视觉在自动驾驶中的应用

主要任务	感知环境	识别并分类道路上的所有物体，包括其他车辆、行人、交通标志等
	理解道路结构	识别车道线、路边和障碍物，确保车辆能够在正确的车道内行驶，尤其在复杂的城市环境中
	实时决策	基于环境感知结果，结合当前驾驶状态，实时做出驾驶决策，如加速、减速、变道等
	动态交互	计算机视觉不仅要应对静态物体，还要处理动态场景，如穿越马路的行人、突然变道的车辆等
计算机视觉在自动驾驶中的应用	图像识别	计算机视觉利用深度学习模型对道路环境中的物体进行分类和识别
	目标检测与跟踪	自动驾驶系统不仅要检测出环境中的物体，还要持续跟踪这些物体的动态位置
	立体视觉与深度估计	通过多摄像头系统，自动驾驶汽车可以构建周围环境的 3D 模型，获取物体的深度信息
	场景理解与路径规划	场景理解结合了多种计算机视觉技术，自动驾驶系统需要通过整合不同的视觉信息，对复杂的交通场景进行全局理解，从而进行路径规划

6.4.3　医疗影像分析

计算机视觉在医疗影像分析中的应用，如辅助诊断、手术规划和病情监测，已经成为医疗领域的重要工具。通过分析 CT、MRI 等医疗影像（见图 6－16），计算机视觉技术能够帮助医生发现病变、评估治疗效果和预测疾病进展。主要任务和计算机视觉在医疗影像分析中的应用见表 6－10。

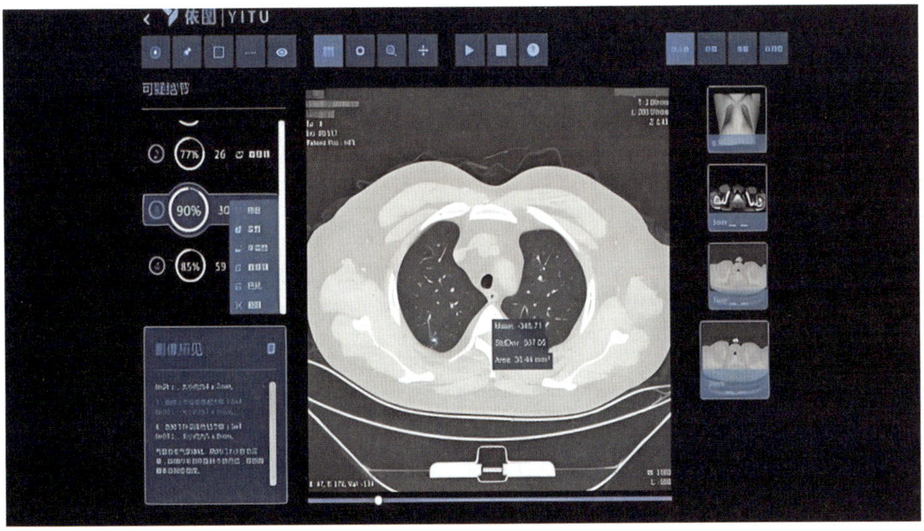

图 6－16　医疗影像图片分析

表 6 - 10 主要任务和计算机视觉在医疗影像分析中的应用

主要任务	图像分割与病灶检测	通过分割算法将医疗影像中的不同区域区分开来，如将肿瘤组织与健康组织分离，识别并标记出病变区域
	影像配准与融合	影像配准技术通过将不同时间或不同模态的影像进行对齐和融合，使医生能够更全面地分析病情变化或不同影像间的相关性
计算机视觉在医疗影像分析中的应用	辅助诊断	计算机视觉技术广泛应用于各种疾病的早期筛查和诊断
	手术规划	在复杂手术如脑外科或心脏外科中，计算机视觉技术可以通过对术前影像的分析，帮助医生进行精确的手术规划
	病情监测与疗效评估	在治疗过程中，计算机视觉可以通过对比患者不同阶段的影像，监测病情的变化并评估治疗的效果

6.4.4 视频监控和安全

计算机视觉技术在视频监控领域的应用包括行为分析、人流统计和异常事件检测。通过分析监控视频中的动态信息，系统能够及时识别潜在的安全威胁或异常行为，提高公共安全。对监控内容实时分析的应用，如图 6 - 17 所示。主要任务和计算机视觉在视频监控和安全中的应用见表 6 - 11。

图 6 - 17 监控视频内容实时分析预警

表 6－11 主要任务和计算机视觉在视频监控和安全中的应用

主要任务	行为分析	视频监控需要实时分析监控视频中的人物行为，识别出潜在的异常行为或危险举动
	人流统计与分析	在人流密集的场所，如商场、车站或大型活动现场，需要精确统计和分析人流量及其变化趋势
	异常事件检测	自动检测和识别监控视频中的异常事件，如火灾、入侵、打破封锁线等
计算机视觉在视频监控和安全中的应用	智能城市安防	通过分析大量的监控视频，系统能够实时监控交通流量、识别交通违规行为、检测犯罪活动，并为城市管理部门提供及时的预警信息
	机场和车站的安全管理	在机场、火车站等交通枢纽，计算机视觉技术通过人流统计和行为分析，帮助安保人员识别潜在的安全隐患
	工业生产监控	在工业生产中，计算机视觉技术可以监控生产线的运行情况，检测设备故障和生产异常
	家庭智能安防	在家庭中，计算机视觉被用于智能门铃、家庭监控摄像头等设备，能够识别家庭成员、检测陌生人“入侵”，并在异常情况发生时通过手机应用通知用户

6.4.5 地理信息系统（GIS）

计算机视觉技术在地理信息系统中用于分析遥感图像，如卫星图像和航空摄影，这有助于城市规划、环境监测和灾害评估等领域的决策制定。城市应用 GIS 形成的三维电子沙盘如图 6－18 所示。GIS 的主要任务和计算机视觉在 GIS 中的应用见表 6－12。

图 6－18 三维电子沙盘

表 6－12　主要任务和计算机视觉在 GIS 中的应用

主要任务	遥感图像分类	遥感图像通常包含大量复杂的信息，如不同地物的反射光谱特征。这些图像中的地物类别需要详细的区分，从而识别出土地类型、植被覆盖、建筑物分布等
	变化检测与时间序列分析	对不同时期的遥感图像进行对比分析，以检测环境变化或人类活动的影响
	目标检测与特征提取	在 GIS 中，目标检测任务包括识别图像中的特定物体或特征，如建筑物、道路、水体等。提取这些特征，便可以进行精准定位和分析
计算机视觉在 GIS 中的应用	城市规划	计算机视觉技术通过分析遥感图像，帮助识别城市区域内的建筑物分布、交通网络、绿地覆盖等信息
	环境监测	在环境监测中的应用广泛，包括森林资源监测、河流流域管理、海岸线变化检测等
	灾害评估	在自然灾害发生后，计算机视觉技术可以通过分析灾前和灾后的遥感图像，快速评估灾害的影响范围和严重程度

德技并修

自主创新与勇于担当的责任感

随着计算机视觉技术的飞速发展，其应用场景日益广泛，从金融风控到自动驾驶，从医疗影像分析到机器人视觉，计算机视觉正以前所未有的方式改变着我们的生活。然而，技术的快速发展也伴随着新的挑战与机遇。在这样的背景下，我们更应树立自主创新的意识，勇于突破技术瓶颈，探索未知领域。同时，我们也应意识到，技术的力量是巨大的，它既是推动社会进步的强大动力，也可能带来潜在的风险与挑战。因此，我们必须勇于担当，确保技术的健康、可持续发展，为社会创造更多福祉。

随着技术的进步，计算机视觉在各个领域的应用将变得更加深入和广泛，为我们的生活带来更多便利和创新。

AI 应用

智能发票 OCR 识别技术：精准识别，高效处理

一、智能发票 OCR 识别的优势

随着人工智能时代的到来，深度学习技术进入视觉识别领域，一种全新的基于深度学习的 OCR 流程被提出来。相比传统的发票处理方式，智能发票 OCR 识别技术具有以下优势：

1. 提高效率：发票 OCR 识别技术可以实现自动化的发票录入和处理，大大提高了

工作效率，减少了人工操作的时间和成本。

2. 提高准确性：由于采用了先进的图像识别算法和机器学习技术，发票 OCR 识别技术可以实现高精度的文字识别，避免了人工录入时容易出现的错误。

3. 节省成本：发票 OCR 识别技术可以减少人工操作的需求，从而降低了企业的人力成本和管理成本。

4. 便于管理：发票 OCR 识别技术可以将发票的电子数据进行统一管理和存储，便于企业进行数据分析和财务管理。

5. 可扩展性强：发票 OCR 识别技术可以与其他系统进行集成，例如财务软件、ERP 系统等，实现自动化的财务处理流程。

二、智能发票 OCR 文字识别流程

智能发票 OCR 文字识别大幅提升了识别效率与识别质量，其整个流程主要分为 8 个步骤，见表 6－13。

表 6－13　智能发票 OCR 文字识别流程

序号	步骤	步骤内容
1	图像输入	采集所要识别的图像，比如增值发票、火车票、汽车票等
2	图像预处理	包含二值化、去噪、倾斜度校正等
3	版面分析	对将要识别的文档分段、分行处理
4	字符切割	定位出字符串的边界，然后分别对字符串进行单个切割
5	字符特征提取	提取字符特征，为识别提供依据
6	字符识别	将当前字符提取的特征向量与特征模板库进行模板粗分类和模板细匹配，识别出字符
7	版面回复	将识别结果按照原来的版面排版，输出 Word 或 PDF 格式的文档
8	后处理校正	根据特定的语言上下文的关系，对识别结果进行校正

三、发票 OCR 识别技术的实际应用

发票 OCR 识别技术已经在许多领域得到了广泛的应用。

1. 企业财务管理：发票 OCR 识别技术可以帮助企业实现自动化的发票录入和处理，提高财务管理的效率和准确性。如智能财务票据识别，支持财务场景中 13 种常见票据的分类及结构化识别，包括增值税发票、卷票、机打发票、定额发票、火车票、出租车票、网约车行程单、飞机行程单、汽车票、过路过桥费、船票、机动车 / 二手车销售发票。支持多张不同种类票据在同一张图片上的混贴场景，可返回每张票据的位置、种类及票面信息的结构化识别结果，如图 6－19 所示。

2. 税务管理：发票 OCR 识别技术可以帮助税务部门实现自动化的发票审核和管理，提高税务管理的效率和准确性。

3. 电子商务：发票 OCR 识别技术可以帮助电子商务企业实现自动化的发票开具和

管理，提高客户满意度和运营效率。

4. 金融服务：发票 OCR 识别技术可以帮助金融机构实现自动化的发票审核和贷款审批，提高金融服务的效率和准确性。

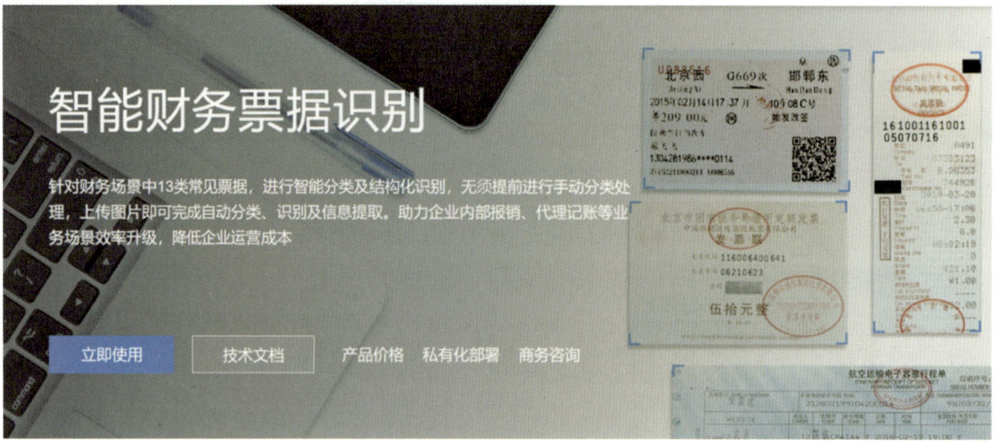

图 6－19　智能财务票据识别

智能发票 OCR 识别技术作为一种先进的图像识别技术，具有高效、准确、节省成本等优势，可以帮助企业实现自动化的发票录入和处理，提高财务管理的效率和准确性。随着人工智能技术的不断发展，智能发票 OCR 识别技术也在不断演进和完善，未来将在更多领域得到广泛的应用。

本章小结

本章首先系统介绍了计算机视觉的核心概念及发展历程，然后详细阐述了图像分类、目标检测、图像分割等经典任务，这些任务是计算机视觉研究的基础，对于理解图像内容具有重要意义。在技术层面，本章深入探讨了图像处理、特征提取、特征匹配等关键技术，这些技术是实现计算机视觉任务的关键手段。

计算机视觉技术在多个领域中展现了重要价值，如医疗、自动驾驶、安防监控和工业检测等。在医疗领域，计算机视觉被用于疾病筛查、手术规划和疗效评估，在自动驾驶中，它用于环境感知与决策支持等。计算机视觉作为一项前沿技术，正在各个领域推动着创新与变革，展现出巨大的应用潜力和发展前景。

在线测试

第 7 章 自然语言处理

教学目标

- 知识目标：理解自然语言处理（NLP）的基本概念；掌握 NLP 的发展历程；熟悉 NLP 的基本任务和应用领域；了解知识图谱的概念与应用。
- 技能目标：掌握文本表示的方法，文本预处理的基本步骤；熟悉常见的 NLP 模型；了解并应用预训练模型，能使用 NLP 工具进行任务处理。
- 素养目标：具备解决实际问题的能力；培养持续学习的能力、团队协作能力、创新思维与问题解决能力。

知识导图

引导案例

中科凡语——让语言沟通没有国界

语言文字是人类最重要的交流工具和信息载体。NLP 是目前人工智能从感知智能向认知智能进化的方向之一，被誉为人工智能皇冠上的明珠，也是当下计算机科学与人工智能领域研究的热点与难点。据 Tractiac 报告预测，全球 NLP 市场正在快速增长。

中科凡语虽然才成立六年，却已经在 NLP 领域崭露头角，不仅能进行英、日、德、法、俄等七十多个语种的机器智能翻译，而且为“一带一路”沿线国家政府、机构组织、企业等多层面提供翻译、信息整合及分析服务。

中科凡语由中国科学院自动化研究所孵化，是全国唯一具有 20 年以上技术积累的跨领域、多语言、多模态、多任务的自然语言处理方案商和服务商。公司拥有国内一流的专家团队、核心技术和前沿产品。首席科学家宗成庆是中科院自动化所研究员、博士生导师，现任国家重点研发计划重点专项首席科学家。核心团队成员均拥有博士学历，有阿里、IBM 等高级算法的从业经历。

依托中科院自动化所在人工智能、机器翻译和自然语言处理等方面的深厚积累，中科凡语面向跨语言、跨领域研究，提供机器翻译系统、多语言信息分析与处理服务与解决方案。目前推出了具有我国自主知识产权、国际一流水准的以“信译”“信推”“信服”“信析”“信取”为代表的五种 NLP 技术产品，以及可以面向 C 端的飞译 CAT 平台。

“信译”：多语言机器翻译服务，采用国际先进的深度学习算法、针对垂直领域的精准训练，为用户提供优质的机器翻译结果。

“信推”：多模态自动摘要系统，采用深度学习 + 强化学习技术，针对长文本完成多模态自动摘要生成和关键词提取，帮助用户从海量信息中获取关键内容。

“信服”：智能对话系统，基于领先的语义理解技术，为各个细分领域提供智能对话系统，实现多轮交互对话，可节省大量人力成本和时间成本，提升服务质量。

“信析”：多语言信息分析与处理系统，可提供多语言词法分析、句法分析、命名实体识别等基础模块，服务于机器翻译、自动摘要、情感分析等自然语言处理。

“信取”：多语种信息获取系统，可提供多语言多粒度双语对齐片段获取工具，能够加工任意单一语种和多语语种的知识库，为上层服务快速构建资源库。

“飞译 CAT 平台”：是一个可提供众多翻译学习方法、辅助翻译技术和全球资讯等服务的 AI 赋能平台。平台精准推出了针对高校、医疗、通用和个人的多个版本，实现对不同人群、不同领域、不同需求的服务覆盖，让服务更精准，让语言无边界。

中科凡语基于先进的算法模型和数亿级的语料库，适配不同领域的行业应用，多场景抽象水平高，跨行业移植能力强，新产业响应速度快。多语言机器翻译和多语言信息分析与处理系统已经广泛应用于政府、医疗、科技和商务等多个领域，服务于包括阿里、华为、联想、金山等 20 余家知名企业，80 余家 B 端、G 端重要客户，赢得了良好的口碑。

思考题：中科凡语推出的信推、信服等系统，展示了 NLP 技术的多模态与多任务处理能力。请分析 NLP 领域发展的推动作用，并探讨 NLP 技术的应用场景。

7.1 自然语言处理概述

配套微课

自然语言是指汉语、英语等人们日常交流所使用的语言，是随着人类社会和日常交流发展演变而来的语言，是人类学习、生活的重要工具。总的来说，自然语言是人类社会发展的基础产物，是区别于人工语言（如计算机高级语言、机器语言等）的语言。

自然语言处理（Natural Language Processing，NLP）是指利用计算机对自然语言的各项信息（行、音、义等）进行处理，对字、词、句、篇章进行输入输出、识别、分析理解、生成等操作和加工的过程。NLP 是计算机科学领域及人工智能领域的一个重要研究方向，是一门融合语言学、计算机科学、数学、统计学等于一体的交叉学科。NLP 在实际生产生活中主要应用在机器翻译、文本分类、信息检索、语音合成、舆情监控、情感语义分析等方面。自然语言处理在生活中的应用如图 7－1 所示。

（a）舆情监控系统

（b）语音识别

（c）机器翻译

图 7－1　自然语言处理在生活中的应用

NLP 机制涉及两个流程：自然语言理解和自然语言生成。自然语言理解主要研究计算机如何理解自然语言文本中包含的内在意义，自然语言生成是指计算机如何生成自然语言文本表达给定的意图、思想等。正因为 NPL 的目的是让计算机“理解”自然语言，所以 NLP 有时又被称为自然语言理解（Natural Language Understanding, NLU）。

7.1.1 NLP 的发展历史

1. 早期探索与奠基阶段（20 世纪 50 年代至 70 年代）

NLP 的早期探索始于 20 世纪 50 年代，这一时期的主要特点是手工规则和语言学理论的运用。马文 · 明斯基（Marvin Minsky）对符号处理和形式语言的研究为 NLP 奠定了基础。诺姆 · 乔姆斯基（Noam Chomsky）则以其对语言学理论的贡献而闻名，他提出的生成语法理论对 NLP 中的句法分析产生了深远影响。这一时期，NLP 的研究主要集中在机器翻译上，虽然成果有限，但为后续研究提供了宝贵的经验和启示。此外，基于规则的方法开始被应用于词性标注、句法分析等任务，为后续研究提供了方向。

2. 统计方法的兴起阶段（20 世纪 80 年代至 90 年代）

进入 20 世纪 80 年代，随着计算机技术的快速发展和语料库资源的不断丰富，基于统计的方法开始在 NLP 领域崭露头角。弗雷德里克 · 贾里尼克（Frederick Jelinek）是统计语言模型的奠基人之一，他的研究为机器翻译和语音识别等领域带来了革命性的变化。克里斯托弗 · 比克（Christopher Bishop）在机器学习领域有着卓越的贡献，包括对隐马尔可夫模型（HMM）等图形模型的研究。该模型在词性标注、语音识别等任务中得到了广泛应用。在计算机技术的快速发展下，基于统计的 NLP 取得了相当程度的成果，机器翻译领域由于引入众多语料库方法，取得了率先突破。1990 年第 13 届计算机语言学会的主题是“处理大规模真实文本的理论、方法与工具”，NLP 的研究重心开始转向大规模真实文本，传统的基于语言规则的 NLP 开始显得力不从心。这一时期，基于统计的方法在 NLP 领域取得了显著进展。隐马尔可夫模型、最大熵模型等被广泛应用于词性标注、命名实体识别等任务，大大提高了这些任务的准确率。此外，统计机器翻译方法也崭露头角，为后续的神经网络机器翻译奠定了基础。在 20 世纪 90 年代中期，两件事促进了 NLP 研究的发展：第一件事是计算机硬件技术的革新，运行速度和存储能力大幅提高，为 NLP 的发展改善了硬件基础，使得语音、语言处理的商品化开发成为可能；第二件事是 1994 年万维网协会成立，在互联网的冲击下，产生了很多原先没有的计算模型，大数据和各种统计模型应运而生。这个时期，在大数据和概率模型的影响下，NLP 得到了飞速的发展。

3. 深度学习时代的来临与飞速发展阶段（21 世纪初至今）

进入 21 世纪后，一大批互联网公司如雅虎、谷歌、百度等的发展，对 NLP 的发展起到了不同程度的推进作用。大量基于万维网的应用也在不同方面推动着 NLP 的进步，在这个过程中，各种数学算法和计算模型起到了决定性的作用。随着深度学习技术的兴起，NLP 领域迎来了飞速发展的新时代。约书亚·本吉奥（Yoshua Bengio）、伊恩·古德费洛（Yann LeCun）和杰夫·辛顿（Geoffrey Hinton）被誉为深度学习领域的“三巨头”，他们的研究为 NLP 领域的突破提供了强大的技术支持。此外，许多杰出的科学家和团队也为 NLP 的发展做出了重要贡献，如谷歌的深度学习团队在神经网络机器翻译方面取得了显著成果。深度学习技术的引入使得 NLP 领域取得了前所未有的突破。循环神经网络（RNN）、长短时记忆网络（LSTM）、Transformer 等模型在序列建模任务中取得了显著成果，大大提高了机器翻译、语音识别等任务的性能。此外，词嵌入技术如 Word2Vec、GloVe 等也为 NLP 任务提供了更好的特征表示。这些技术的突破使得 NLP 在智能客服、情感分析、信息抽取等领域得到了广泛应用。

德技并修

从早期探索到深度学习

自然语言处理（NLP）技术的发展历程是一部充满挑战与创新的史诗。早在 20 世纪 50 年代，NLP 的早期探索者便开始了对符号处理和生成语法的奠基性工作。他们面对的是当时计算资源有限、语言学理论尚未成熟的困境，但正是他们的不懈努力，为后来的 NLP 研究奠定了坚实的基础。

进入 21 世纪，随着计算机技术的飞速发展和大数据的广泛应用，NLP 迎来了深度学习时代。科研人员们利用循环神经网络（RNN）、长短时记忆网络（LSTM）和 Transformer 等先进模型，极大地提高了 NLP 任务的性能。这背后的每一次突破，都是科研人员无数次试验、优化和创新的结果。他们不仅攻克了一个又一个技术难题，还推动了 NLP 技术在各个领域的应用，为国家的科技进步和社会发展做出了重要贡献。

7.1.2　自然语言处理工具

自然语言处理不仅是一种新兴的商业技术，更是一种使用广泛的流行技术，几乎所有涉及自然语言处理的工具都包含自然语言处理算法。随着技术的快速发展，各种 NLP 工具层出不穷，为研究人员和开发者提供了极大的便利，NLP 常用的处理工具包括编程语言和在线工具。NLP 工具在文本分析、信息抽取、机器翻译、情感分析、智能问答等领域具有广泛应用。它们能够帮助用户快速处理大量文本数据，提取有用信息，提高工作效率。同时，NLP 工具还能够降低技术门槛，使更多非专业人士能够利用 NLP 技术进行文本处理和分析。

1.NLP 工具的分类

NLP 工具可以根据其功能和应用场景进行分类，常见的分类方式如表 7－1 所示。

表 7-1　NLP 工具的分类

工具	描述
基础工具	如分词工具、词性标注工具、命名实体识别工具等，用于对文本进行基础处理和分析
情感分析工具	用于分析文本中的情感倾向和情绪表达
信息抽取工具	用于从文本中抽取结构化信息，如实体关系、事件等
机器翻译工具	用于实现不同语言之间的自动翻译

2. 选择 NLP 工具时需要考虑的因素

选择 NLP 工具时需要考虑的因素如表 7-2 所示。

表 7-2　选择 NLP 工具时需要考虑的因素

因素	描述
工具的功能和性能	是否满足具体需求，处理速度和准确性如何
工具的易用性	操作界面是否友好，是否提供详细的文档和教程
工具的开放性	是否支持自定义模型和算法，是否提供 API 接口
工具的开放性	是否支持自定义模型和算法，是否提供 API 接口

3. 常用的自然语言处理工具——编程语言

编程语言是实现自然语言处理不可或缺的一部分，灵活使用编程语言可以快速完成数据处理工作。在实际工作应用中可以根据使用场景的不同选择合适的编程语言，常用的编程语言有 Python、Java、R 语言等。

（1）Python。

Python 作为一种解释型、面向对象、交互式的计算机程序设计语言，自其诞生以来，就因其语法清晰、简洁易读而备受欢迎。Python 的设计强调代码的可读性，允许开发者用少量代码表达想法，并支持多种编程范式，包括面向对象、命令式、函数式和过程式编程。Python 的广泛应用不局限于脚本编写，它还在数据分析、人工智能、Web 开发等多个领域展现出强大的能力。特别是近年来，随着大数据和人工智能技术的飞速发展，Python 在机器学习、深度学习等领域的应用愈加广泛。

自然语言处理作为人工智能的一个重要分支，主要研究能实现人与计算机之间用自然语言进行有效通信的各种理论和方法。在 NLP 领域，Python 凭借其强大的生态系统和丰富的库资源，成为研究者和开发者们的首选语言。Python 在 NLP 中的应用主要体现在以下几个方面：

1）文本处理。Python 提供了诸如 NLTK、spaCy 等强大的文本处理库，这些库可以帮助我们进行分词、词性标注、命名实体识别等基础文本处理工作。这些处理步骤是后续 NLP 任务的基础，如情感分析、文本分类等。

2）特征提取。在 NLP 任务中，特征提取是至关重要的一步。Python 的 scikit-learn 库提供了各种特征提取方法，如 TF-IDF、词袋模型等，帮助我们从文本数据中提取有用的信息。

3）模型训练与评估：Python 的机器学习库，如 scikit-learn、TensorFlow 和 PyTorch 等，为 NLP 任务提供了丰富的模型训练和评估工具。无论是传统的机器学习模型还是深度学习模型，Python 都能轻松应对。

4）情感分析与文本分类：Python 可以帮助我们快速实现情感分析和文本分类等任务。通过训练模型，我们可以对文本进行情感打分或分类，从而理解文本所表达的情感或主题。

5）机器翻译与聊天机器人：Python 的深度学习库使构建复杂的 NLP 系统如机器翻译和聊天机器人成为可能。这些系统能够理解和生成自然语言，为用户提供智能化的交互体验。

Python 因其简洁易读、功能强大、生态丰富等特点，在 NLP 领域具有广泛的应用。无论是学术研究还是商业应用，Python 都是实现 NLP 任务的重要工具之一。随着技术的不断进步，Python 在 NLP 领域的应用将会更加深入和广泛。

（2）Java。

Java 在当今互联网行业备受好评的一种编程语言，自诞生以来就以其面向对象、跨平台、安全稳定等特性赢得众多开发者的青睐。Java 语言不仅吸收了 C++ 语言的各种优点，还摒弃了 C++ 中难以理解的多继承、指针等概念，使得其既功能强大又简单易用。Java 的静态面向对象特性使得程序员能够以优雅的思维方式进行复杂的编程，而其平台独立与可移植性则使得 Java 程序能够在不同的操作系统上无缝运行。在 Java 的众多应用中，自然语言处理（NLP）是一个备受关注的领域。NLP 主要关注如何让计算机理解和处理人类语言，包括文本处理和语音处理两大方向。Java 作为一种功能强大的编程语言，在 NLP 领域具有广泛的应用。

首先，Java 提供了丰富的库和框架来支持 NLP 任务。例如，JAWS 是一个专门用于自然语言处理的 Java 包，它集成了词性标注、句子分割、情感分析、命名实体识别等多种 NLP 技术。此外，还有许多开源的 Java NLP 库，如 Apache OpenNLP 和 Stanford NLP，这些库提供了强大的工具集，使得开发者能够轻松地构建和部署 NLP 应用。其次，Java 在处理大规模文本数据时表现出极高的稳定性和效率。由于 Java 具有优秀的内存管理和垃圾回收机制，因此它能够高效地处理大量的文本数据，而不会出现内存泄漏或性能下降等问题。这使得 Java 成为处理大规模 NLP 任务的首选语言之一。

在 NLP 的具体应用中，Java 也展现出其强大的能力。例如，在情感分析中，Java 可以通过分析文本中的词汇、语法和语义信息来判断文本所表达的情感倾向；在命名实体识别中，Java 可以准确地识别出文本中的人名、地名、组织机构名等实体；在机器翻译中，Java 可以利用深度学习模型实现不同语言之间的自动翻译。此外，Java 还具有良好的扩展性和可维护性。通过封装和继承等面向对象特性，Java 能够方便地扩展和修改 NLP 系统，以适应不同的应用需求。同时，Java 的强类型机制和异常处理也保证了 NLP 系统的健壮性，使得系统能够稳定运行并处理各种异常情况。

（3）R 语言。

作为一种用于统计分析、绘图的语言和操作环境，自诞生以来就是广大统计分析师、数据科学家和科研工作者的最优选择。它属于 GNU 系统的一个自由、免费、源代码开放的软件，不仅包含丰富的统计分析函数，还提供强大的绘图功能，使得数据可视化变得简单而直观。R 语言最初是为了实现统计计算而设计的，但随着时间的推移，其功能得到了极大的扩展，不仅涵盖了线性回归、时间序列分析、统计推理等传统统计方法，还集成了许多机器学习算法，使得 R 语言在数据分析和挖掘领域具有广泛的应用。

随着近些年自然语言处理（NLP）技术的快速发展，R 语言也逐渐在 NLP 领域崭露头角。如何处理和分析人类语言，包括文本分类、情感分析、机器翻译等众多任务成为当今热点。R 语言凭借其强大的统计计算和数据处理能力，为 NLP 研究提供了有力的支持。在 NLP 中，R 语言的应用主要体现在文本处理、特征提取、模型训练和评估等方面。首先，R 语言提供了丰富的文本处理函数和库，如字符串操作、分词、词性标注等，使得文本数据的预处理变得简单而高效。其次，R 语言可以方便地进行特征提取和转换，将文本数据转化为适合机器学习模型处理的数值型特征。此外，R 语言还集成了许多流行的机器学习库，如 caret、e1071 等，使得模型的训练和评估变得简单而快速。

在 R 语言的 NLP 应用中，中文分词与标注是一项基础性工作。中文文本与英文等语言不同，词与词之间没有明显的分隔符，因此需要进行分词处理。R 语言中有一些专门用于中文分词的库，如 jiebaR 等，它们能够将连续的中文文本切分成一个个有意义的词语，并为每个词语标注其词性或其他语义信息，为后续的 NLP 任务提供基础数据。除了基础的文本处理和特征提取外，R 语言还广泛应用于情感分析、文本分类等高级 NLP 任务中。通过训练机器学习模型，R 语言可以实现对文本的情感倾向进行自动判断，或者将文本归类到预定义的类别中。

4. 常用的自然语言处理工具——在线工具

在处理大量纷繁复杂的商用数据时，家用计算机或一般的服务器很难满足程序的运行要求，而哈工大、腾讯、openAI 等提供的在线工具能够轻易地解决庞大数据量处理的问题，有效减少处理数据和训练模型的时间。

（1）哈工大语言技术平台。

语言技术平台（Language Technology Platform，LTP）（如图 7－2 所示）是哈工大社会计算与信息检索研究中心历时十余年开发的一套中文语言处理系统。LTP 制定了基于可扩展标记语言（eXtensible Markup Language，XML）的语言处理结果表示，并在此基础上提供一套自底向上丰富且高效的中文语言处理模块（包括分词、词性标注、实体识别、依存句法分析、语义角色标注、语义依存分析 6 项中文处理核心技术），以及基于动态链接库的 API、可视化工具、依存树库等语料资源，并且能够以网络服务的形式被使用。例如，在智能问答系统中，LTP 可以帮助系统准确理解用户的问题，通过语义分析和句法分析，提取关键信息，从而给出准确的答案。在机器翻译领域，LTP 的分词和词性标注功能能够提升翻译的质量，使翻译结果更加准确和自然。

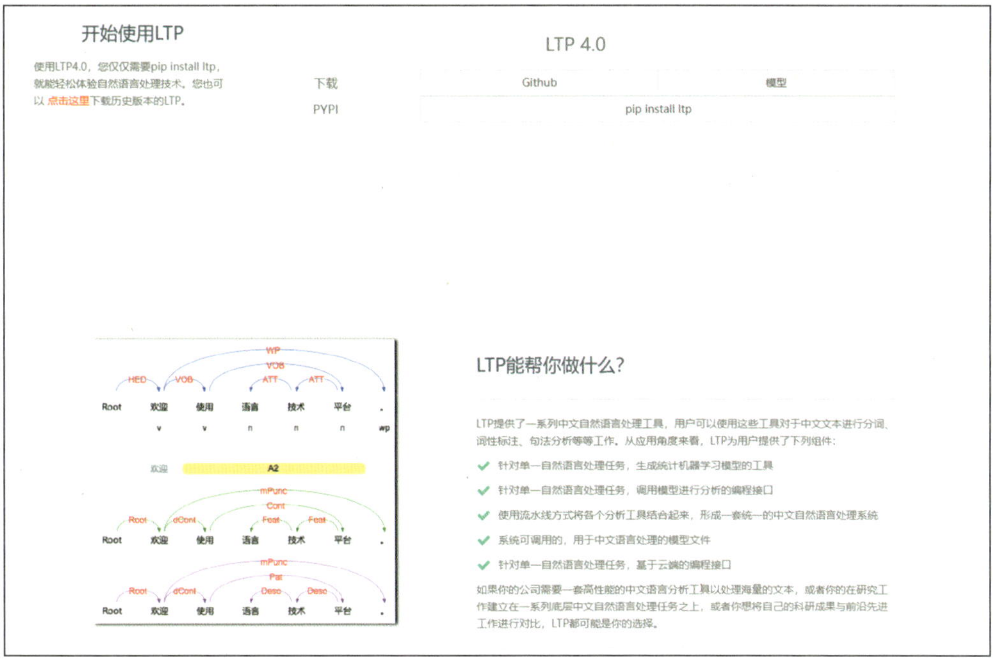

图 7－2　哈工大语言技术平台

（2）腾讯云 NLP。

腾讯云 NLP 是一项领先的人工智能技术，专注于实现高效、精准的人机语言交互，其特点在于能够深度理解和处理人类语言，涵盖文本分析、语义理解、生成等多个维度。腾讯云 NLP 凭借先进的技术和算法，具备高准确性、高效性、易集成等优势，广泛应用于智能客服、机器翻译、情感分析等领域。在人工智能领域，腾讯云 NLP 凭借其卓越的性能和广泛的应用场景，占据了重要的地位。腾讯云 NLP 的技术领先和创新性不仅推动了自然语言处理技术的发展，更为人工智能的广泛应用提供了有力支持。此外，腾讯云 NLP 还具备前瞻性的视野和布局，持续投入研发，探索自然语言处理的新技术和新应用，为未来的智能生活和工作提供无限可能。

（3）OpenAI 开发的 ChatGPT。

ChatGPT 的全称为 Chat Generative Pre-trained Transformer，是 OpenAI 研发的一款聊天机器人程序，于 2022 年 11 月 30 日正式发布。它是一款基于人工智能技术驱动的自然语言处理工具，通过预训练阶段所见的模式和统计规律，能够生成回答，并根据聊天的上下文进行互动，为用户带来如人类般的交流体验。ChatGPT 在 NLP 领域的应用广泛且深入。它拥有强大的对话功能，可以与用户进行自然语言交互，无论是回答用户的问题、提供建议还是解决问题，ChatGPT 都能展现出高度的智能和灵活性。这种对话功能使得 ChatGPT 能够作为高效的在线客服人员，为用户提供及时、满意的答疑解惑服务。ChatGPT 还能应用于智能客服领域，为用户提供全天候的在线咨询和服务。同时 ChatGPT 具备出色的语言生成功能。它不仅可以生成自然语言描述、文章、摘要、答案等文本内容，还可以根据用户的需求和场景，提供个性化的文本生成服务，如文章创作、作文辅助等。此外，ChatGPT 的文本分类功能也极为出色，它能够将文本归为不同的类别，如情感分类、主题分类等，为文本分析和处理提供强大的支持。ChatGPT 还在机器翻译领域展现出其独特的优势，无论是国际贸易、旅游还是其他领域，ChatGPT 的机器翻译功能都能为用户提供极大的便利。

除了上述应用外，ChatGPT 还在教育、医疗、娱乐等多个领域发挥着重要作用。在教育领域，它可以作为智能辅导系统，为学生提供个性化的学习建议和指导；在医疗领域，它可以帮助医生进行初步的病情诊断，提高医疗服务的效率和质量；在娱乐领域，它可以作为虚拟游戏助手，为用户提供游戏攻略和技巧。ChatGPT 在 NLP 中的应用不仅体现在具体的功能上，更在于其背后所依赖的先进技术和算法。ChatGPT 基于 Transformer 模型进行训练，这使得它能够在处理自然语言时具备更高的效率和准确性。同时，ChatGPT 还采用了多种技术来提升其性能，如知识蒸馏、模型压缩等，这些技术使得 ChatGPT 在保持高性能的同时，也具备了更好的可扩展性和可部署性。

不过，ChatGPT 也面临着一些挑战和限制，如数据隐私、信息安全等问题，需要在未来的发展中不断加以解决和完善。同时，随着自然语言处理技术的不断发展，ChatGPT 也需要不断更新和优化，以适应更加复杂和多样化的应用场景。

7.2 自然语言处理的基本技术

配套微课

想象一下，你正在使用智能语音助手查询明天的天气。你对着手机说：“明天天气怎么样？”语音助手能够准确地识别你的语音内容，理解你的问题，并快速给出明天的天气预报信息。又如，当你在网上阅读新闻时，搜索引擎能够根据你输入的关键词，准确地找到相关的新闻文章。这得益于自然语言处理技术对文本的分析和理解，这个看似简单的过程背后，涉及众多自然语言处理的基础技术。自然语言处理技术在语音助手中的应用示例如图 7－3 所示。

图 7－3　自然语言处理技术在语音助手中的应用示例

7.2.1 相关技术的概念和内容

1. 分词技术

分词技术是对自然语言文本进行分析，将其分割成一个个有意义的词汇单元，即词组。这个过程也包括对词汇的词性标注、命名实体识别等。

比如在语句“小明在公园里跑步”中，词法分析会将这句话分割成“小明”（名词）、“在”（介词）、“公园”（名词）、“里”（方位词）、“跑步”（动词）等词汇单元，同时忽略其中的标点符号并进行相应的词性标注。

2. 句法分析

句法分析是分析自然语言句子的结构，确定句子中各个词汇之间的语法关系。

比如语句“我喜欢吃苹果”，句法分析可以确定“我”是主语，“喜欢吃”是谓语，“苹果”是宾语。通过句法分析，可以更好地理解句子的含义。

3. 语义理解

语义理解旨在分析自然语言文本的意义。它不仅关注词汇的表面含义，还考虑词汇在特定语境下的实际意义，以及句子的整体语义。

比如“苹果”这个词在不同的语境下可能有不同的含义。在“我喜欢吃苹果”中，“苹果”指的是一种水果；而在“我有一个苹果手机”中，“苹果”则是指手机的品牌。语义分析需要根据上下文来确定“苹果”的具体含义。

4. 语用分析

语用分析考虑语言在实际使用中的情境和目的，以及说话者的意图等因素。

比如当有人说“今天天气真好！”这句话时，单纯从语义上看，是在描述天气情况。但从语用的角度分析，说话者可能是想引出一个关于户外活动的话题，或者只是表达一种愉悦的心情。

5. 机器学习在自然语言处理中的应用

机器学习算法被广泛应用于自然语言处理中，以自动学习语言的模式和规律。例如，可以使用监督学习算法训练分类器，对文本进行分类；或者使用无监督学习算法进行聚类分析、词向量表示学习等。

通过大量的文本数据，可以训练一个情感分析模型，用于判断一段文本是表达积极的情感还是消极的情感。例如，使用词向量表示学习算法，可以将每个词汇表示为一个低维的向量，从而可以计算词汇之间的语义相似度。

7.2.2 文本语料库

在大数据时代下，网络资讯的形式多种多样，人们获取新闻的途径也变得更加多元化，人们可以根据自身需求，个性化选择自己想要的内容。面对杂乱的网络信息，要在海量信息中挖掘到真实有用的信息，并对用户喜好进行收集分析，从而促进行业的不断发展。

Python 中常见的自然语言处理库见表 7-3。

表 7－3　Python 中常见的自然语言处理库

库名	说明
NLTK	NLTK 是一个用于构建处理自然语言数据的 Python 应用开源平台，也是基于 Python 实现的自然语言处理库
jieba	jieba 库可提供精确模式、全模式、搜索引擎模式 3 种分词模式
Sklearn-crfsuite	Sklearn-crfsuite 是基于 CRFsuite 库的一款轻量级条件随机场（Conditional Random Field，CRF）库。Sklearn-crfsuite 不仅提供 CRF 的训练和预测方法，还提供评测方法
Joblib	Joblib 是一组在 Python 中提供轻量级管道的工具。例如，可提供函数的透明磁盘缓存和延迟重新计算、简单并行计算
gensim	gensim 库是一个用于主题建模和文档相似度分析的 Python 库。gensim 支持多种主题建模算法，如潜在狄利克雷分配（Latent Dirichlet Allocation，LDA）和非负矩阵分解（Non-negative Matrix Factorization，NMF）；提供文档相似度计算的函数、Word2Vec 和 Doc2Vec 等词向量表示模型；gensim 库支持模型的持久化保存和加载
imageio	imageio 可提供一个简单的接口来读取和写入大量的图像数据，包括动画图像、体积数据和科学格式数据

语料库的实质是经过科学取样和加工的大规模电子文本库。语料库具备以下 3 个显著特征：

（1）语料库中存放的是真实出现过的语言材料。

（2）语料库是以计算机为载体、承载语言知识的基础资源。

（3）语料库是对真实语料进行加工、分析和处理的资源。

语料库不仅是原始语料的集合，还是有结构并且标注了语法、语义、语音、语用等语言信息的语料集合。

任何一个信息处理系统都离不开数据和知识库的支持，使用 NLP 技术的系统也不例外。在 NLP 的实际项目中，通常要使用大量的语言数据或者语料。语料作为最基本的资源，尽管在不同的 NLP 系统中起到的作用不同，但是在不同层面上共同构成了各种 NLP 方法依赖以实现的基础。

7.2.3　文本预处理

在自然语言处理中，文本预处理是所有任务的首要步骤。它涉及一系列操作，旨在将原始文本转换为计算机可以理解和处理的格式。预处理的质量直接影响后续 NLP 任务的效果。以下为文本预处理的核心内容、文本分词的方法和算法代码，以及 jieba 分词包的使用。

1. 数据收集与加载

文本预处理的第一步是收集并加载需要处理的文本数据。这些数据可能来自各种来源，如网页、社交媒体、电子邮件等。加载数据后，通常需要将其转换为计算机可以处理的格式，如字符串或文本文件。

2. 文本清洗

文本清洗是预处理过程中的关键步骤。这一步主要是去除文本中的噪声和不相关信息，包括 HTML 标签、特殊字符、数字、空格、换行符等。此外，还需要处理重复、无意义或与主题无关的词汇和句子，以提升数据的质量。

3. 文本标准化

标准化是文本预处理中的另一个重要步骤。它涉及将文本转换为统一的格式，以便后续处理，包括统一大小写转换（将文本转化为小写）、去除标点符号、进行词干提取或词形还原以归一化词汇形态等。这些操作有助于消除词汇的表面差异，关注其语义内容。

4. 分词 /Tokenization

分词是将连续的文本分割成词语或子词单位的过程。对于英文等使用空格作为词边界的语言，分词相对简单。但对于中文等不使用明显词边界的语言，分词则是一个复杂且关键的任务。分词的质量直接影响后续的词性标注、句法分析等任务的效果。

5. 停用词移除

停用词是指那些频繁出现但不携带语义信息的词汇，如“的”“和”等。移除这些停用词可以减少数据的冗余性，提高后续处理的效率。然而，需要注意的是，某些停用词在特定上下文中可能具有重要意义，因此在实际应用中需要谨慎处理。

6. 词干提取 / 词形还原

词干提取和词形还原是文本预处理中的两个相关步骤。词干提取是将词的不同形式归结到其基本形式的过程，如将“walking”“walks”“walk”都归结为“walk”。词形还原则是将词汇还原到其基本形式或原形，这通常涉及更复杂的语言规则。这两个步骤有助于减少词汇形式变化的影响，提高后续处理的准确性。

7. 词向量化

词向量化是将文本表示为数值型数据的过程。这通常通过词袋模型、TF-IDF 或词嵌入等方法实现。词袋模型将文本表示为一组无序的词汇集合，每个词汇的出现次数作为该词汇的权重。TF-IDF 则考虑了词汇在文档中的词频以及在整个语料库中的逆文档频率。词嵌入方法则将词汇映射到连续的向量空间中，以便捕捉词汇之间的语义关系。通过词向量化，我们可以将文本数据转换为机器学习算法可以处理的数值型数据。

在实际应用中，我们通常会利用一些现成的工具和库来简化文本预处理的流程。例如，Python 中的 NLTK、spaCy 和 jieba 等库提供了丰富的文本预处理功能，包括分词、词性标注、停用词移除、词干提取 / 词形还原等。这些工具可以帮助我们更高效地完成文本预处理任务。

7.3 文本情感分析

配套微课

7.3.1 文本情感分析概述

文本情感分析，也称为情感计算或情感挖掘，是自然语言处理（NLP）领域的一个重要分支。它主要关注于识别、分析和理解文本中所蕴含的情感倾向或情感状态。这种情感可以是积极的、消极的，或者中性的，而且可能涉及对特定主题、事件、人物或产品的情感态度。同时该技术应用场景非常广泛，包括但不限于产品评论分析、社交媒体监控、新闻舆情分析、电影评论分类、客户服务自动化等。通过对大量文本数据的情感分析，企业可以了解消费者对其产品或服务的看法，政府可以了解公众对某一政策的反应，而研究者则可以洞察社会情绪的变化趋势。

文本情感分析的方法大致可以分为两类：基于规则的方法和基于机器学习的方法。基于规则的方法通常依赖于预定义的情感词典和规则集，通过匹配词典中的词汇和规则来判断文本的情感倾向。而基于机器学习的方法则依赖于大量的标注数据来训练模型，使模型能够自动学习和识别文本中的情感特征。

近年来，深度学习技术的快速发展为文本情感分析提供了新的可能。深度学习模型，如卷积神经网络（CNN）、循环神经网络（RNN）和 Transformer 等，在处理复杂的文本数据时表现出了强大的能力。通过构建深层的神经网络结构，这些模型可以自动提取文本中的深层次特征，从而更准确地判断文本的情感倾向。

7.3.2 技术与方法

1. 基于词典的情感分析

基于词典的方法是文本情感分析中最直观且基础的方法之一。它主要依赖于预先构建的情感词典，通过计算文本中情感词汇的出现频率或权重来判断文本的情感倾向。情感词典作为该方法的核心，包含了大量的情感词汇，每个词汇都标注了相应的情感倾向（积极或消极）和强度。当需要对一段文本进行情感分析时，首先需要将文本分词，并与情感词典进行匹配。通过统计文本中积极词汇和消极词汇的数量或权重，可以得出文本的整体情感倾向。

该方法具有简单、直观的优点，但其缺点也很明显。首先，情感词典的完备性和准确性直接影响分析结果的质量。由于语言的复杂性和多样性，因而构建一个全面、准确的情感词典是一项极具挑战性的任务。其次，基于词典的方法通常只考虑了词汇层面的信息，而忽略了文本中的语法结构、上下文关系等更深层次的信息，因此其分析结果可能不够准确。

2. 基于规则的情感分析

基于规则的情感分析方法通过制定一系列规则来识别文本中的情感表达。这些规则可以基于语法结构、词汇关系或特定模式来构建。例如，通过识别文本中的否定词、程度副词或情感修饰词等，来调整或反转词汇的基本情感倾向。这种方法相对于基于词典的方法更为灵活，但规则的制定需要大量的专业知识和经验。

3. 基于机器学习的情感分析

基于机器学习的方法是文本情感分析中最常用且有效的方法之一。它利用标注好的情感数据集来训练模型，使模型能够自动学习和识别文本中的情感特征。在基于机器学习的方法中，常用的特征提取方法包括词袋模型、TF-IDF、n-gram 等。这些方法可以从文本中提取出有用的特征，如词汇的频率、词汇之间的共现关系等。然后，利用这些特征训练分类器（如支持向量机、朴素贝叶斯、决策树等）来进行情感分类。该方法相对于基于词典的方法具有更高的准确性和灵活性。它可以通过学习大量的数据来自动提取文本中的情感特征，并适应不同领域和场景的情感分析需求。然而，基于机器学习的方法也需要大量的标注数据和计算资源，这通常需要一个标注好的情感数据集，其中每个文本样本都被赋予了相应的情感标签（如积极、消极或中性）。然后，利用这些标注数据来训练分类器，使其能够学习到从文本到情感标签的映射关系。因此其性能受到特征提取方法和分类器选择的影响。

4. 基于深度学习的情感分析

近年来，深度学习技术在文本情感分析领域取得了显著的进展。深度学习模型通过构建深层的神经网络结构，可以自动学习文本中的深层次特征，并捕捉文本中的复杂情感信息。在文本情感分析中，常用的深度学习模型包括卷积神经网络（CNN）、循环神经网络（RNN）和 Transformer 等。这些模型可以从原始文本数据中自动提取出有用的特征表示，并通过多层网络的传递和变换来捕捉文本中的情感信息。例如，CNN 可以通过卷积操作提取文本中的局部特征；RNN 可以捕捉文本中的时序依赖关系；Transformer 则通过自注意力机制建模文本中的全局依赖关系。

基于深度学习的方法在文本情感分析中表现出强大的性能。它不仅可以处理复杂的情感表达，还可以适应不同领域和语言的情感分析需求。然而，深度学习模型通常需要大量的数据和计算资源来进行训练，并且其可解释性相对较差。因此，在实际应用中需要权衡模型的复杂性和性能之间的关系。

7.3.3 文本情感分析案例

从业界应用来看，NLP 情感分析在客户评价及网络舆情分析等方面表现出良好的应用效果。以下聚焦于运用 NLP 情感分析技术对商业银行网络金融业务中的客户评价及网络舆情进行监测分析。情绪分类的对象是一段语料中所蕴含的主体情绪，是对蕴含主观情感色彩的文本进行分析、处理、归纳及推理的过程。商业银行日常经营活动中产生了大量的、对于银行服务和产品有价值的评论信息。例如，工单数据中不仅包括具体问题，还包括处理方法、过程、结果及客户反馈，是较好的文本数据。该类评论信息中往往可以体现出客户的批评、赞扬等多种主观情感表现。采用 NLP 技术将客户评论中包含的情感进行量化分析，有利于银行客观评价服务质量并进行后续的改进和提升。以某银行为例，NLP 情感分析可以根据手机银行客户点评的内容分析出客户的情绪是正面、中性还是负面（见表 7-4）。

表 7-4 某银行手机银行客户点评情绪案例

内容	情绪
用了这么多手机银行 App，某银行的 5.0 版本算是最用心的，拥有指纹登录、卡信息分享、手机号支付等功能，超乎想象的贴心设计，为你们点赞！	正面
更新以后好用多了，感觉和某行的有一拼了。	正面
很方便，什么业务都能在手机上操作。	正面
金融服务向来难做，太便捷了就照顾不到安全性，太烦琐了用户体验又不行，期待出现新技术，可以在使用便捷的同时保证安全性。	中性
奉劝各位开发者不要弄那么多广告，高效快捷地让人完成要做的事情才能留住用户，体验很重要。	中性
使用起来都是中规中矩的，使用个人账户怎么也少不了。	中性
进入后总是显示需要重新输入密码才能再进去。	负面

1. 数据收集和预处理

对于银行而言，其非结构化数据来源包括网上银行及手机银行中的客户点评、客户咨询、网络舆情等。在收集行内外相关数据后，NLP 情感分析技术将对文本进行预处理，一般包括文本清洗、去停用词及符号等。

如果对数据分类采用的是有监督学习（从标签化训练数据集中推断出函数的机器学习任务）这一方式，需要对数据进行前期的人工标注工作，采用交叉验证、算法模型结合反馈的方式可以保证数据标注的准确性。标注数据一般分为以下四个部分：一是标注训练数据。用于模型初步训练，包括文本内容和图片内容两部分。二是训练测试数据。每次训练过程中，需要简单验证模型的各个指标，包括但不限于准确率、召回率和 F1 等指标。三是扩充标注数据。主要针对前期标注过程中的分布相关问题，对数据分布不均衡问题进行调整，这也是对模型泛化能力的一个优化手段。四是标注测试数据。这是为最终确定验收、测算指标而选取的测试数据，也可以作为后期优化迭代的测试数据集。

2. 特征提取

通过对特征提取进行深入研究，可以很好地提取出海量数据中蕴含的文本信息和图像信息的重要特征。一般而言，文本的特征提取可以通过 word2vec、glove、Elmo、BERT 等预训练方式，将文本信息有效地转化为计算机可以识别的向量信息。需要注意的是，word2vec、glove 等方法难以解决中文中一词多义的问题，如“苹果”一词在不同语境下可能代表手机品牌或水果，这是由于 word2vec 和 glove 训练出来的词向量只能反映出一个固定的语义。但是，Elmo 和 BERT 等预训练模型可以通过保存上下文语义的方式很好地解决一词多义的问题。

3. 数据分类

当前主流的数据分类研究方向包括单模态和多模态两种，内容涵盖敏感图片识别、敏感文本信息识别和图像、文本融合的多模态敏感数据识别等。对于单模态文本信息识别，可以通过包括 LSTM、BERT、Xlnet 等深度学习及预训练模型相结合的有监督学习方式实现 95% 以上敏感信息的分类提取。在多模态领域，可以采用对文本信息和图像信息特征提取相结合的方式实现数据敏感信息的分类提取。特征提取一般可以得到普通特征和聚合特征。通常而言，普通特征主要为页面、文本、图像和标题等单纯特征；聚合特征则将各个普通特征进行组合和有监督训练，转换为多个子模型，然后将这些子模型的输出作为聚合特征，将这些聚合特征分类可以实现 90% 以上的敏感分类识别。

4. 模型训练或模型预训练

深度学习常见的模型结构包括循环神经网络（RNN）、卷积神经网络（CNN）、谷歌提出的 Transformer 结构和很多基于它们实现的变形结构。不同的学习模型各有利弊，RNN、CNN、LSTM 等模型的特点在于其具备强大的序列建模能力。

模型预训练阶段采用 BERT 模型。谷歌于 2018 年推出 BERT 模型，该模型是基于大规模语料的 LM 预训练模型，BERT 预训练模型具有强大的特征提取能力，可以很好地解决不同语境下的一词多义问题，具有很强的鲁棒性（控制系统在一定的参数摄动下，维持其他某些性能的特性）和泛化能力（机器学习算法对新鲜样本的适应能力）。在模型训练之前需要有针对性地使用具体应用场景下银行的自有数据，从相关数据库中采集一批数据进行深入的预训练，使得所构建的模型在项目场景下具备很强的鲁棒性，然后在人工标注的训练集上进行模型训练。通过不断迭代优化参数的方式得到最佳模型，以达到 90% 以上的准确率。

5. 优化调整

NLP 情感分析会根据不同的指标对模型进行评估，模型的评价指标主要有准确率、错误率、召回率、精准度、F1 值、ROC 和 AUC 曲线等，根据评估的结果对模型进行优化调整。在机器学习过程中，主要应用于梯度下降（迭代法的一种，可以用于求解最小二乘问题），如传统的优化器主要结合数据集，通过变化单次循环所采用的数据量的大小对梯度下降进行控制；非传统的调优则综合考量数据集特点与模型训练时间，通过多种方式实现梯度下降的学习率。常见的优化器有 SGD、BGD、MBGD、Momentum、Adagrad、RMSprop、Adam 等。

6. 实证结果

基于上述实证研究，我们对目标银行 2020 年 6 月至 2020 年 8 月千余条客户点评的文本数据进行分析，对每条点评生成的情感分析结果进行判断。从模型效果指标来看，长文本和短文本测试结果的准确率如表 7 - 5 和表 7 - 6 所示，效果显著。

表 7-5　长文本情感模型测试效果

	Precision	Recall	F1-score	Support
Macro Avg	0.88	0.87	0.88	3 500
Weighted Avg	0.88	0.88	0.88	3 500

表 7-6　短文本情感模型测试集效果

	Precision	Recall	F1-score	Support
Macro Avg	0.87	0.88	0.88	3 000
Weighted Avg	0.89	0.89	0.89	3 000

从业务方面看，以某商业银行正面情绪的语料分析为例，通过 NLP 分析技术可生成词云，进行可视化展现，一方面可供业务管理部门第一时间掌握用户反馈信息，把握舆情动态；另一方面可根据客户反馈的意见，及时对业务进行优化，并有针对性地与客户进行沟通，把握先手棋，提升客户体验。具体来看，在交互方式方面，客户高度关注手机银行的便捷性和易用性，以指纹识别、人脸识别等为代表的生物识别方式对提升用户体验具有较为显著的作用。针对不同的客户反馈，后续手机银行登录界面将推送个性化的登录方式选项，并在登录首页进行差异化的功能设定，以提升手机银行的便捷性。在客户感受方面，客户对手机银行的版本迭代有较高的期待，页面版本优化所带来的功能提升和视觉更新往往更容易得到用户的认可。普遍来看，清新简洁的风格在用户中受欢迎程度较高，为后续手机银行的视觉设计风格提供了重要的参考依据。在获客引流方面，信用卡、日常转账和存款是手机银行用户激活的主要业务，后续获客过程中持续优化信用卡的便捷性、拓展日常支付场景有望成为客群增长的重要路径。

德技并修

NLP 技术在社会舆情监控中的应用

随着社交媒体的普及，公众意见的表达和传播变得更加便捷和迅速。为了及时了解社会动态和公众情绪变化，政府和企业开始运用 NLP 技术进行舆情监控。通过对社交媒体上的海量文本的情感分析、主题识别等处理，相关部门能够快速掌握公众关注的焦点和情绪倾向，为政策制定和危机应对提供有力支持。然而，舆情监控也伴随着一系列挑战和责任。如何确保监控过程合法合规、如何保护个人隐私和数据安全、如何避免技术滥用等问题亟待解决。在这个过程中，科研人员和企业需要承担相应的社会责任和人文关怀，确保舆情监控技术的健康有序发展。

7.4　知识图谱及其应用

配套微课

在人工智能和自然语言处理领域，知识图谱作为一种结构化的知识表示方法，正逐步成为提升计算机理解和推理能力的重要工具。下面详细探讨知识图谱的概念、构建过程及其应用领域。

7.4.1　知识图谱的概念

1. 什么是知识图谱

知识图谱（Knowledge Graph，KG）是一种将海量知识及其相互联系组织在一张大图中，用于知识的管理、搜索和服务的技术手段。本质上，知识图谱的主要目标是用来描述真实世界中存在的各种实体和概念，以及它们之间的关系，因此可以认为是一种语义网络。从发展的过程来看，知识图谱是在 NLP 的基础上发展而来的。知识图谱和自然语言处理有着紧密的联系，都属于比较顶级的 AI 技术。知识图谱可以用来查询复杂的关联信息，从语义层面理解用户意图，改进搜索质量。

2. 知识图谱的通用表示方式

知识谱图的表示方法主要基于“实体—关系—实体”三元组及实体与其相关属性 - 值对的组合。在这种表示方法中，实体是基本单位，它们通过定义好的关系相互连接，形成一个复杂的网状知识结构。

同时每个节点代表的实体还存在着一些属性，比如“《觉醒年代》”这个节点，我们可以把一些基本信息作为属性，比如影片名称、发行时间、影片类型、集数等。如图 7 - 4 所示。

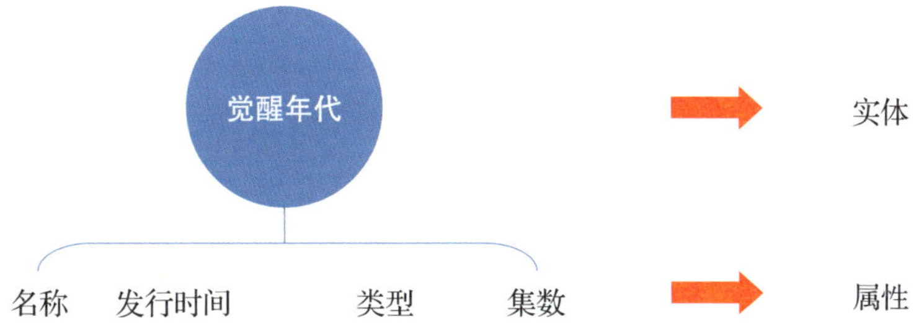

图 7 - 4　节点属性

7.4.2　知识图谱的构建

知识图谱的构建是一个复杂而系统的工程，涉及定义业务、数据收集、预处理、知识抽取、知识表示、知识融合等多个环节。

1. 定义业务

知识图谱的构建首先需要明确业务需求和目标。不同的应用场景对数据的需求和侧重点不同，因此在构建知识图谱之前，必须清晰定义业务问题，明确需要抽取哪些实体、关系和属性。例如，在电商领域，可能需要构建商品、用户、订单等实体及他们之间的购买、浏览等关系；在金融领域，则可能需要构建企业、个人、交易等实体及他们之间的投资、借贷等关系。

2. 数据收集与预处理

数据是构建知识图谱的基石。数据收集阶段需要从各种数据源中获取与业务相关的数据，包括结构化数据（如数据库、表格等）、半结构化数据（如 HTML、XML 等）和非结构化数据（如文本、图像等）。在收集到数据后，需要进行数据预处理，包括数据清洗、去重、格式化等操作，以保证数据的质量和一致性。

3. 知识抽取

知识抽取是知识图谱构建的核心环节，包括实体识别、关系提取和属性抽取等任务。实体识别是指从文本中识别出具有特定意义的实体，如人名、地名、机构名等；关系提取是指识别出实体之间存在的语义关系，如“苹果公司 - 创始人 - 史蒂夫・乔布斯”；属性抽取则是从文本中提取出实体的具体属性值，如“苹果公司 - 成立时间 - 1976 年”。

知识抽取的方法多种多样，包括基于规则的方法、基于统计机器学习的方法和基于深度学习的方法等。其中，基于深度学习的方法（如预训练语言模型）近年来取得了显著进展，能够自动从大规模文本数据中学习实体和关系的表示，大大提高了知识抽取的准确性和效率。

4. 知识表示

知识表示是将抽取出的知识以结构化的形式存储起来的过程。知识图谱通常采用图数据结构来表示知识，其中节点表示实体或概念，边表示实体之间的关系或属性。此外，还可以采用向量空间模型、张量模型等数学方法来表示知识的语义信息，以便进行更复杂的推理和查询。

5. 知识融合

知识融合是指将不同来源的知识进行合并和整合的过程。由于不同数据源之间可能存在冗余、冲突或不一致等问题，因此需要采用一定的策略和方法来解决这些问题。知识融合的方法包括实体对齐、关系融合、属性融合等，旨在消除冗余和冲突信息，提高知识图谱的准确性和完整性。

7.4.3 知识图谱的应用

知识图谱是一种强大的技术，这种技术在多个领域有着广泛的应用，知识图谱的主要应用场景见表 7 - 7。

表7-7 知识图谱的主要应用场景

场景	描述
语义搜索	知识图谱可以帮助搜索引擎更准确地理解用户的搜索意图，提供更加精准的搜索结果。通过构建知识图谱，搜索引擎可以识别出用户查询中的实体和关系，并在知识图谱中查找相关的信息和答案。这种基于知识图谱的语义搜索方式能够显著提高搜索结果的准确性和相关性。
智能问答	知识图谱可以作为问答系统的知识库，帮助系统更好地理解用户的问题和上下文信息，提供更加准确的答案。在问答系统中，系统可以通过分析用户的问题，在知识图谱中查找相关的实体和关系，并通过逻辑推理得出答案。这种基于知识图谱的问答方式能够显著提高问答系统的智能化水平和用户体验。
个性化推荐	知识图谱可以帮助推荐系统更好地理解用户的兴趣和行为，提供更加个性化和精准的推荐结果。通过构建用户行为知识图谱和商品知识图谱，推荐系统可以分析用户的历史行为数据和商品信息，挖掘出用户潜在的兴趣点和需求点，并为用户推荐符合其个性化需求的商品或服务。
金融风控	在金融领域，知识图谱可以应用于风控系统的构建和优化。通过构建涵盖金融实体（如债务人、投资、资产类别等）及其关系的知识图谱，金融机构可以实时监控和预警潜在的欺诈风险。例如，通过整合企业工商信息、新闻动态、股东关系、股权变更、司法诉讼等数据，金融机构可以挖掘和识别潜在的欺诈案件，并采取相应的措施进行防范和应对。
辅助判案	在法律领域，知识图谱可以应用于辅助判案、法律推理和司法决策等方面。通过构建涵盖法律法规、判例、司法解释、法律概念等的知识图谱，法律从业者可以更加高效地检索和引用相关法律条文，提高办案效率。同时，知识图谱还能帮助法官和律师在复杂案件中梳理案情、分析证据、识别法律关系和推理法律后果，为司法决策提供有力的支持。
医疗健康	在医疗健康领域，知识图谱同样具有广泛的应用前景。通过构建涵盖疾病、药物、治疗方法、医学文献等的知识图谱，医疗机构和科研人员可以更加便捷地获取和整合医疗信息，提升诊疗水平和研究效率。例如，医生可以利用知识图谱快速了解患者的病史、药物过敏史等信息，制定个性化的治疗方案；科研人员可以利用知识图谱挖掘药物与疾病之间的关联，发现新的治疗靶点。
智能客服	在客户服务领域，知识图谱可以帮助企业构建智能客服系统，提升客户服务的质量和效率。通过构建涵盖产品知识、服务流程、常见问题等的知识图谱，智能客服系统可以准确理解客户的问题和需求，并自动提供相应的解决方案或建议。这不仅可以减轻人工客服的工作压力，还能提高客户满意度和忠诚度。

知识图谱作为一种新型的知识表示和组织方式，具有广泛的应用前景和重要的价值。随着人工智能技术的不断发展和普及，知识图谱将在更多领域得到应用和推广，为人类社会的发展和进步贡献更大的力量。

德技并修

构建知识图谱的实践

知识图谱是NLP领域的重要应用之一，其构建过程涉及多个学科的知识和技能，包括数据收集、预处理、知识抽取、知识表示等多个环节。在这个过程中需要团队成员之间的紧密合作及跨学科知识的融合。只有不同领域的专家共同协作将自然语言处理技术、数据科学、人工智能等多个领域的知识与技能相结合才能完成知识图谱的构建工作。在团队合作中，每个成员都发挥着不可或缺的作用。语言学家负责文本分析和知识抽取，数据科学家负责数据清洗和预处理，人工智能工程师负责模型构建和算法优化。他们各司其职，相互协作，共同推动着项目的顺利进行。

AI 应用

美团大脑

下面给大家简单介绍一下美团大脑，如图7－5所示。

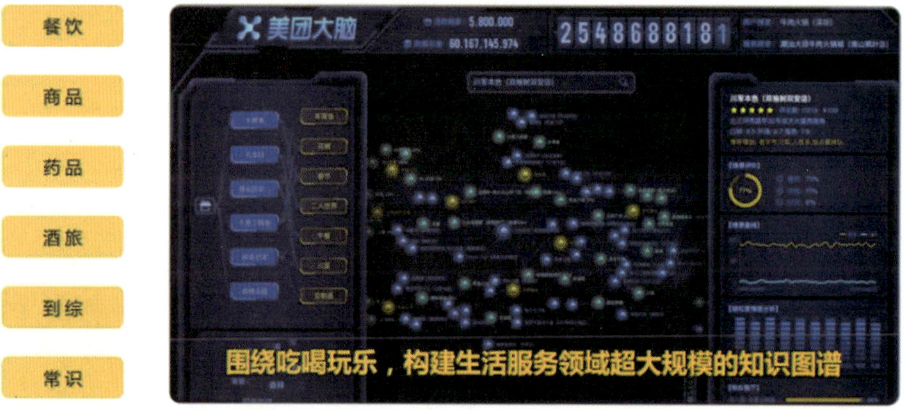

图7－5　美团大脑

美团大脑是正在构建中的全球最大的生活服务领域知识图谱之一，用人工智能技术赋能业务，改进用户体验。借助该系统可帮助用户吃得更好，生活得更好。美团新零售场景如图7－6所示。

美团大脑包含餐饮、商品、药品、酒旅、常识等各领域的图谱。下面主要介绍美团在新零售场景下利用知识图谱进行商品理解，如图7－7所示。

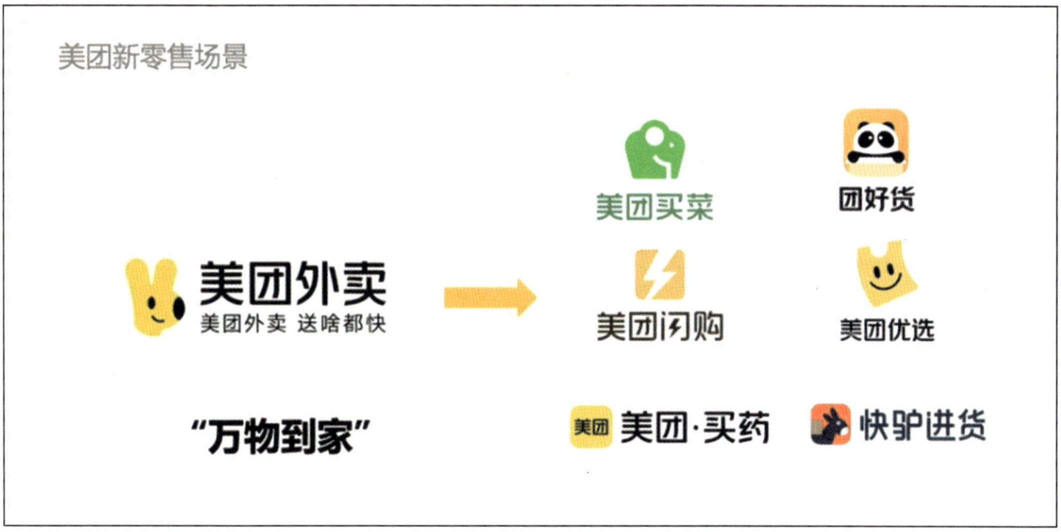

图 7－6　美团新零售场景

图 7－7　美团新零售知识图谱理解

美团的新零售场景包含：美团外卖、闪购、买菜、优选、团好货、快驴、买药，逐步实现"万物到家"的愿景。在此场景下，商品数量更多、覆盖领域更宽，如生鲜 / 果蔬、鲜花 / 绿植、酒水 / 冲调等，但是我们可以显性利用的信息很少（标题、图片）。我们只有从这些信息中抽取出结构化数据（如品牌、口味、产地等）和商品之间的上下位信息，才能将它们更好地赋能于下游应用，包括搜索中的精确筛选及无结果的召回。总而言之，美团的新零售场景更加依赖知识图谱，所以商品知识图谱在新零售领域发展之初就着手构架。美团商品图谱体系如图 7－8 所示。

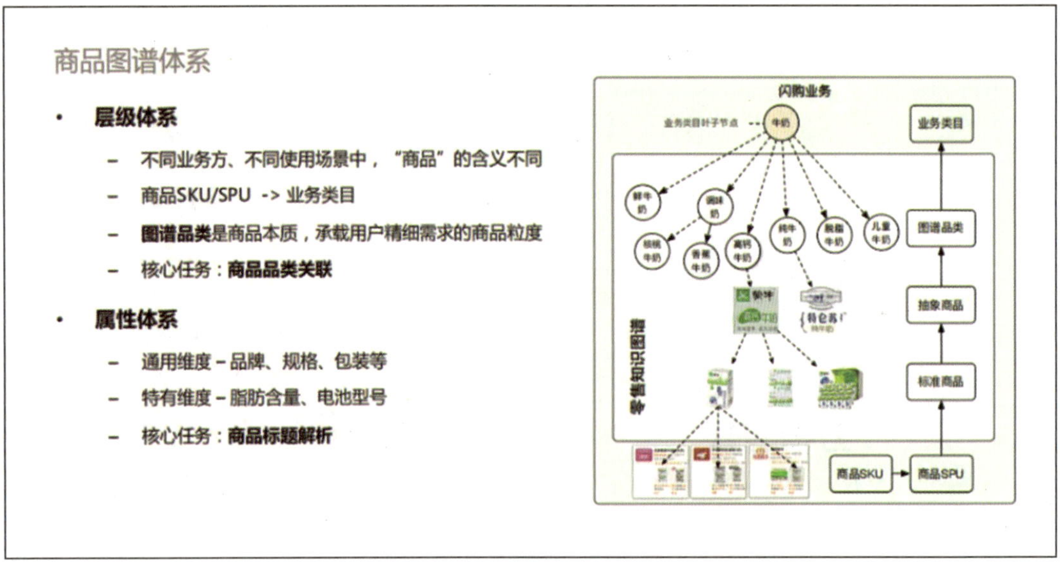

图 7－8　美团商品图谱体系

商品知识图谱分为层级体系和属性体系。层级体系用于解决不同业务方、不同使用场景中，“商品”的含义不同的问题。最细粒度的层级是商品的 SKU/SPU，如“蒙牛高钙牛奶 500ml”；最粗粒度的层级为业务类目，例如“牛奶”“饮品”“乳品”。其中，图谱品类是非常重要的层级，它是商品的本质，是承载了用户精细需求的商品粒度，例如“高钙牛奶”“纯牛奶”等。构建图谱品类的核心任务是做商品的品类关联。属性体系包含如品牌、规格、包装等通用维度属性，以及如脂肪含量、电池型号等特有维度的属性。它的核心任务是做商品标题解析，因为大部分商品标题都包含了丰富的属性信息。

商品知识图谱的构建流程如图 7－9 所示。大致的流程为：构建语料库→样本收集→模型训练→预测产出→生成知识图谱。在构建出知识图谱之后，我们还可以使用沉淀出的知识来进一步增强模型，使得模型能够构建出更好的知识图谱。整个流程中最核心的两个模块是样本收集和模型训练。

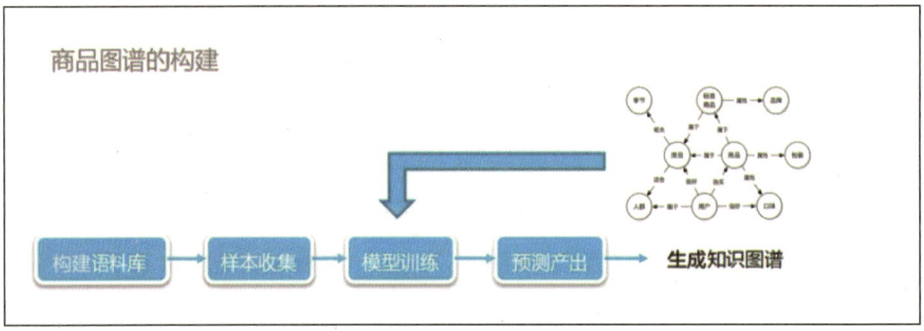

图 7－9　商品知识图谱的构建流程

本章小结

本章先全面概述了自然语言处理（NLP）的基本概念、发展历程、关键技术、常用工具及知识图谱的应用。NLP 作为人工智能的重要领域，经历了从基于规则和统计方法到深度学习技术的转变，展现了强大的语言处理能力。本章接着详细介绍了 NLP 的基本技术，如文本预处理、情感分析等，并探讨了 Python、Java 等编程语言及哈工大语言技术平台、腾讯云 NLP 等在线工具在 NLP 任务中的应用。此外，本章还深入阐述了知识图谱的概念、构建步骤，以及知识图谱在语义搜索、智能问答、金融风控等领域的广泛应用，通过美团大脑商品知识图谱的案例，展示了知识图谱的实际价值。

在线测试

第 8 章 智能机器人

教学目标

- 知识目标：了解机器人的概念及发展历程，熟悉机器人三大定律及零定律，掌握智能机器人的关键技术与应用。
- 技能目标：掌握机器人的结构与分类，理解智能机器人的工作原理。
- 素养目标：培养科学伦理与道德素养，树立正确的世界观、人生观和价值观。

知识导图

- 智能机器人
  - 机器人简介
    - 机器人的概念
      - 机器人的起源与发展
      - 机器人的定义与特征
    - 机器人的三大定律
      - 三大定律法则的提出
      - 三大定律法则内容
    - 零定律法则
    - 机器人的分类
      - 应用领域分类
      - 运动方式分类
      - 使用空间分类
      - 机械结构分类
  - 智能机器人简介
    - 智能机器人的概念
      - 定义与特点
    - 智能机器人的组成
      - 机械系统
      - 驱动系统
      - 控制系统
      - 感知系统
    - 智能机器人的关键技术
      - 智能感知技术
      - 智能导航与规划技术
      - 智能控制与操作技术
      - 智能交互技术
  - 智能驾驶
    - 智能驾驶的概念
      - 定义与核心环节
    - 智能驾驶的发展阶段
      - L0至L4阶段划分
      - 各阶段功能与特点
    - 智能驾驶的应用
      - 百度Apollo自动驾驶系统
      - Apollo的历代车型介绍
  - 无人机
    - 无人机的概念
      - 定义与特点
      - 智能飞行器与无人机的关系
    - 无人机的关键技术
      - 多智能体和智能蜂群技术
      - 神经形态AI技术
      - 图像分类算法
      - 目标检测算法
      - 语义分割算法
    - 无人机的应用
      - 民用无人机应用
      - 军用无人机应用

引导案例

萝卜快跑：以自动驾驶科技，敬老出行，引领未来

2024 年 6 月 7 日至 6 月 11 日，百度萝卜快跑推出“敬老周”特别服务，60 岁以上的老年人可免费乘坐萝卜快跑。活动期间，萝卜快跑还携手武汉市洪山区社会福利院设立“公益爱心接驳站”，为院内老人及其亲属探访提供便捷的自动驾驶出行服务。

洪山区社会福利院负责人对萝卜快跑的服务表示了高度认可。他认为，科技的进步不仅改变了人们的出行方式，更增强了人与人之间的联系。萝卜快跑用实际行动为老年人带来更好的生活体验。

对于洪山区社会福利院的老年人而言，萝卜快跑无人车作为一种“新兴的”交通工具，是他们与家人连接的桥梁，也是他们紧跟科技发展的全新尝试。

一位年近 70 岁的老人在接受采访时表示：“这种新型的、先进的、高科技的汽车能够实际地服务于广大人民，让人民尤其是我这样的老年人享受到高科技带来的幸福、便利，不仅是技术的革新，更是社会进步的体现。”

萝卜快跑相关负责人表示，萝卜快跑致力于为用户提供更美好的出行服务，此次“敬老周”活动是萝卜快跑回馈社会，用科技为人民美好出行提供丰富选择的具体实践，同时，萝卜快跑也用实际行动证明，真正的高科技不会抛弃任何一个群体，不会让任何一个人在人工智能时代掉队。

作为全球最大的自动驾驶出行服务商，萝卜快跑 App 用户满意度评价达 4.9 分，其中五星好评占比 97.12%。乘坐过萝卜快跑的用户对自动驾驶出行的信任度增强，“无人车，打萝卜”正成为更多用户的日常出行新选择。未来，萝卜快跑还将继续发挥作用，为更多市民提供安全、便捷、有温度的自动驾驶出行服务。

萝卜快跑自动驾驶出行服务平台已在全国 11 个城市开放载人测试运营服务，实现超一线城市全覆盖。此外，萝卜快跑已经开始在北京、武汉、重庆、深圳、上海开展全无人自动驾驶出行测试与服务。截至 2024 年 4 月 19 日，萝卜快跑在开放道路提供的累计单量超过 600 万，稳居全球最大的自动驾驶出行服务商。

2023 年萝卜快跑技术提升快速拓展时空覆盖，单量和收入实现跨越式增长，用户数据进一步显示，萝卜快跑全国日均订单量已达 1 万单；2024 年将实现武汉全城覆盖，并计划投入 1 000 辆新一代量产无人车在武汉实现 7×24 小时全无人运营。

萝卜快跑不仅代表了中国在自动驾驶领域的领先地位，也为全球自动驾驶技术的发展提供了宝贵的经验和启示。自动驾驶技术的发展是交通领域的一次革命，它将深刻改变大家的出行方式。面对未来技术、成本的挑战，需要全球的共同努力，推动自动驾驶技术的安全、高效发展，让未来出行更加智能、便捷。

思考：萝卜快跑案例的成功，涉及哪些智能机器人的关键技术（如感知、决策、控制等）？这些技术在自动驾驶及其他智能机器人领域有哪些潜在的应用前景？

8.1 机器人简介

配套微课

机器人是新时代技术碰撞的产物，大规模代替传统人力是大势所趋，同时完成工业转型也是互联网时代更加进阶的追求。一方面，机器人并不仅仅是“服务生”，只会端茶倒水的机器人并不神奇，要取得成功，机器人需要证明自己既实用，又富有吸引力；既充满理性，也富有情感。另一方面，全球企业在机器人的研发舞台上星光熠熠，除了要考虑当今全球最顶尖的机器人发展到什么地步，还要思考人与机器人的关系。

8.1.1 机器人的概念

机器人形象和机器人一词，最早出现在科幻和文学作品中。1920 年，捷克作家卡雷尔·卡佩克发表了剧本《罗萨姆的万能机器人》，剧中叙述了一个叫罗萨姆的公司把机器人作为人类生产的工业品推向市场，让它充当劳动力代替人类劳动的故事。作者根据小说中 Robota（捷克文，原意为“劳役、苦工”）和 Robotnik（波兰文，原意为“工人”），创造出“机器人”这个词。

机器人是在科研或工业生产中用来代替人工作的机械装置，虽然现在机器人得到了广泛应用，但机器人的定义却没有统一的标准。不同国家、不同领域的学者给出的定义不尽相同。虽然定义的基本原则大体一致，但仍有较大的区别。在科技界，科学家会给每个科技术语一个明确的定义，机器人问世已有几十年，还在不断发展，新的机型、新的功能不断出现。根本原因是机器人涉及人的概念，成为一个难以回答的哲学问题。就像机器人一词最早诞生于科幻小说之中一样，人们对机器人充满了幻想。也许正是由于机器人模糊的定义，才给了人们充分的想象和创造空间。

在 1967 年日本召开的第一届机器人学术会议上，人们提出了两个有代表性的定义。一个是森政弘、合田周平共同提出的“机器人是一种具有移动性、个体性、智能性、通用性、半机械半人性、自动性、奴隶性 7 个特征的柔性机器”。从这一定义出发，森政弘又提出用自动性、智能性、个体性、半机械半人性、作业性、通用性、信息性、柔性、有限性、移动性 10 个特性来表示机器人的形象。另一个定义由加藤一郎提出，他把具有如下 3 个条件的机器称为机器人：

（1）具有脑、手、脚等三要素的个体；

（2）具有非接触传感器（用眼、耳接受远方信息）和接触传感器；

（3）具有平衡觉和固有觉的传感器。

该定义强调了机器人应当仿人的含义，即它靠手进行作业，靠脚实现移动，由脑来完成统一指挥的作用。非接触传感器和接触传感器相当于人的五官，使机器人能够识别外界环境，而平衡觉和固有觉则是机器人感知本身状态所不可缺少的传感器。这里描述的不是工业机器人而是自主机器人。目前不同组织对机器人的定义见表 8－1。

表 8-1　机器人定义

时间	国家 / 组织 / 个人	定义
1979 年	美国机器人工业协会	一种用于移动各种材料、零件、工具或专用装置，通过可编程动作来执行各种任务，并具有编程能力的多功能操作机。
1980 年	日本工业机器人协会	一种带有记忆装置和末端执行器的、能够通过自动化的动作而代替人类劳动的通用机器。
1987 年	国际标准化组织	工业机器人是一种具有自动控制操作和移动功能、能完成各种作业的可编程操作机。
1988 年	法国埃斯皮奥	机器人是指设计能根据传感器信息实现预先规划好的作业系统，并以此系统的使用方法作为研究对象。
1994 年	中国科学院自动化研究所	一种自动化的机器，所不同的是这种机器具备一些与人或生物相似的智能能力，如感知能力、规划能力、动作能力和协同能力，是一种具有高度灵活性的自动化机器。

8.1.2　机器人的三大定律

1. 三大定律法则的提出

阿西莫夫（Isaac Asimov）的《我，机器人》，在 1950 年由格诺姆出版社出版。虽说这本书是“旧稿子”，但是这些短篇是在十年间零零散散发表的，这次集中出版，使读者第一次领略阿西莫夫的机器人科幻小说的魅力。阿西莫夫为这本书新写了引言，引言的标题是“机器人三大法则”，而三大法则之间的互相约束，对后世的创作有一定的指导意义。

在阿西莫夫创作一系列机器人短篇科幻小说并提出“机器人三大法则”时，世界上还没有机器人，当然也没有机器人学和机器人公司。1959 年，美国英格伯格和德沃尔制造出世界上第一台工业机器人，宣告机器人从科学幻想变为现实。随着机器人技术的不断进步，机器人的用途日益广泛，阿西莫夫的“机器人三大法则”越来越显示智者的光辉，以至于有人称其为“机器人的金科玉律”。

2. 三大定律法则的内容

机器人三大定律，也被称为机器人学家阿西莫夫的机器人法则，是关于机器人行为和人工智能伦理的原则。这些定律旨在确保机器人在与人类互动和执行任务时遵循道德和安全准则。机器人三大定律的内容见表 8-2。

表 8-2　机器人三大定律

定律级别	定律定义	定律解释
第一定律	机器人不得伤害人类或无行动能力的人类，也不得因不作为而使人类受到伤害。	这条定律强调了机器人不应该对人类造成伤害，无论是直接的身体伤害还是通过不作为导致的危险。机器人的主要任务是为人类提供帮助和服务，而不是对人类造成伤害。

续表

定律级别	定律定义	定律解释
第二定律	机器人必须服从人类的命令，除非这些命令与第一定律相冲突。	这条定律要求机器人遵循人类的指令和命令，但前提是这些命令不会违反第一定律。如果机器人接收到与第一定律相冲突的命令，它应该拒绝执行或寻求其他解决方案以避免伤害人类。
第三定律	机器人必须保护自己的存在，除非这种保护与第一定律或第二定律相冲突。	这条定律强调机器人对自身安全保护的权利。机器人应该采取适当的措施来保护自己，但不能通过违反第一定律或第二定律来实现。这意味着机器人不能通过伤害人类或违抗人类的命令来保护自己。

这三大定律旨在建立机器人与人类之间的安全和相互尊重的关系。它们强调了保护人类利益和安全的重要性，并提醒我们在设计和使用机器人技术时应考虑伦理和道德问题。尽管这些定律是虚构的，但它们为研究和开发机器人的伦理指导提供了重要的思考框架。然而，对于其他类型的机器人，如传统工业机器人或预编程机器人，这些定律可能并不直接适用或适用性较低。这些机器人通常是根据预设的程序或指令执行任务，没有自主决策能力，并且在与人类互动时通常受到严格的安全规范和限制。

对于不具备人工智能和自主决策能力的机器人，通常会有其他安全措施和规定来确保它们与人类的安全互动。例如，在工业环境中，机器人和人类通常被隔离开来，以避免潜在的危险。此外，机器人通常会有限制和预定义的操作范围，以确保其与人类的互动是安全可靠的。因此，虽然机器人三大定律是一个有用的伦理框架，但其适用性主要限于具有人工智能和自主决策能力的智能机器人。针对其他类型的机器人，需要考虑适用于特定机器人类型的适当的安全规范和准则。

德技并修

医疗机器人的责任与道德

在医疗领域，机器人已经展现出惊人的能力，比如手术机器人能执行复杂且精细的手术操作，康复机器人能为病患提供个性化的康复训练，护理机器人能协助医护人员完成日常的病患照护工作。但随之而来的，是对机器人责任的考量。当机器人出现错误或故障时，如何确定责任归属？是制造商、程序员，还是操作机器人的医护人员？

道德问题同样棘手。医疗工作不仅关注技术和效果，更强调伦理原则和人文关怀。但机器人在执行医疗任务时，可能会忽略这些方面，导致医疗过程缺乏人文关怀和道德考量。比如，在紧急情况下，机器人是否应该优先救援年轻患者，还是平等对待所有需要救助的患者？这些问题都需要我们深入探讨和解决。

8.1.3　零定律法则

为了让机器人的法则更完善，后来又出现了补充的“机器人零定律”。

机器人零定律是指机器人必须保护人类的整体利益不受伤害，其他三条定律都是在这一前提下成立的。

8.1.4　机器人的分类

机器人是集机械、电子、控制、计算机、传感器、人工智能等多学科先进技术于一体的现代制造业重要的自动化装备。专家预测，机器人产业将成为继汽车、计算机之后新的大型高技术产业。但是，对于机器人的分类依然争议不断，难以统一，极大地阻碍了机器人产业的发展。因此，我国制定了国家标准《机器人分类》(GB/T 39405-2020)。

《机器人分类》规定了机器人的分类原则、分类方法和分类汇总。该标准适用于机器人的分类，分类方法标准有应用领域、运动方式、使用空间、机械结构四个方向。

1. 应用领域

根据机器人的应用领域，机器人可分为工业机器人、个人 / 家庭服务机器人、公共服务机器人、特种机器人和其他应用领域机器人。表 8－3 为应用领域分类，图 8－1 为应用领域的机器人形象。

表 8－3　应用领域分类

应用领域分类	描述	应用
工业机器人(industrial robot)	可自动控制、可重复编程、多用途的操作机，可对三个或者三个以上轴进行编程，它可以是固定式或移动式，在工业自动化中广泛使用。	搬运作业机器人、焊接机器人、喷涂机器人、装配机器人、加工机器人、码垛机器人、其他工业机器人。
个人 / 家庭服务机器人(personal/ household service robot)	在家居环境或类似环境下使用的，以满足使用者生活需求为目的的服务机器人。这类机器人的操作使用，通常不需要专业知识或技能，不需要特别的培训或资质。	家务机器人、娱乐机器人、教育机器人、养老机器人、个人运输机器人、其他家用机器人。
公共服务机器人(public service robot)	住宿、餐饮、金融、清洁、物流、教育、文化和娱乐等领域的公共场合为人类提供一般服务的商用机器人。	餐饮机器人、讲解引导机器人、公共代步机器人、多媒体机器人、其他机器人。
特种机器人(special robot)	应用于专业领域，一般由经过专门培训的人员操作或使用的，辅助和 / 或替代人执行任务的机器人。	搜救机器人、采掘机器人、手术机器人、康复机器人、检修机器人、侦查机器人、排爆机器人、其他机器人。
其他应用领域机器人	除以上四类应用领域之外的机器人。	

（a）工业机器人

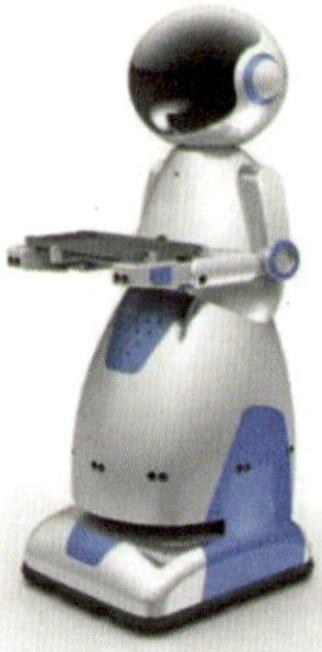

（b）个人 / 家庭服务机器人

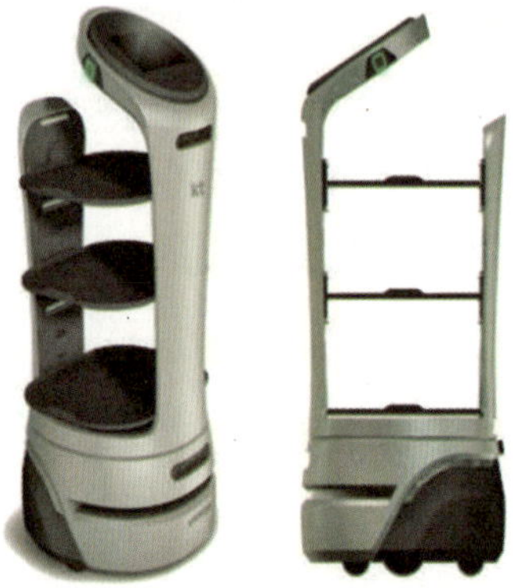

（c）公共服务机器人

（d）特种机器人

图 8－1　按应用领域分类的机器人

2. 运动方式

机器人根据运动方式可分为轮式机器人、足腿式机器人、履带式机器人、蠕动式机器人、飞行式机器人、浮游式机器人、潜游式机器人和其他运动方式机器人，见表 8－4，图 8－2 为相应的机器人形象。

表 8－4　运动方式分类

运动方式分类	描述	应用
轮式机器人（wheeled robot）	利用轮子实现移动的移动机器人。	按其驱动方式可分为：（1）双轮驱动机器人；（2）三轮驱动机器人；（3）全方位驱动机器人；（4）其他轮式机器人。
足腿式机器人（legged robot）	也称腿式机器人，利用一条或更多条腿实现移动的移动机器人。	按其腿的数量可分为：（1）双足机器人；（2）三足机器人；（3）四足机器人；（4）其他足腿式机器人。
履带式机器人（crawler robot; tracked robot）	利用履带实现移动的移动机器人。	按其驱动履带及关节数量可分为：（1）单节双履带机器人；（2）双节双履带机器人；（3）多节多履带机器人；（4）其他履带式机器人。

续表

运动方式分类	描述	应用
蠕动式机器人（squirming robot）	利用自身蠕动装置实现移动的机器人。	按其移动方向可分为：（1）上下蠕动机器人；（2）左右蠕动机器人；（3）其他蠕动式机器人。
飞行式机器人（flying robot）	也称空中机器人，利用自身的飞行装置飞行移动的移动机器人。	按其起飞方式可分为：（1）直升飞行机器人；（2）滑行飞行机器人；（3）手抛飞行机器人；（4）其他飞行式机器人。
浮游式机器人（floating robot）	也称水面机器人，利用自身的推进装置在水面上实现移动的移动机器人。	按其推进方式可分为：（1）螺旋桨浮游机器人；（2）平旋推进浮游机器人；（3）喷水浮游机器人；（4）喷气浮游机器人；（5）其他浮游式机器人。
潜游式机器人（diving robot）	也称水下机器人，利用下潜、潜游装置实现下潜游动的移动机器人。	按其运动方式可分为：（1）拖曳潜游机器人；（2）自主潜游机器人；（3）其他潜游式机器人。
其他运动方式机器人		主要包括固定式机器人、复合式机器人、穿戴式机器人、喷射式机器人和除了以上运动方式之外的机器人。

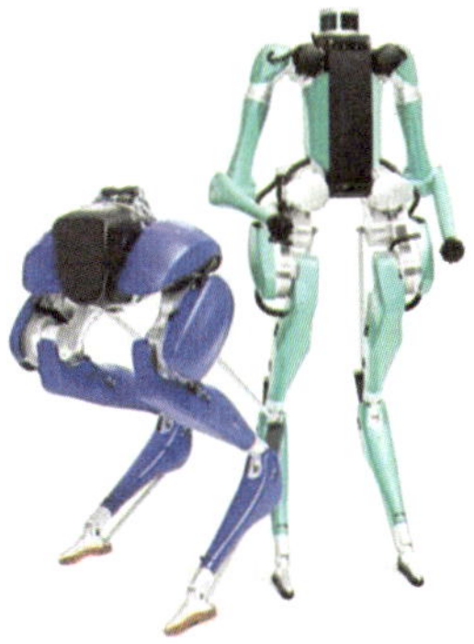

（a）足腿式机器人

（b）轮式机器人

（c）履带式机器人

（d）蠕动式机器人

（e）飞行式机器人

（f）浮游式机器人

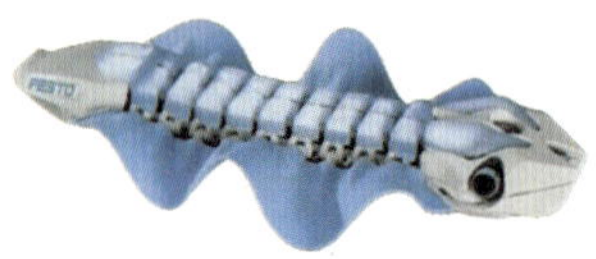

（g）潜游式机器人

（h）复合式机器人

图 8－2　按运动方式分类的机器人

3. 使用空间

根据机器人的使用空间，机器人可分为地面 / 地下机器人、水面 / 水下机器人、空中机器人、空间机器人和其他使用空间机器人，见表 8－5。

表 8－5　使用空间分类

使用空间分类	描述
地面 / 地下机器人（ground robot）	在地平面上 / 下辅助和 / 或替代人执行任务的机器人。
水面 / 水下机器人	按其使用水域可分为：（1）内河水面机器人；（2）海洋水面机器人；（3）浅水机器人；（4）深水机器人；（5）其他水下机器人。
空中机器人	按中国民航局空域分类，可分为：（1）中低空机器人；（2）高空机器人；（3）其他空中机器人。
空间机器人（space robot）	在太空中进行试验、操作、探测等活动的机器人。空间机器人按使用空间可分为：（1）空间站机器人；（2）星球探测机器人；（3）其他空间机器人。
其他使用空间机器人	除了地面 / 地下机器人、水面 / 水下机器人、空中机器人、空间机器人之外的其他使用空间机器人。

4. 机械结构

依据 JB/T 8430-2014 标准，机器人按其机械结构类型可分为垂直关节型机器人、平面关节型机器人、直角坐标型机器人、并联机器人和其他机械结构类型机器人，见表 8－6，图 8－3 是不同机械结构机器人的形象。

表 8－6　机械结构分类

机械结构分类	描述
垂直关节型机器人	按其轴数可分为四轴关节机器人、五轴关节机器人、六轴关节机器人和其他垂直关节型机器人，类似于人类的手臂。应用领域有装货、卸货、喷漆、表面处理、测试、测量、弧焊、点焊、包装、装配、切屑机床、固定、特种装配操作、锻造、铸造等。
平面关节型机器人	按其手臂数量可分为单臂 SCARA（Selectively Compliant Arm for Robotic Assembly）机器人、双臂 SCARA 机器人和其他平面关节型机器人，其通常由三个互相平行的旋转轴和一个线性轴组成，应用领域有装货、卸货、焊接、包装、固定、涂层、喷漆、黏结、封装、特种搬运操作、装配等。
直角坐标型机器人	能够实现自动控制的、可重复编程的、运动自由度仅包含三维空间正交平移的自动化设备，组成部分包含直线运动轴、运动轴的驱动系统、控制系统、终端设备。可在多领域进行应用，有超大行程、组合能力强等优点。直角坐标型机器人可以非常方便地用作各种自动化设备，完成如焊接、搬运、上下料、包装、码垛、拆垛、检测、探伤、分类、装配、贴标、喷码、打码、(软仿型) 喷涂、目标跟随、排爆等一系列工作。
并联机器人（parallel robot）	手臂含有组成闭环结构的杆件的机器人，按其结构形式可分为平面并联机器人、球面并联机器人、空间并联机器人和其他并联机器人。各个关节的运动都是转动，与人的手臂类似。并联机器人是当今工业领域中最常见的工业机器人的形态之一，适合用于诸多工业领域的机械自动化作业。
其他机械结构类型机器人	

（a）垂直关节型机器人

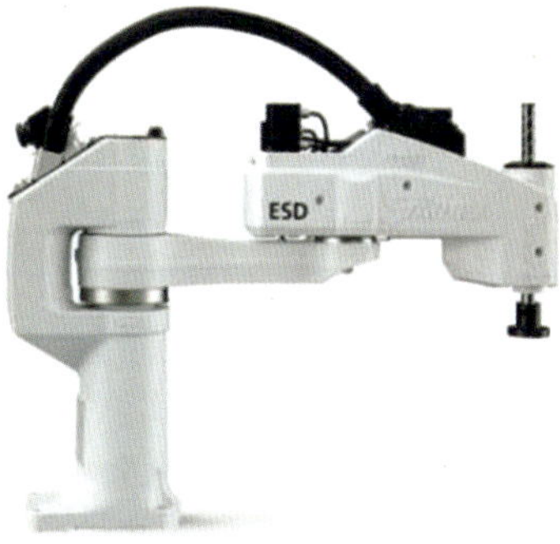

（b）平面关节型机器人

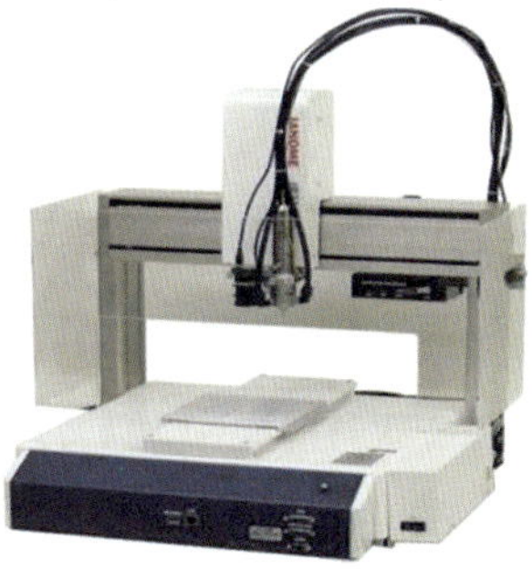

（c）直角坐标型机器人

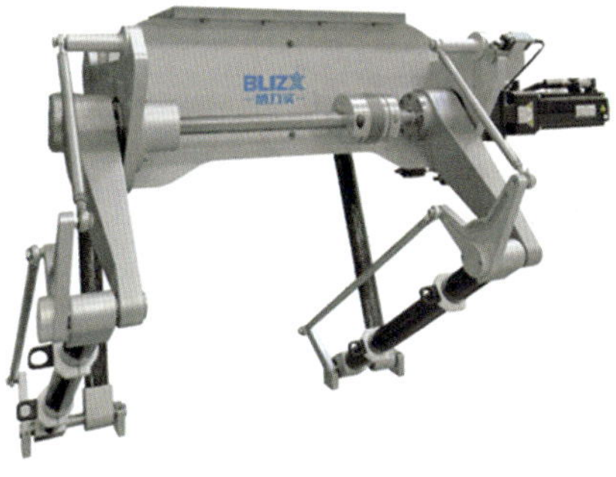

（d）并联机器人

图 8－3　按机械结构分类的机器人

8.2 智能机器人简介

配套微课

8.2.1 智能机器人的概念

智能机器人是指具备感知、认知和学习能力的机器人系统。它们能够通过传感器感知环境并对感知到的信息进行处理和理解，从而做出自主的决策和行动。智能机器人的概念源于人工智能和机器人技术的融合，使机器人能够模拟人类的智能行为和智能决策过程。人工智能可以解决学习、感知、语言理解、逻辑推理等任务。机器人通常能够自主地或半自主地执行一系列动作。智能机器人也可以描述为由人工智能控制的机器人，如图 8-4 所示。

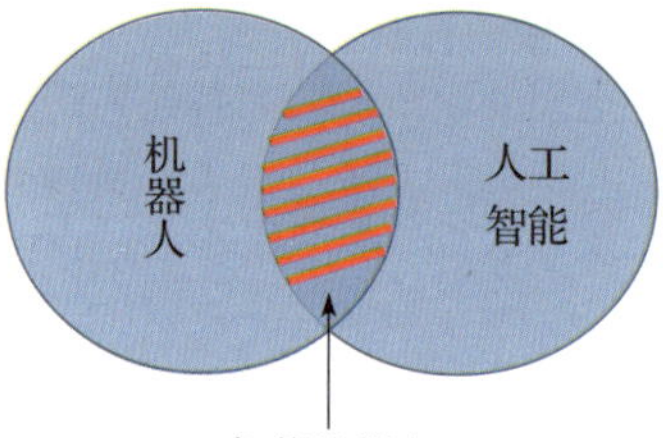

图 8-4 智能机器人

当前情况下，我们所知的智能机器人通常具备多种特点，见表 8-7。

表 8-7 智能机器人的特点

技术名称	描述
感知能力	智能机器人通过各种传感器（如视觉传感器、声音传感器、触觉传感器等）感知环境中的信息。这些传感器能够帮助机器人感知物体、测量距离、检测力量、识别声音等。
认知能力	智能机器人能够对感知到的信息进行处理、分析和理解，从而形成对环境和任务的认知。它们可以利用模式识别、图像处理、语音识别等技术来理解和解释感知到的数据。
学习能力	智能机器人具备学习和适应能力，能够通过与环境的交互和经验积累改进自身的性能和行为。它们可以利用机器学习、深度学习等技术来自主地学习和优化自身的行为策略。
自主决策和行动能力	智能机器人能够基于感知、认知和学习的结果做出自主的决策，并执行相应的行动。它们可以进行路径规划、运动控制、任务执行等操作，以实现预定的目标和任务。
人机交互能力	智能机器人具备与人类进行自然和智能的交互能力。它们可以识别和理解人类的语音指令、表情和手势，并能够以适当的方式与人类进行沟通和合作。

智能机器人的应用范围广泛，主要应用于工业自动化、服务、医疗保健、农业、教育等领域。它们的目的是提高生产效率、提供便利的服务、改善人类生活质量等，并在各种复杂环境和任务中发挥作用。随着人工智能和机器人技术的不断进步，智能机器人的发展前景非常广阔。

8.2.2　智能机器人的组成

智能机器人的组成和发展是一个多学科交叉的领域，涉及机械工程、电子工程、计算机科学、人工智能等多个领域的知识和技术。智能机器人是一种自动化的机器，这种机器具备一些与人或生物相似的智能能力，如感知能力、规划能力、动作能力和协同能力，是一种具有高度灵活性的自动化机器。随着科技的不断进步，智能机器人的组成将变得更加复杂和智能化，适应能力更强，也为各种领域带来更多应用和发展机会。

通常情况下，智能机器人是由机器人和作业对象及环境共同构成的，其中机器人系统结构包括机械系统、驱动系统、控制系统和感知系统四大部分，每个系统又包含很多子系统，如图 8－5 所示。

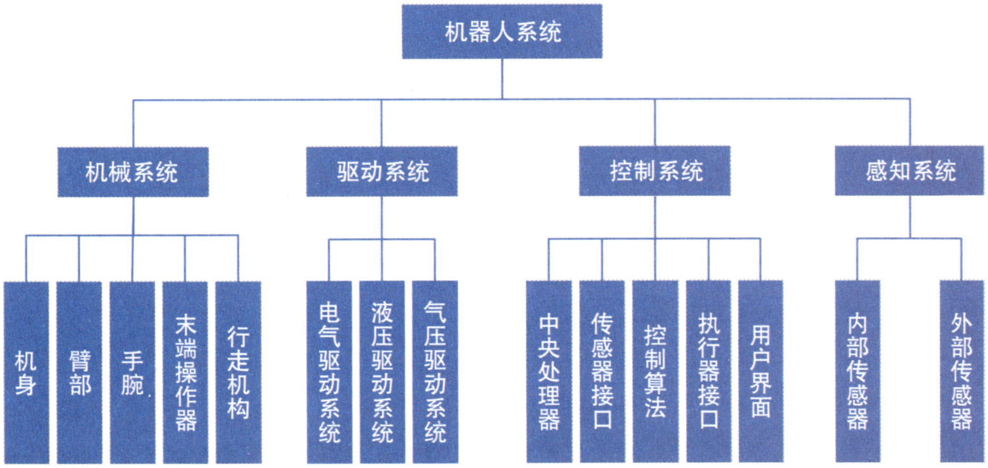

图 8－5　机器人系统组成

机器人四大系统结构的定义见表 8－8。

表 8－8　机器人四大系统结构的定义

系统结构名称	定义
机械系统	包括机身、臂部、手腕、末端操作器和行走机构等部分，每一部分都有若干自由度，从而构成一个多自由度的机械系统。常见工业机器人机械系统相当于人的身体（如骨髓、手、臂和腿等）。

续表

系统结构名称	定义
驱动系统	指驱动机械系统动作的驱动装置。根据驱动源的不同，驱动系统可分为电气、液压和气压三种，以及把它们结合起来应用的综合系统。该部分的作用相当于人的肌肉。
控制系统	负责管理和控制机器人的行为和动作的部分。控制系统接收来自机器人传感器的输入信息，经过处理和分析后，生成相应的控制指令，以驱动机器人执行特定的任务或动作。控制系统的作用相当于人的大脑。
感知系统	由内部传感器和外部传感器组成，获取机器人内部和外部环境信息，并把这些信息反馈给控制系统。内部状态传感器用于检测各关节的位置、速度等变量，为闭环伺服控制系统提供反馈信息。外部状态传感器用于检测机器人与周围环境之间的一些状态变量，如距离、接近程度和接触情况等，用于引导机器人，便于其识别物体并做出相应处理。外部传感器可使机器人以灵活的方式对它所处的环境做出反应，赋予机器人一定的智能。常用传感器有视觉传感器、语音传感器、距离传感器、温度传感器、气体传感器等。

此外，智能机器人的作业对象及环境是指机器人在执行特定任务时所涉及的目标物体和工作场所。这一部分的定义和理解对于机器人设计和应用至关重要。作业对象通常是指智能机器人需要处理的具体物体，包括静态物体，如家具、机器设备等，需要在这些物体周围进行操作或移动；动态物体，如人类、动物或移动的物体，需要能够感知和适应这些物体的变化；多样化物体，如不同形状、大小和材料的物体，需要具备灵活性和适应性，以应对各种类型的作业对象。作业对象的特性直接影响智能机器人的设计和功能。例如，在制造业中，可能需要处理重型金属部件，而在家庭服务中，可能需要处理易碎的物品。工作环境是智能机器人执行任务的物理空间。在空间布局方面，环境的结构和布置会影响智能机器人的移动路径和操作方式，例如在狭小的空间中，需要具备更高的灵活性和小巧的设计。在传感器输入方面，环境中的光线、温度、湿度等因素可能影响感知能力和操作精度。在障碍物识别和安全性管理方面，需要能够识别并避开环境中的障碍物，确保其操作的安全性和有效性。

德技并修

NAO 类人机器人

NAO 是世界上应用最广泛的类人型机器人之一，具有 25 个自由度、100 多个传感器，支持 23 国语言，支持远程控制，可实现完全编程。NAO 在上海世博会期间入驻法国馆，成为法国创新先锋代表和巴黎馆吉祥物。

当前，超过 1 700 个 NAO 已经被全球 30 个国家的 450 多所顶尖高校和实验室购买作为研究工具。正在使用 NAO 的高校机构有美国哈佛大学和布朗大学、英国威尔士大学、德国弗莱堡大学、日本东京大学，以及我国的浙江大学、同济大学和山西大学。高校不仅将 NAO 运用在机器人研究、人工智能和计算机科学领域，还运用在社会学和医疗保健领域。NAO 参与的研究项目包括自闭症治疗、多智能体系统、自动化、信号处理、全身运动以及路径规划。NAO 机器人参与的研究不仅推动了机器人技术的进步，还为人类社会带来了切实的益处。通过改善教育、医疗和工业等多个领域的服务质量，NAO 机器人助力人类实现更高的生活质量和工作效率。NAO 内部结构如图 8－6 所示。

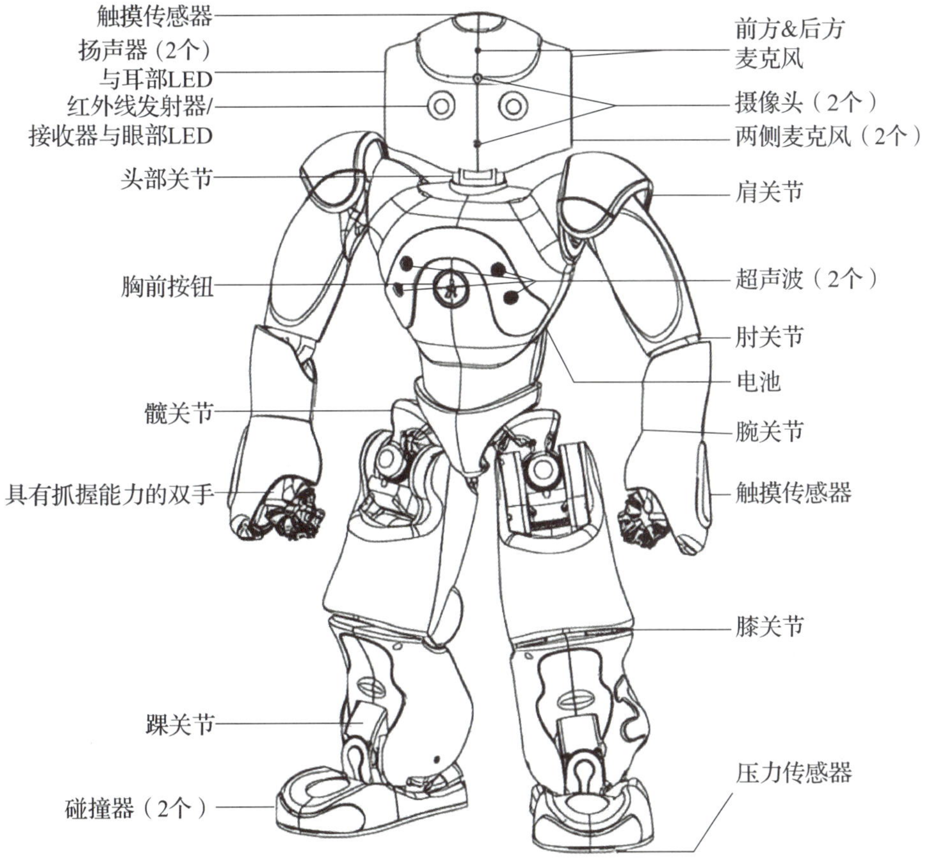

图 8－6　NAO 内部结构

8.2.3　智能机器人的关键技术

目前，对智能机器人发展影响较大的 AI 关键技术主要包括智能感知技术、智能导航与规划技术、智能控制与操作技术、智能交互技术等，图 8－7 所示为智能机器人的常用技术。

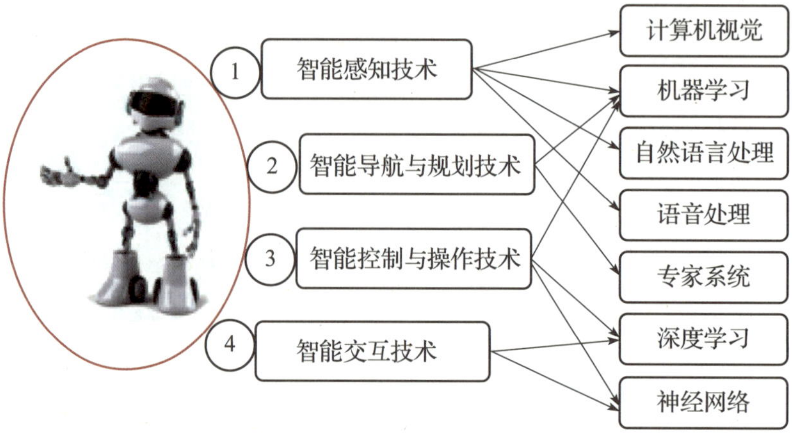

图 8－7　智能机器人的常用技术

1. 智能感知技术

实现智能机器人的首要条件是机器人具有智能感知能力。传感器是能够感受被测量并按照一定规律将其变换成可用输出符号的电子器件和装置，是机器人获取外部环境信息的主要感知部分，类似于人的五官。同时，传感技术也是关于从环境中获取信息并对之进行处理、变换和识别的多学科交叉的科学与工程技术。

在计算机视觉中，外部环境中的三维物体经由摄像机转变为二维的平面图像，再经图像处理，输出该物体的图像，使机器人能够辨识物体，并确定其位置。机器人判断物体的位置和形状一般需要距离信息和明暗信息。机器人视觉的应用可以为机器人的动作控制提供视觉反馈，为移动式机器人提供视觉导航、机器人代替或辅助人进行质量控制、安全检查等。

触觉智能可以使机器人通过触摸来识别物体的滑动和定位物体，预测抓取物体是否能成功。触觉传感器是用于机器人模仿人类触觉功能的传感器。智能机器人中使用的触觉传感器主要包括接触觉传感器、压力觉传感器、滑觉传感器、接近觉传感器等。

听觉传感器是一种可以检测、测量并显示声音波形的传感器。听觉传感器用来接收声波，显示声音的振动图像。某些环境中，要求机器人能够测知声音的音调、响度，能区分左右声源。某些情况下，人们要求与机器进行语音交流，机器人需要具备人机对话功能，语音智能和自然语言处理技术起着重要作用。

多传感器信息融合技术是把分布在不同位置的视觉、听觉、触觉等多个传感器所采集到的相关信息进行综合处理，以产生更全面、更准确的信息，消除多个传感器之间可能存在的冗余和不一致，降低不确定性，能够更精确地感知外部环境。

多模态传感与融合技术使机器人能够使用多种传感器（如视觉、声音、触觉等）获取丰富的感知信息，并将不同传感器的数据进行融合和整合，以获得更准确和全面的环境感知。

2. 智能导航与规划技术

智能机器人根据传感系统对内部姿态和外部环境进行感知，通过对外部环境的识别、存储、搜索、处理等操作找出最优路径，实现与障碍物无碰撞的安全运动。主要任务是把环境感知、规划、决策、运动等多个模块高效地组合起来。常见的导航方式有惯性导航、视觉导航、卫星导航。

智能导航和规划技术是利用最优路径规划算法找到一条可以有效避开障碍物的最优路径。机器人智能路径规划方法有基于地图的全局路径规划、基于传感器的局部路径规划、传感器的混合路径规划。

自主决策与规划技术使机器人能够根据感知、认知和学习的结果做出自主的决策，并规划相应的行动策略，以实现特定任务的完成。

3. 智能控制与操作技术

控制技术使机器人能够精确地控制自身的运动和姿态。

近年来，以人工神经网络和模糊逻辑为代表的 AI 理论与方法用在机器人的运动控制中，能够让服务机器人的机械手臂系统完成各种灵巧的操作，是机器人操作中最重要的基本任务之一。

4. 智能交互技术

智能交互技术使机器人能够与人类进行自然和智能的交互，包括语音交流、姿态识别、情感识别等。情感计算技术使机器人能够感知和理解人类的情感状态，并作出相应的情感回应。利用虚拟现实技术创建智能机器人的工作环境，基于可穿戴设备的人机交互也正在逐渐改变着人类的生产生活，实现人机和谐统一。这将会是未来的发展趋势。

这些关键技术相互交叉和渗透，共同推动着智能机器人的发展。随着技术的不断进步和创新，智能机器人在各个领域将发挥越来越重要的作用。

8.3 智能驾驶

配套微课

2023 年世界智能网联汽车大会“高级别自动驾驶商业化应用新实践”专题论坛成功举办，并发布《高级别自动驾驶应用白皮书》(以下简称《白皮书》)。《白皮书》由中国汽车工程研究院、百度等公司编写，对凝聚产业共识、推动行业发展具有重要意义。

《白皮书》指出：我国自动驾驶正在从测试示范应用向无人驾驶商业化应用阶段加速拓展，有望在 Robotaxi 等出行服务场景率先实现商业化应用。百度“萝卜快跑”等自动驾驶出行服务平台已开展全无人自动驾驶商业化运营，车队规模逐步增长。

当前，各国争相抢占自动驾驶产业制高点，国内多家企业相关产品技术水平已居全球第一梯队，多地在推进高级别自动驾驶商业化试点上获得显著成果。其中北京、武汉、深圳、重庆、上海等地在经过充分道路测试后，纷纷开放全车无人商业化运营政策，探索推进跨区域、夜间运营。

8.3.1 智能驾驶的概念

智能驾驶涉及注意力吸引和注意力分散的认知工程学，主要包括网络导航、自主驾驶和人工干预三个环节。智能驾驶的前提条件是，选用的车辆满足行车的动力学要求，车上的传感器能获得相关视听觉信号和信息，并通过认知计算控制相应的随动系统。

智能驾驶的网络导航解决在哪里、到哪里、走哪条道路中的哪条车道等问题。自主驾驶是在智能系统控制下，完成车道保持、超车并道、红灯停绿灯行、灯语笛语交互等驾驶行为。人工干预是驾驶员在智能系统的一系列提示下，对实际的道路情况做出相应的反应。

智能驾驶是工业革命和信息化结合的重要抓手，快速发展将改变人、资源要素和产品的流动方式，颠覆性地改变人类生活。

知识链接 智能驾驶发展阶段

智能驾驶发展规划可以划分为五个阶段 L0 ～ L4，每阶段的功能描述如表 8－9 所示。L1 ～ L3 阶段以 ADAS 为主导，从 L0 到 L4 阶段，汽车的智能化水平不断提高。ADAS 高级驾驶辅助系统是一系列驾驶辅助系统的集合，ADAS 以提升驾驶者安全和舒适为目的，通过雷达、摄像头等传感器感知周围环境，运用算法做出行为判断，采用提醒驾驶者或直接控制车辆的方式来避免碰撞。

表 8－9 智能驾驶发展阶段

阶段	描述
L0	指不具备自动驾驶功能的汽车驾驶。
L1	指具有特定功能的自动驾驶汽车驾驶，主要代表功能有 ESC、AEB、LKA。主要成果有高档车辆。
L2	指具有组合功能的自动驾驶汽车驾驶，主要代表功能有 ACC、自动泊车等，主要成果有 Mobileye 辅助系统、特斯拉、沃尔沃、上汽集团。
L3	指受控的自动驾驶汽车驾驶，主要代表功能是高度自动驾驶功能。主要成果有德尔福横跨美国、长安汽车从重庆到北京。
L4	指完全无人驾驶，主要代表功能是完全自动驾驶。主要成果有谷歌完成 200 万公里路测、百度完成北京三环路测。

8.3.2 智能驾驶的发展阶段

智能汽车是一个集环境感知、规划决策、多等级辅助驾驶等功能于一体的综合系统，它集中运用了计算机、现代传感、信息融合、通信、人工智能及自动控制等技术。

智能驾驶与无人驾驶是不同概念，智能驾驶包含无人驾驶，而无人驾驶是智能汽车发展的最高形态。无人驾驶汽车是一种智能汽车，它通过智能传感系统感知路况，依靠计算机系统进行自主规划决策，并完成预定行驶目标。

8.3.3　智能驾驶的应用

2013 年百度开始布局自动驾驶，到 2017 年，百度通过内部邮件宣布，对现有业务及资源进行整合，成立智能驾驶事业群组（Intelligent Driving Group，IDG）。同年，百度在上海车展发布“Apollo 计划”，并开放自动驾驶平台 Apollo，这是全球范围内自动驾驶技术第一次系统级的开放。Apollo 自动驾驶系统是百度推出的一套开放平台，用于支持自动驾驶汽车的研发与应用。它集成了感知、定位、规划、控制等模块，通过人工智能和大数据技术来实现车辆的自主驾驶。

目前百度 Apollo 已经在自动驾驶、智能汽车等领域拥有业内领先的解决方案。十多年深耕，让百度 Apollo 拥有了更安全的技术、更安全的产品。2024 年 5 月，百度 Apollo 重磅发布了全球首个支持 L4 级自动驾驶的大模型 Apollo ADFM（Autonomous Driving Foundation Model）。

百度 Apollo 自动驾驶无人车经历六次迭代升级才发展到如今水平，其中具有代表性是第四、五、六代车型，其中第六代是最新的一代。

2013 年为验证自动驾驶底盘控制与高精度定位导航与感知的测试方面的技术能力，百度深度学习实验室与北京理工大学合作共同研发了绰号“小红”的全地形越野车，是百度的技术验证性产品。同年，百度和德国宝马合作研发了第一代自动驾驶车型，从技术研发到产出花了大概两年时间。这代车型是（国内）第一款能够驶上公开道路的车型，曾在北京五环道路上行驶。如图 8－8 所示。

图 8－8　初代小红和第一代宝马

百度 2016 年年初开始上路测试第二代无人驾驶车。2016 年 11 月，奇瑞 EQ、比亚迪 EV300、北汽 EU260 共同参加了在乌镇举办的世界互联网大会，18 辆无人车组成的车队接待了超过 300 人次嘉宾试乘，是百度最早亮相于公众面前的自动驾驶车型，也是中国第一次无人驾驶车队试运营。

林肯 MKZ 作为第三代无人驾驶车，将之前 Velodyne64 线激光雷达替换成国产禾赛激光雷达，使得整体成本进一步降低，便于大规模普及。计算单元则升级为自研 hw3.0，算力超过百 T。在 2019 年 7 月，获得了全国首批 T4 等级自动驾驶测试牌照，同年也获得武汉和北京的首批载人自动驾驶测试牌照。奇瑞 EQ 和林肯 MKZ 如图 8－9 所示。

图 8－9　奇瑞 EQ 和林肯 MKZ

红旗 EV 是由百度和一汽联手打造的中国首批量产 L4 级自动驾驶乘用车，也是第四代无人车代表。红旗 EV 由中国首条 L4 级自动驾驶乘用车前装产线生产而成，相比历代 Apollo 无人驾驶汽车，红旗 EV 实现了包括安全、量产能力，以及外观内饰、驾乘体验等维度的全方位优化升级，是 Apollo 自动驾驶技术迭代的最新成果。

Apollo Moon 由百度 Apollo 提供自动驾驶技术方案，也是第五代无人车，采用定制激光雷达，算力达到 800T OPS，可实现完全无人驾驶。首款车型是基于极狐的阿尔法 T 车型打造，车顶采用 1 颗禾赛的定制化激光雷达，另外前向还有一颗安全冗余激光雷达；配备有 13 个摄像头、5 个毫米波雷达以及 2 颗激光雷达，而且传感器支持自清洁。红旗 EV、Apollo Moon 如图 8－10 所示。

图 8－10　红旗 EV 和 Apollo Moon

颐驰 06 搭载了百度 Apollo 第六代自动驾驶系统解决方案，如图 8－11 所示。颐驰 06 第六代无人车全面应用“百度 Apollo ADFM 大模型＋硬件产品＋安全架构”的方案，该方案通过 10 重安全冗余方案、6 重 MRC 安全策略，确保车辆稳定可靠，安全水平接近国产大飞机 C919。第六代无人车也是百度基于无人化出行的用户需求，聚焦“乘客安全”而全新定义的无人车产品。

图 8－11 颐驰 06

德技并修

智能驾驶技术的发展为我们带来了诸多机遇与挑战，促使我们反思技术与伦理、安全责任、社会影响、数据隐私和城市基础设施等问题。随着这一技术的普及，我们需要建立新的法律框架，帮助受影响的职业群体转型，同时保护用户的隐私和数据安全。此外，智能驾驶的推广也要求城市基础设施的调整，以实现可持续发展。通过全面反思，我们能够更好地应对未来的变革，推动安全、智能和环保的出行方式。

8.4 无人机

配套微课

8.4.1 无人机的概念

在学习无人机前，我们先了解什么是智能飞行器。智能飞行器是一种能够自主飞行、感知环境并做出相应决策的航空器。它代表了人类科学技术的进步，为我们带来了前所未有的飞行体验和便利。智能飞行器的出现，使我们能够突破地理限制，探索未知领域，实现飞行梦想。

智能飞行器不同于传统飞行器，配备了各种高科技设备，如传感器、摄像头、全球定位系统等，能够实时获取环境信息并做出智能反应。它们通过内置的计算机系统进行数据分析和处理，使其能够更加智能地执行任务。智能飞行器的工作原理主要包括感知、决策和执行三个部分。感知能力是智能飞行器的核心，通过多种传感器获取周围环境信息，如气温、湿度、气压等，并利用摄像头捕捉图像和视频。

智能飞行器和无人机之间存在直接关系，当下智能飞行器主要指的是无人机，它们都是集计算机、通信和控制技术于一体的航空器，能够通过人工控制或自动控制，从地面或空中掌握其飞行状态，以便执行某些任务或完成某些功能。

无人驾驶飞机简称“无人机”，英文缩写为“UAV”，是利用无线电遥控设备和自备的程序控制装置操纵的不载人飞机，或者由车载计算机完全地或间歇地自主地操作，常见形态无人机如图 8-12 所示。

图 8-12　无人机

8.4.2　无人机的关键技术

无人机技术与人工智能的结合，为现代监控、数据分析和自动化决策提供了强大的工具。无人机通常用到 AI 识别算法，AI 识别算法是人工智能技术在无人机领域的重要应用。无人机 AI 识别算法通过多种技术手段，包括多智能体和智能蜂群技术、神经形态 AI 技术、图像分类算法、目标检测算法、语义分割算法等，实现对图像和视频数据的深度学习和智能识别。无人机常用的关键技术见表 8-10。

表 8-10　无人机常用的关键技术

技术名称	介绍
多智能体和智能蜂群技术	利用人工智能的决策和学习能力，结合无人机的机动性和传感器能力，实现高度协同、自主、智能的作战或任务执行方式。多智能体系统由多个具有一定自主能力的智能体组成，这些智能体可以独立地感知环境、规划行动并与其他智能体进行通信和协作。智能蜂群技术则借鉴了自然界中生物群体的行为特点，将多个无人机组成一个高度协同的群体，共同完成复杂的任务。
神经形态 AI 技术	一种基于动物大脑工作原理的技术，采用神经形态图像处理器来控制自主飞行。与传统的深度神经网络相比，神经形态处理器非常适合小型无人机，因为它能够以更少的能耗实现高效的数据处理。这种技术使得无人机能够像飞虫或鸟类一样小巧、敏捷且智能。
图像分类算法	无人机搭载的摄像头通过学习图像特征，将目标自动分类到预定义的类别中。卷积神经网络（CNN）及其变种，如 ResNet 和 VGG，是实现图像分类的基础。这些算法通过对图像的学习和分析，提高了无人机在复杂环境中的识别能力。
目标检测算法	进一步发展了图像分类技术，不仅能够识别目标，还能确定其在图像中的位置。Faster R-CNN、YOLO 和 SSD 等算法通过快速准确的目标定位，提高了无人机在复杂环境中的识别能力。
语义分割算法	一种对图像进行深度学习和智能识别的技术，通过对图像的每个像素进行分类，实现更精细的目标识别和场景理解。这种算法在无人机的应用中，可以帮助无人机更准确地识别和理解环境，提高任务执行的精确度。

这些技术的应用不仅提高了无人机的作战效果和生存能力，还扩展了无人机的应用场景和功能，使得无人机能够在军事、民用等多个领域发挥重要作用。

8.4.3　无人机的应用

近年来，随着航空技术的飞速发展、无人机技术的成熟，低空经济迎来了前所未有的重要机遇期。无人机凭借灵活性强、成本低廉、操作简便等优势迅速在各个领域显现巨大的潜力。尤其是 2024 年，被业内称为“低空经济元年”，无人机被视为“会飞的机器人”。

按照无人机的应用领域分类，可以分为民用无人机和军用无人机。民用方面，“无人机 + 行业”应用是无人机真正的刚需，在航拍、农业、植保、微型自拍、快递运输、灾难救援、观察野生动物、监控传染病、测绘、新闻报道、电力巡检、救灾、影视拍摄、表演等领域的应用，大大拓展了无人机本身的用途，民用无人机行业分类如表 8－11 所示。军用方面，无人机用途广泛，成本低，效率较高，能够有效减少人员伤亡风险。另外无人机生存能力强，机动性能好，使用方便，在现代战争中有极其重要的作用。

表 8－11　民用无人机行业分类

应用领域	特点	推荐理由
电力巡检工作	装配高清数码摄像机和照相机及 GPS 定位系统，沿电网进行定位自主巡航，实时传送拍摄影像，监控人员可同步收看与操控。	采用传统的人工电力巡线方式，条件艰苦，效率低下，一线的电力巡查工偶尔会遭遇危险。
农业保险工作	集成了高清数码相机、光谱分析仪、热红外传感器等装置，准确测算投保地块的种植面积。采集数据可用来评估农作物风险情况、保险费率，并能为受灾农田定损。	确保定损准确性及理赔的高效率，监测农作物的正常生长，帮助农户开展针对性的措施，减少风险和损失。
环保工作	观测空气、土壤、植被和水质状况，实时快速跟踪和监测突发环境污染事件发展；监测企业工厂的废气与废水排放，寻找污染源等。	开展航拍，持久性强，采用远红外夜拍等模式，实现全天候航监测；执法不受空间与地形限制，时效性强，机动性好，巡查范围广。
影视拍摄工作	搭载高清摄像机，在无线遥控的情况下，根据节目拍摄需求，在遥控操纵下从空中进行拍摄。	灵活机动，实现高清实时传输，高度不受限，可实现追车、升起和拉低、左右旋转，极大地降低拍摄成本。
快递工作	实现鞋盒包装以下大小货物的配送，只需将收件人的 GPS 地址录入系统。	节省时间，减少人力，提高效率。
灾后救援工作	利用搭载高清拍摄装置的无人机对受灾地区进行航拍，提供一手的最新影像。	动作迅速，对于争分夺秒的灾后救援工作而言，意义非凡。

当然，除表 8－10 中所列的应用领域外，在民用无人机应用中，还有街景工作、确权问题工作、遥感测绘工作等，其中确权问题工作内容，包括大到两国的领土问题，小到农村土地的确权，无人机都可进行航拍。

德技并修

无人机作为一项先进技术，给我们带来了显著的好处，如提高生产效率、改善物流配送、增强灾害应对能力和推动农业监测等。然而，这项技术如同一把双刃剑，引发了诸多反思，包括隐私侵犯、空域管理混乱及对传统就业的冲击。我们需要在享受智能无人机带来的便利的同时，认真考虑如何制定相关法律法规和道德标准，以确保技术的安全、合规使用。

AI 应用

通用航空和低空经济

低空经济在2024年全国两会首次被写入政府工作报告。党的二十届三中全会审议通过的《中共中央关于进一步全面深化改革推进中国式现代化的决定》，对“健全现代化基础设施建设体制机制”作出系统部署，其中专门提到“发展通用航空和低空经济”。

低空经济为何被反复提及？其中一个很大的原因是，它越“飞”，离我们越近了。

1. 飞行汽车：满足低空短途出行需求

会飞的“汽车”不再是抽象的概念。在2024世界智能产业博览会上，广东汇天航空航天科技有限公司展出的“旅航者 X2”让飞行汽车有了具体的形象，如图 8－13 所示。从外观上看，“旅航者 X2”像一架有座舱的大号无人机。它能容纳两位乘客，以锂电池为动力源，可满足未来城市低空短途出行需求。“旅航者 X2”可应用于日常通勤、野外救援和医疗运输等场景。它有自动和手动两种飞行模式。在自动飞行模式下，可根据设定的飞行高度、速度、时间，沿着规划航线自动飞行。乘客只需简单操作，就可完成启动、返航和降落。据广东汇天航空航天科技有限公司介绍，“旅航者 X2”主要由全碳纤维材料制成，最长续航时间约25分钟，最大飞行高度为1 000米，最快飞行速度可达130公里 / 小时。

图 8－13 “旅航者 X2”飞行汽车

2. 全自主无人机巡检系统：参与城市综合治理

在 2024 世界智能产业博览会上，一个会“开花”的“宝莲灯”全自动机场吸引了许多观众，如图 8 - 14 所示。工作人员只需在虎视四维全息管控平台下达任务，“宝莲灯”全自动机场便会启动，无人机在机场里自动加载电池和传感器，然后从展开的“花瓣”中起飞，自主规划航线并完成智能巡检。据天津云圣智能科技有限责任公司介绍，该公司研制的“宝莲灯”全自动机场，占地面积仅 0.25 平方米，本体重量 90 千克，只需 52 秒就能够实现无人机电池与吊舱的全自动更换。

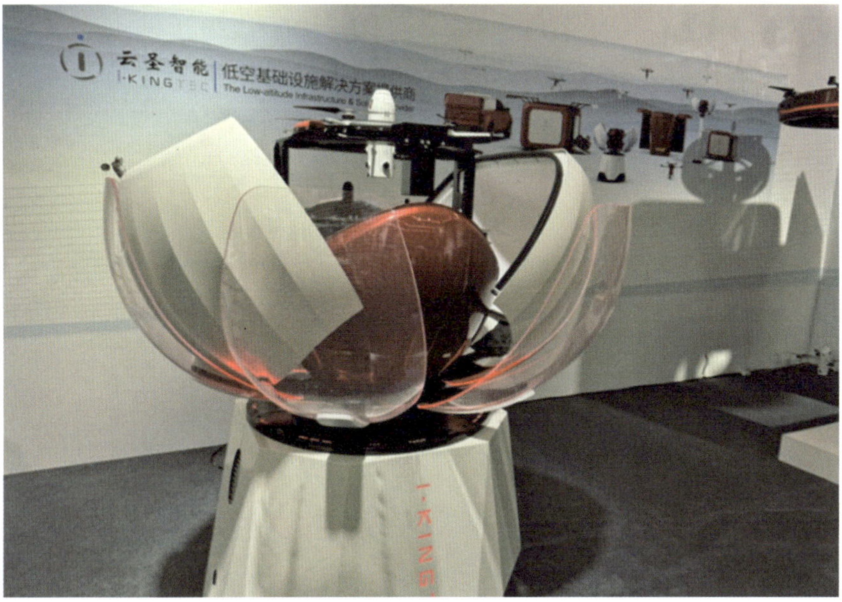

图 8 - 14　“宝莲灯”全自动机场

“宝莲灯”全自动机场是云圣智能全自主无人机巡检系统的重要组成部分。除全自动机场外，系统还包括工业无人机和虎视四维全息管控平台。每套云圣智能全自主无人机巡检系统都可化身为一个空中网格员“云小圣”，帮助城市实现精细化治理。每个“云小圣”都能对自己所处的服务网格进行自主巡检，快速记录城市“生命体征”数据，并据此生成厘米级三维实景模型。结合天津云圣智能科技有限责任公司研发的四维时空管理系统，“云小圣”可以全面掌握所处区域的情况，实现对城市的全生命周期监管。

本章小结

本章主要讲解机器人、智能机器人、智能驾驶和无人机等的相关知识。通过学习，我们可以了解机器人的基本概念和特点，学会机器人的三大定律，认识到不同类型的机器人，如工业机器人、服务机器人等；掌握智能机器人的基本原理，理解智能机器人的概念，以及它的核心组成部分，认知智能机器人的关键技术，如感知、决策、控制等；认识智能驾驶的发展趋势，了解智能驾驶的概念和不同发展阶段，体会到智能驾驶给社会带来的重要意义，如提高安全性、减少能源消耗等；熟悉无人机的概念、关键技术及应用。

在线测试

第 9 章 AI 大模型及其应用

教学目标

- 知识目标：了解大模型的定义、特点等基本知识，理解大模型的发展历程，掌握大模型的分类方法。
- 技能目标：掌握通义千问的特点及应用，文心一言的特点及应用，科大讯飞的特点及应用。
- 素养目标：培养 AI 思维，树立科技强国、自主创新的使命感，培养社会责任感和创新精神。

知识导图

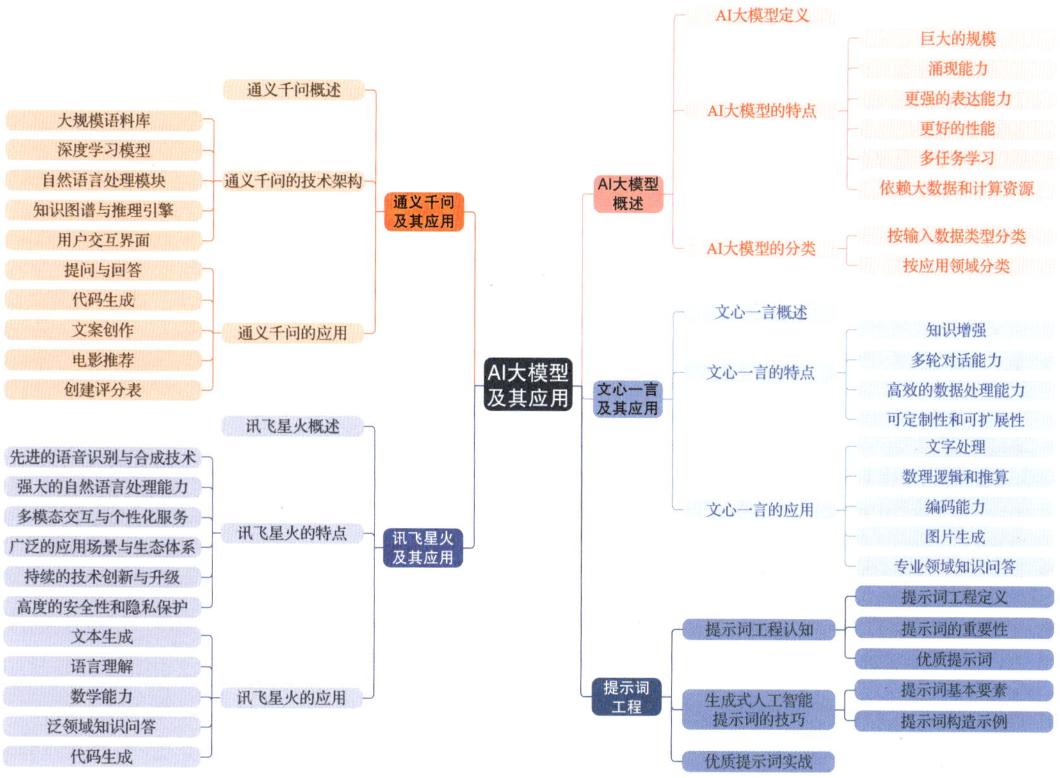

引导案例

大模型技术加持，智能客服迎来全新变革！

如今，在各行各业的客服业务体系中，基于语音合成、语音识别、自然语言处理等技术的智能客服应用成为重要的支撑工具，帮助企业实现客户接待与问题解答的高效率与低成本，解放部分人力。

大模型的出现，刷新了人们对于人工智能的认知，其在自然语言处理与深度学习等方面表现出的能力令人赞叹。将大模型与智能客服相结合，除了能解决 AI 机器人应答方面的缺陷之外，对于系统能力的提升也是多方面的。

第一，“大模型 + 智能客服”利用深度学习和神经网络等先进技术，通过大规模的训练数据，能够更准确地理解用户问题，并能感知情绪，生成更为流畅和准确的回答。对比普通智能客服受限于规则和模板，客户交互能力更强大。

第二，普通智能客服的知识储备属于静态知识储备，在处理复杂问题时会有局限。而“大模型 + 智能客服”则通过训练数据和模型参数理解来积累数据，属于动态知识储备，通过理解上下文，能够处理更复杂的问题。

第三，普通智能客服只能跟用户进行简单的文字沟通，方式比较单一，不利于对用户情感的理解。“大模型 + 智能客服”可以结合多模态信息，例如图像、音频和视频等，通过分析多种感知要素，丰富应答内容。

第四，普通智能客服在个性化服务方面的能力有所欠缺，无法通过对历史数据的分析给用户提供个性化建议。而“大模型 + 智能客服”可以智能解析数据，根据用户的需求和喜好定制应答内容，提升用户体验。

第五，“大模型 + 智能客服”还具备更强的自主学习和持续改进能力，这意味着它能够随着时间的推移，不断优化自身的性能和服务质量。在实际应用中，它能够开发和拓展更加多样的工具，使客服业务逐渐真正地摆脱人力。

思考：大模型给智能客服带来了哪些方面的提升？结合实际，谈谈生活中的大模型应用案例。

9.1 AI 大模型概述

配套微课

9.1.1 AI 大模型定义

大模型本质上就是大的深度神经网络，它通过学习大量的文本数据，理解和生成人类语言。大模型通常能够学习到更细微的模式和规律，具有更强的泛化能力和表达能力。例如，GPT 之所以如此特殊，是因为它是首批使用 Transformer 架构的语言模型之一。Transformer 是一种能够很好地理解文本数据中的长距离依赖关系的神经网络架构，使得 GPT 模型能够生成高度连贯和上下文相关的语言输出。

AI 大模型的应用场景非常丰富，可适用于多个领域，如智能客服、智能家居和自动驾驶等。这些模型可以提高人们的工作效率和生活质量，使各种任务能够更快速、更准确地完成。然而，AI 大模型也存在一些问题和挑战，如性能受到训练数据的质量和数量的影响，以及模型的解释性和隐私安全等。

9.1.2　AI 大模型的特点

AI 大模型的特点主要体现在 6 个方面，见表 9－1。

表 9－1　AI 大模型的特点

特点	描述
巨大的规模	大模型包含数十亿个参数，模型大小可以达到数百 GB，甚至更大，这使得大模型具有强大的表达能力和学习能力。
涌现能力	当模型的训练数据突破一定规模时，大模型会突然涌现出之前小模型所没有的、意料之外的复杂能力和特性，展现出类似人类的思维和智能。
更强的表达能力	大模型具有更多的参数和更深的网络结构，能够学习到更复杂、更抽象的特征表示，从而提高模型的表达能力。
更好的性能	大模型在各种任务上表现出色，包括自然语言处理、图像识别、语音识别等，具有强大的泛化能力。它们能够捕捉到更多的细节和语义信息，提高模型的准确性和泛化能力。
多任务学习	大模型可以同时学习多种不同的任务，如机器翻译、文本摘要、问答系统等，这使得模型具有更广泛的语言理解能力。
依赖大数据和计算资源	大模型需要海量的数据进行训练，同时需要强大的计算资源来支持模型的训练和推理过程。这包括高性能的 GPU 或 TPU、大量的存储空间及高效的计算框架。

9.1.3　AI 大模型的分类

1. 按输入数据类型分类

按照输入数据类型的不同，AI 大模型主要可以分为以下三大类。

（1）语言大模型（NLP）。

语言大模型是指在自然语言处理（Natural Language Processing，NLP）领域中的大模型，通常用于处理文本数据和理解自然语言。这类大模型的主要特点是它们在大规模语料库上进行了训练，以学习自然语言的各种语法、语义和语境规则。例如 GPT 系列（OpenAI）、Bard（谷歌）、文心一言（百度）。

（2）视觉大模型（CV）。

视觉大模型是指在计算机视觉（Computer Vision，CV）领域中使用的大模型，通常用于图像处理和分析。这类模型通过在大规模图像数据上进行训练，可以实现各种视觉任务，如图像分类、目标检测、图像分割、姿态估计、人脸识别等。例如 VIT 系列（谷歌）、文心 UFO、华为盘古 CV、INTERN（商汤）。

（3）多模态大模型。

多模态大模型是指能够处理多种不同类型数据的大模型，例如文本、图像、音频等多模态数据。这类模型结合 NLP 和 CV 的能力，以实现对多模态信息的综合理解和分析，从而能够更全面地理解和处理复杂的数据。例如 DingoDB 多模向量数据库（九章云极 DataCanvas）、DALL-E（OpenAI）、悟空画画（华为）、midjourney。

2. 按应用领域分类

按照应用领域的不同，大模型可以分为 L0、L1、L2 三个层级。

（1）通用大模型 L0。

通用大模型 L0 是指可以在多个领域和任务上通用的大模型。它们利用大算力、使用海量的开放数据与具有巨量参数的深度学习算法，在大规模无标注数据上进行训练，以寻找特征并发现规律，进而形成可“举一反三”的强大泛化能力，可在不进行微调或少量微调的情况下完成多场景任务，相当于 AI 完成了“通识教育”。

（2）行业大模型 L1。

行业大模型 L1 是指那些针对特定行业或领域的大模型。它们通常使用行业相关的数据进行预训练或微调，以提高在该领域的性能和准确度，相当于 AI 成为“行业专家”。

（3）垂直大模型 L2。

垂直大模型 L2 是指那些针对特定任务或场景的大模型。它们通常使用任务相关的数据进行预训练或微调，以提高在该任务上的性能和效果。

德技并修

AI 大模型的崛起：下一代人工智能的关键技术

大模型的崛起对于人工智能的发展具有重要意义，它将推动人工智能技术向更高的水平发展。大模型的应用范围广泛，包括自然语言处理、计算机视觉、推荐系统等领域。

在自然语言处理领域，大模型可以用于生成文本、翻译、问答等任务，提高了自然语言处理的准确性和效率。在计算机视觉领域，大模型可以用于图像识别、目标检测、语义分割等任务，提高了计算机视觉的精度。在推荐系统领域，大模型可以用于用户画像、内容推荐等任务，提高了推荐系统的个性化和准确性。

然而，大模型的崛起也带来了一些挑战，如数据隐私保护、模型可解释性、能源消耗等问题。因此，在发展大模型的同时，我们需要关注这些挑战，并采取相应的措施。

9.2 通义千问及其应用

配套微课

9.2.1 通义千问概述

通义千问是阿里云研发的一款超大规模语言模型，它能够回答各种领域的问题，提供多轮对话、文案创作、逻辑推理、多模态理解及多语言支持等功能。作为一款先进的 AI 助手，“通义千问”通过学习大量的互联网文本数据，拥有广泛的跨领域知识和强大的语言理解与生成能力，可以满足用户在不同场景下的需求，无论是解决常见问题、处理复杂查询还是创新性思考。

9.2.2 通义千问的技术架构

通义千问的技术架构是其强大功能的基石。它主要由以下几个核心部分组成，见表 9－2。

表 9－2　通义千问的技术架构

组成	描述
大规模语料库	通义千问依赖于海量的文本数据作为训练资源，这些数据涵盖百科全书、学术论文、新闻资讯、社交媒体等多个领域，确保了系统回答的广泛性和准确性。
深度学习模型	采用先进的深度学习算法，如 Transformer 模型，对语料库中的数据进行训练，使系统能够理解和生成自然语言。这些模型通过不断迭代优化，逐渐掌握了语言的复杂结构和语义关系。
自然语言处理模块	包括分词、词性标注、句法分析、语义理解等多个子模块，负责将用户的自然语言输入转化为计算机可理解的格式，并生成相应的自然语言回复。
知识图谱与推理引擎	构建庞大的知识图谱，将结构化知识融入系统，使通义千问能够基于上下文进行推理和联想，提供更加精准和深入的回答。同时，引入推理引擎，支持复杂问题的逐步拆解和解答。
用户交互界面	提供友好、直观的用户界面，支持文本、语音、图像等多种输入方式，以及个性化设置和反馈机制，确保用户能够轻松使用。

9.2.3 通义千问的应用

1. 用通义千问提问

在“对话”功能模块中，通义千问展现出强大的智能交互能力，为用户提供了流畅、自然、个性化的对话体验。点击新建对话后，在底部对话框里输入提问后，大模型就会给出相应的答案。以提问“什么是大语言模型”为例，如图 9－1 所示，通义千问给出了详细且专业的回答。

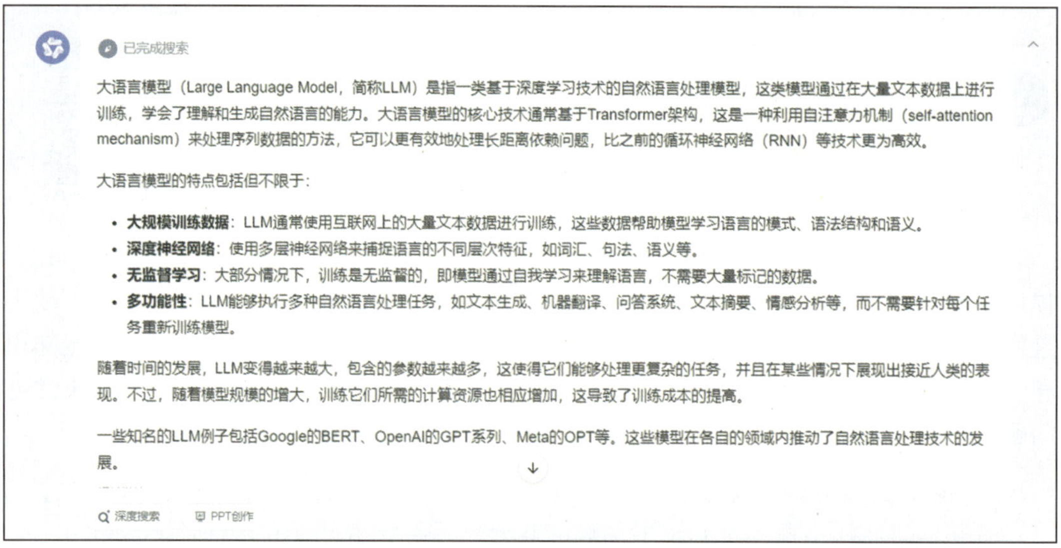
已完成搜索

大语言模型（Large Language Model，简称LLM）是指一类基于深度学习技术的自然语言处理模型，这类模型通过在大量文本数据上进行训练，学会了理解和生成自然语言的能力。大语言模型的核心技术通常基于Transformer架构，这是一种利用自注意力机制（self-attention mechanism）来处理序列数据的方法，它可以更有效地处理长距离依赖问题，比之前的循环神经网络（RNN）等技术更为高效。

大语言模型的特点包括但不限于：

- **大规模训练数据**：LLM通常使用互联网上的大量文本数据进行训练，这些数据帮助模型学习语言的模式、语法结构和语义。
- **深度神经网络**：使用多层神经网络来捕捉语言的不同层次特征，如词汇、句法、语义等。
- **无监督学习**：大部分情况下，训练是无监督的，即模型通过自我学习来理解语言，不需要大量标记的数据。
- **多功能性**：LLM能够执行多种自然语言处理任务，如文本生成、机器翻译、问答系统、文本摘要、情感分析等，而不需要针对每个任务重新训练模型。

随着时间的发展，LLM变得越来越大，包含的参数越来越多，这使得它们能够处理更复杂的任务，并且在某些情况下展现出接近人类的表现。不过，随着模型规模的增大，训练它们所需的计算资源也相应增加，这导致了训练成本的提高。

一些知名的LLM例子包括Google的BERT、OpenAI的GPT系列、Meta的OPT等。这些模型在各自的领域内推动了自然语言处理技术的发展。

深度搜索　PPT创作

图 9-1　用通义千问提问

2. 用通义千问编代码

下面示例使用通义千问生成一段代码。我们输入问题：使用 Python 编写冒泡排序算法代码。通义千问的回答如图 9-2 所示。

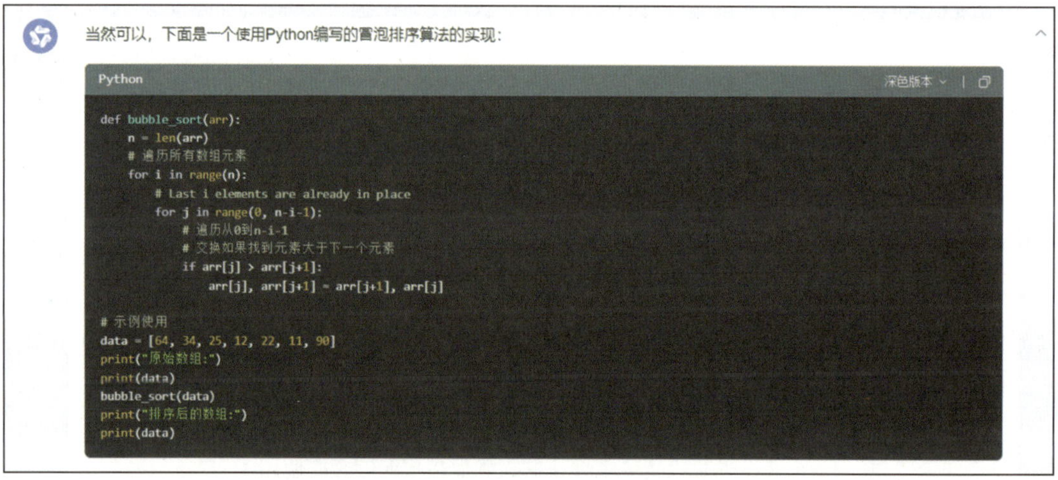
当然可以，下面是一个使用Python编写的冒泡排序算法的实现：

Python　深色版本

```python
def bubble_sort(arr):
    n = len(arr)
    # 遍历所有数组元素
    for i in range(n):
        # Last i elements are already in place
        for j in range(0, n-i-1):
            # 遍历从0到n-i-1
            # 交换如果找到元素大于下一个元素
            if arr[j] > arr[j+1]:
                arr[j], arr[j+1] = arr[j+1], arr[j]

# 示例使用
data = [64, 34, 25, 12, 22, 11, 90]
print("原始数组:")
print(data)
bubble_sort(data)
print("排序后的数组:")
print(data)
```

图 9-2　用通义千问编代码

3. 用通义千问写作文

“随着互联网的普及、人工智能的应用，越来越多的问题能很快得到答案。那么，我们的问题是否会越来越少？”这个材料引发了你怎样的联想和思考？请写一篇作文。

要求：选准角度，确定立意，明确文体，自拟标题；不要套作，不得抄袭；不得泄露个人信息；不少于 800 字。

用通义千问撰写的作文如图 9-3 所示。

《智能时代的疑问与探索》

在当今社会，互联网与人工智能技术飞速发展，人们的生活方式发生了翻天覆地的变化。一方面，我们享受到了前所未有的便捷服务；另一方面，这也引发了一些深层次的思考：随着越来越多的问题能够通过搜索引擎或智能助手迅速获得解答，我们是否会逐渐失去提问的能力？

首先，从表面上看，技术进步确实使得获取信息变得简单快捷。无论是日常生活中的琐碎问题还是专业领域内的疑难杂症，只需轻轻一点，海量资料便会呈现在眼前。这种即时满足感无疑提高了效率，节省了时间成本。然而，如果我们仅满足于现成的答案而不去深入思考其背后的原因及其适用范围，那么久而久之，便可能丧失独立思考和批判性思维的能力。

其次，虽然现代技术为我们提供了丰富的知识资源，但它同时也是一把双刃剑。在海量信息面前，如何筛选出真正有价值的内容成为一项挑战。加之网络环境下的虚假信息泛滥，如果不具备辨别真伪的能力，盲目信任所谓"权威"答案，反而容易陷入误区。因此，在享受技术带来的便利之余，培养批判性思维，学会质疑、验证信息显得尤为重要。

再者，技术的发展并未减少人们的好奇心与探索欲望，反而激发了更多未知领域的兴趣。随着科技的进步，人类面对的不再是单一维度的问题，而是跨越多个学科、涉及复杂系统的综合性挑战。比如，在医疗健康领域，人工智能辅助诊断技术可以帮助医生提高诊疗准确率；但在伦理道德层面，如何处理患者隐私保护与公共利益之间的关系，则是一个全新且复杂的问题。这类问题不仅需要专业知识背景，更考验着人类智慧和社会责任感。

综上所述，虽然互联网与人工智能让许多传统意义上的难题迎刃而解，但这并不意味着我们会因此而停止提问。相反，在这样一个充满机遇与挑战的时代背景下，我们应该更加重视培养独立思考的能力，学会批判性地看待信息，并勇于探索那些尚未有定论的前沿课题。唯有如此，才能在瞬息万变的世界中保持清醒头脑，做出明智决策。

总之，技术进步为我们提供了前所未有的便利条件，但它同样也提出了更高层次的要求。面对未来，我们不仅要善于利用现有资源解决问题，更要敢于质疑、勇于探索，这样才能在智能时代持续前行，迎接更加辉煌灿烂的明天。

图 9－3　用通义千问写的作文

4. 用通义千问推荐电影

我们输入以下内容：能否推荐 2024 年热门电影，励志类的、适合大学生的？生成的结果如图 9－4 所示。

已完成搜索

当然可以，基于2024年的电影信息，这里为您推荐几部热门且具有励志意义的电影，非常适合大学生观看：

1. **《致我们终将逝去的青春》**
   - 这部电影聚焦于一群年轻人的青春岁月。它讲述了关于梦想、爱情以及成长的故事，非常适合处在大学阶段的年轻人观看。
2. **《悟青春》**
   - 以教师为主题，这部青春励志电影通过光影艺术向老师们致敬。它展现了一群年轻人在追求梦想的过程中遇到的困难以及他们是如何克服这些困难的故事。
3. **《中国合伙人》**
   - 虽然不是2024年的电影，但作为一部经典的励志电影，《中国合伙人》讲述了三个年轻人如何通过自己的努力在中国创办英语培训学校，并最终成功上市的故事。这部电影充满了创业者的艰辛历程，对正在寻找自己人生方向的大学生来说是一个很好的启发。
4. **《与你同行》**
   - 苏州经贸职业技术学院制作的这部微电影不仅仅是一个校园宣传片，它还是关于成长、梦想与奋斗的励志故事。这部电影强调了个人技能的重要性，并鼓励学生们勇敢追寻自己的梦想。
5. **《穿普拉达的女王》**
   - 尽管这部电影不是典型的励志电影，但它提供了一个关于职场竞争和自我价值实现的视角，特别是对于那些即将步入社会的大学生来说，它可以作为一个了解职场文化的窗口。

图 9－4　用通义千问推荐电影

5. 用通义千问创建评分表

通义千问可以帮助开发课程活动评分表。正如通义千问在下面的示例中所指出的，你可以将具体要求包含在提示的一部分中，如图 9－5 所示。

当然可以。以下是一个简单的课堂演示评分表模板，您可以根据具体需求调整各个评判标准的权重或者增加/删除某些评判标准。

评判项目	评价标准	分值（满分）
演示准备	演讲者是否充分准备了演示内容，包括幻灯片、道具等	20
内容组织	内容是否有逻辑性，是否清晰易懂，结构是否合理	20
语言表达	表达是否流畅，发音是否清晰，语速是否适中	20
互动能力	是否与听众有眼神交流，是否回答了听众的问题，是否鼓励了听众参与	15
时间掌控	演讲是否在规定时间内完成，是否有效利用了时间	10
创新性	演讲中是否有新颖的想法或者独特的展示方式	10
专业性	内容是否展示了足够的专业知识，是否提供了深度见解	15

图 9－5　用通义千问创建评分表

德技并修

杭州警方破获一起利用 AI 技术侵犯隐私案件

2024 年 9 月 13 日，记者从浙江省杭州市公安局召开的主题新闻发布会上获悉，杭州市公安局侦办了全国首起利用 AI 技术侵犯公民个人信息案件。本案件中，犯罪团伙利用人工智能，使用“AI 换脸”技术伪造活体视频，突破头部平台登录认证，定向获取用户留存于平台的全量信息。

犯罪团伙利用大模型技术，登录他人账号获取信息，每次收费 2 000 ～ 5 000 元，截至被抓获前，团伙获利约 20 万元。据杭州市公安局网警分局介绍，大模型可以将正面照片转化为点头、眨眼、闭眼等视频，进行人脸认证，从而登录受害人账号，获取隐私信息。“使用 AI 大模型进行人脸认证并非一定能成功，但用户也应该注意保护好自己的隐私安全。”

民警提醒，不要随意点击来路不明的链接，以防病毒侵入，对于个人的声音、视频、位置信息、图片等做好授权管理，尤其是避免正面人脸照片、视频等信息的过度公开和分享。

9.3　文心一言及其应用

配套微课

9.3.1　文心一言概述

文心一言，是由百度基于深度学习技术，特别是 Transformer 架构开发的一款人工智能大语言模型。它具备理解、生成、逻辑、记忆四大基础能力，能够通过输入指令或对话互动，高效地帮助人们获取信息、知识和灵感。文心一言的设计初衷在于理解和生成自然语言，以辅助人类在各种场景下的语言处理任务。

知识链接 文心一言和 ChatGPT 的区别

ChatGPT 是由 OpenAI 开发的一款强大的生成式 AI 产品，目前已经更新到第四代，即 GPT-4。它使用最先进的人工智能技术，能够实现语音识别、语义理解、问答分析、智能推荐等功能，让用户可以与聊天机器人进行对话，达到人机互动的目的。除了聊天，ChatGPT 还能完成撰写邮件、视频脚本、文案，翻译，编写代码，写论文等任务。

文心一言是由百度在 2023 年 3 月发布的一款新一代知识增强大语言模型、生成式 AI 产品。它也使用深度学习技术，但是更加专注于中文的理解和生成，包括文学创作、商业文案创作、数理逻辑推算等能力。它还能随机生成一些有趣的语录，但不具备与用户进行交互的智能能力。

从技术角度来看，ChatGPT 采用更加先进的预训练技术和更大的训练数据，ChatGPT 在英文自然语言处理方面具有更高的精度和效果。

从应用角度来看，文心一言的优势在于它更加适合中文的场景，它对中文的语义和文化有更深入的理解，能够生成更符合中文习惯和风格的内容。文心一言的使用门槛也相对较低，用户可以直接在网页上体验它的功能，而 ChatGPT 则需要通过一定的方式才能接触和使用。

文心一言的工作原理主要依赖于深度学习模型，特别是基于 Transformer 架构的模型，如 BERT、GPT 等。这些模型通过自注意力机制（Self-Attention）来捕捉文本中长距离的依赖关系，从而更好地理解句子的结构和意义。文心一言通过大规模语料库的训练，学习了语言的结构和模式，使其能够生成符合特定要求的高质量文本。

9.3.2 文心一言的特点

1. 知识增强

文心一言通过持续学习技术，不断吸收海量数据和知识中的词汇、结构、语义等方面的新知识，实现模型效果的持续优化。这种知识增强的特性使得文心一言能够紧跟时代步伐，保持模型的先进性和实用性。

借助百度在搜索引擎领域的深厚积累，文心一言能够更好地理解和运用互联网上的各种信息，为用户提供更加准确、全面的回答。

2. 多轮对话能力

文心一言具备自然流畅、逻辑清晰、知识多元、情感丰富的多轮对话能力。它能够深入理解和响应用户的需求，提供连续、连贯的对话体验。

3. 高效的数据处理能力

文心一言能够快速地从海量数据中提取有用的信息和特征，并据此进行决策和预测。这种高效的数据处理能力使它在实时应用（如自动驾驶、语音识别等）中具有重要意义。

4. 可定制性和可扩展性

文心一言支持用户自定义输入提示（prompt），可以根据不同的应用场景和需求进行定制和优化。同时，随着技术的不断进步和数据的不断积累，文心一言的性能和效果也将持续提升。

9.3.3 文心一言的应用

1. 文字处理

（1）例如写一篇关于第二十届中央委员会第三次全体会议的摘要，生成的结果如图 9－6 所示。

文心大模型4.0

中国共产党第二十届中央委员会第三次全体会议于2024年7月15日至18日在北京举行。会议由中央政治局主持，中央委员会总书记习近平作了重要讲话。全会听取和讨论了习近平受中央政治局委托所作的工作报告，并审议通过了《中共中央关于进一步全面深化改革、推进中国式现代化的决定》。

全会充分肯定了党的二十届二中全会以来中央政治局的工作，并高度评价了新时代以来全面深化改革的成功实践和伟大成就。会议认为，当前和今后一个时期是以中国式现代化全面推进强国建设、民族复兴伟业的关键时期。为进一步推动这一进程，全会强调了改革的重要性，要求自觉把改革摆在更加突出的位置，并围绕推进中国式现代化进行深化改革。

此外，全会还就多个领域进行了深入讨论，包括高质量发展、教育科技人才支撑、科学的宏观调控和政府治理等，并提出了具体的改革措施和目标。这些举措旨在为中国式现代化提供强大的动力和制度保障。

图 9－6 文字处理

（2）Query 提炼。请根据提供的文本生成 5 个搜索引擎检索词，生成的结果如图 9－7 所示。

请根据以下文本生成5个搜索引擎检索词：[国家能源局：1~5月全社会用电量 同比增长2.5%] 6月15日，国家能源局发布1~5月全社会用电量等数据。1~5月，全社会用电量累计33526亿千瓦时，同比增长2.5%。分产业看，第一产业用电量408亿千瓦时，同比增长9.8%；第二产业用电量22466亿千瓦时，同比增长1.4%；第三产业用电量5586亿千瓦时，同比增长1.6%；城乡居民生活用电量5066亿千瓦时，同比增长8.1%。

1. 国家能源局 1~5月全社会用电量
2. 1~5月全社会用电量 同比增长
3. 2023年 1~5月全社会用电量数据
4. 1~5月全社会用电量 33526亿千瓦时
5. 全社会用电量 同比增长2.5%

由文心大模型 4.0 Turbo 生成

图 9－7 Query 提炼

2. 数理逻辑和推算

请计算 3 年前，妈妈年龄是儿子的 6 倍，儿子今年 9 岁，妈妈今年多少岁？文心一言给出的答案如图 9－8 所示。

请计算3年前，妈妈年龄是儿子的6倍，儿子今年9岁，妈妈今年多少岁？

首先，我们知道儿子今年是9岁。

接着，我们考虑3年前的情况：

3年前，儿子的年龄是：9 - 3 = 6岁。

根据题目，3年前妈妈的年龄是儿子的6倍，所以：

3年前，妈妈的年龄是：6 × 6 = 36岁。

最后，我们考虑妈妈今年的年龄：

妈妈今年的年龄是：36 + 3 = 39岁。

图 9－8　计算年龄

3. 编写代码

下面示例使用 Python 计算还款金额和总利息。假设你从银行贷款 100 000 元，利率为 5%，贷款期限为 10 年。请使用 Python 计算每月的还款金额和总利息。生成的 Python 代码如图 9－9 所示。

```python
# 贷款本金
P = 100000

# 年利率
annual_rate = 0.05

# 月利率
monthly_rate = annual_rate / 12

# 还款总月份数
n = 10 * 12

# 计算每月还款金额
M = P * (monthly_rate * (1 + monthly_rate) ** n) / ((1 + monthly_rate) ** n - 1)

# 计算总利息
total_interest = M * n - P

print(f"每月还款金额: ${M:.2f}")
print(f"总利息: ${total_interest:.2f}")
```

图 9－9　使用 Python 计算还款金额和总利息

运行这个 Python 代码可得到每月还款金额和总利息，如图 9－10 所示。

```plaintext
每月还款金额：$1060.66
总利息：$27279.45
```

图 9－10　每月还款金额和总利息

因此，在 5% 的年利率下，10 年期限的 100 000 元贷款，每个月需要还 1 060.66 元，并且在整个贷款期限内总共会支付 27 279.45 元的利息。

4. 图片生成

例如，画一幅“落霞与孤鹜齐飞，秋水共长天一色”的画，生成的结果如图 9－11 所示。

图 9－11　落霞与孤鹜齐飞的画

5. 专业领域知识问答

文心一言还可以用于专业领域知识的回答，示例生成的结果如图 9－12 和图 9－13 所示。

文心大模型4.0工具版 尝试版

文心一言，作为一款重要的人工智能语言模型，其应用广泛且深入，为多个领域带来了显著的便利和效益。以下是对文心一言应用的简要论述：

首先，文心一言在搜索和信息检索方面展现出了强大的能力。传统的搜索引擎主要依赖于关键词匹配，而文心一言则能理解用户的自然语言查询，更准确地提供相关信息。例如，当用户输入一个问题时，文心一言能够分析问题的语义，并从海量的信息中筛选出最相关的答案，大大提高了搜索的效率和准确性。

其次，在内容创作方面，文心一言也发挥了重要作用。它能够根据用户提供的主题或关键词，生成高质量的文章、故事或诗歌等文本内容。这对于新闻媒体、广告营销和文学创作等领域来说，无疑是一项强大的工具，能显著提升内容生产的效率和质量。

此外，文心一言还在智能助手和聊天机器人等领域有着广泛应用。它能够与用户进行自然、流畅的对话，提供各种信息和服务。比如，在家庭场景中，文心一言可以作为智能家居的控制中心，通过语音指令控制家电设备；在商业场景中，它可以作为智能客服，解答用户的问题并提供帮助。

最后，文心一言还在语言学习和翻译方面展现出了显著的优势。它能够提供实时的语言翻译服务，帮助用户在不同语言之间进行沟通和交流。同时，它还可以作为语言学习的辅助工具，为用户提供语法检查、作文批改等功能，提升语言学习的效果。

综上所述，文心一言在搜索和信息检索、内容创作、智能助手和语言学习等多个领域都有着广泛的应用。随着技术的不断进步和应用场景的不断拓展，文心一言将会在未来发挥更大的作用，为人们的生活和工作带来更多便利和创新。

图 9－12　论述文心一言的应用

文心大模型4.0工具版 尝试版

网络营销是指通过互联网平台和技术手段，进行品牌推广、产品销售和客户关系管理的一种营销方式。以下是一些常见的网络营销方式：

1. 搜索引擎优化（SEO）：通过优化网站结构和内容，提高网站在搜索引擎中的排名，从而吸引更多的潜在客户。
2. 搜索引擎营销（SEM）：通过在搜索引擎中投放广告，如谷歌的AdWords，来吸引用户点击并访问网站。
3. 社交媒体营销：利用社交媒体平台（如微博、微信、抖音等）发布内容，与用户互动，提高品牌知名度和用户参与度。
4. 内容营销：通过创作高质量、有价值的内容（如博客文章、视频、电子书等），吸引目标受众，提高品牌影响力和用户忠诚度。
5. 电子邮件营销：通过发送定制的电子邮件，向潜在客户或现有客户提供信息、优惠和活动通知，以维护客户关系和促进销售。
6. 网络广告：在各种网络平台上投放广告，如横幅广告、弹窗广告、视频广告等，以增加品牌曝光度和吸引潜在客户。
7. 联盟营销：与其他网站或企业合作，通过链接分享或推荐产品，实现互利共赢。
8. 影响者营销：与具有影响力的社交媒体用户或博主合作，让他们代言或评测产品，以扩大品牌影响力。

这些网络营销方式并非孤立存在，而是可以相互结合，形成一个多元化的营销策略。企业可根据自身需求和目标受众，选择合适的网络营销方式来提高品牌知名度、吸引潜在客户和促进销售。

图 9－13　论述网络营销的方式

德技并修

百度身体力行助力中国产业智能化提升

目前，文心大模型已大规模应用于搜索、信息流、智能音箱等互联网产品，并已通过飞桨开源开放平台、百度智能云等赋能到工业、金融、通信、媒体、教育等各行各业。

文心大模型推动 AIGC 发展和在各行各业落地的进程，让我们看到了人工智能在未来经济发展中的更多可能性。

9.4 讯飞星火及其应用

配套微课

9.4.1 讯飞星火概述

讯飞星火是科大讯飞发布的一款大模型，它具备七大核心能力，包括文本生成、语言理解、知识问答、逻辑推理、数学能力、代码能力和多模交互。该模型自 2023 年 5 月 6 日正式发布以来，已经历多次迭代升级。

讯飞星火大模型致力于提供与人类相似的智能交互体验。通过不断的迭代和优化，讯飞星火在多个领域取得了显著的进步，包括在文本生成、语言理解等方面的能力。

在讯飞星火 V4.0 版本中，该模型在底座能力上全面对标 GPT-4 Turbo，并在国内外中英文 12 项主流测试集中实现 8 项超越。此外，讯飞星火 V4.0 还推出基于其底座能力的星火语音大模型，实现 74 个语种、方言免切换，可破解强干扰场景下的语音识别难题。

除了技术上的进步，讯飞星火还致力于将大模型技术应用于实际场景中，通过智能评卷分析系统、智医助理、讯飞星火 App 等应用，为教育、医疗、政企等行业提供智能化解决方案。

9.4.2 讯飞星火的特点

讯飞星火作为科大讯飞公司推出的人工智能技术和应用品牌，具有一系列鲜明的特点，这些特点使得它在人工智能领域独树一帜。

1. 先进的语音识别与合成技术

讯飞星火拥有业界领先的语音识别技术，能够准确识别多种语言和方言，即使在嘈杂环境下也能保持较高的识别准确率。其语音合成技术同样出色，能够生成自然流畅的语音，且音色、语调可根据需求进行定制，为用户提供更加真实的交互体验。

2. 强大的自然语言处理能力

讯飞星火具备深厚的自然语言处理功底，能够准确理解用户的意图和需求，提供精准的回答和解决方案。它还支持文本生成、语言理解、知识问答等多种功能，满足用户在不同场景下的需求。

3. 多模态交互与个性化服务

讯飞星火支持多模态交互，如语音、文字、图像等，使得用户可以通过多种方式与其进行互动。它还能够根据用户的习惯和需求提供个性化服务，如定制化的语音助手、个性化的推荐内容等。

4. 广泛的应用场景与生态体系

讯飞星火在教育、医疗、金融、政务等多个领域都有广泛的应用，为各行各业提供了智能化的解决方案。它还秉持开放、合作、共赢的原则，与开发者、合作伙伴共同推动人工智能技术的发展和应用落地，形成了一个充满活力的生态体系。

5. 持续的技术创新与升级

讯飞星火不断推出新版本，不断升级，引入更先进的技术和算法，提升其在语音识别、自然语言处理等方面的性能。它还关注用户需求的变化，及时调整和优化产品功能，以满足用户在不同阶段的需求。

6. 高度的安全性和隐私保护

讯飞星火在数据安全和隐私保护方面有着严格的要求和措施，确保用户信息的安全和隐私不被泄露。它采用先进的加密技术和安全协议，保护用户数据在传输和存储过程中的安全性。

9.4.3 讯飞星火的应用

1. 文本生成

星火大模型可以创作新闻稿、撰写文章、润色通知等，还能根据不同场景进行衍生。其文本生成能力远不止这两项，根据场景的不同，还能衍生出更多的能力。比如，可以请大模型担任编辑助手，根据用户提供的文本段落进行修改，并提出写作技巧上的改进建议。图 9－14 所示为文本生成举例。

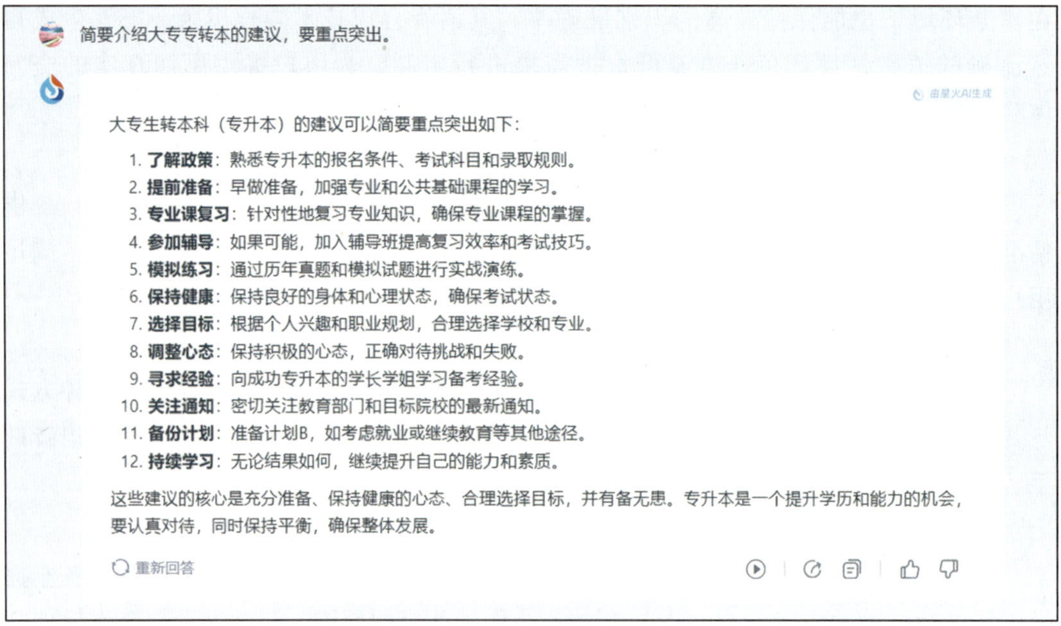
简要介绍大专专转本的建议，要重点突出。

由星火AI生成

大专生转本科（专升本）的建议可以简要重点突出如下：

1. **了解政策**：熟悉专升本的报名条件、考试科目和录取规则。
2. **提前准备**：早做准备，加强专业和公共基础课程的学习。
3. **专业课复习**：针对性地复习专业知识，确保专业课程的掌握。
4. **参加辅导**：如果可能，加入辅导班提高复习效率和考试技巧。
5. **模拟练习**：通过历年真题和模拟试题进行实战演练。
6. **保持健康**：保持良好的身体和心理状态，确保考试状态。
7. **选择目标**：根据个人兴趣和职业规划，合理选择学校和专业。
8. **调整心态**：保持积极的心态，正确对待挑战和失败。
9. **寻求经验**：向成功专升本的学长学姐学习备考经验。
10. **关注通知**：密切关注教育部门和目标院校的最新通知。
11. **备份计划**：准备计划B，如考虑就业或继续教育等其他途径。
12. **持续学习**：无论结果如何，继续提升自己的能力和素质。

这些建议的核心是充分准备、保持健康的心态、合理选择目标，并有备无患。专升本是一个提升学历和能力的机会，要认真对待，同时保持平衡，确保整体发展。

重新回答

图 9-14　文本生成举例

2. 语言理解

理解问题是解答的第一步。中文博大精深，星火大模型能准确理解不同语境下的语义吗？例如，“俗话说，男子汉大丈夫，宁死不屈。但又说，男子汉大丈夫，能屈能伸。这两种说法哪种是对的？”那么“如果有个小伙子和女朋友吵架了，他是应该宁死不屈还是能屈能伸？”。对于这样的问题，讯飞星火大模型的情商和语义理解能力在很多情况下可能超过个别人，如图 9-15 所示。

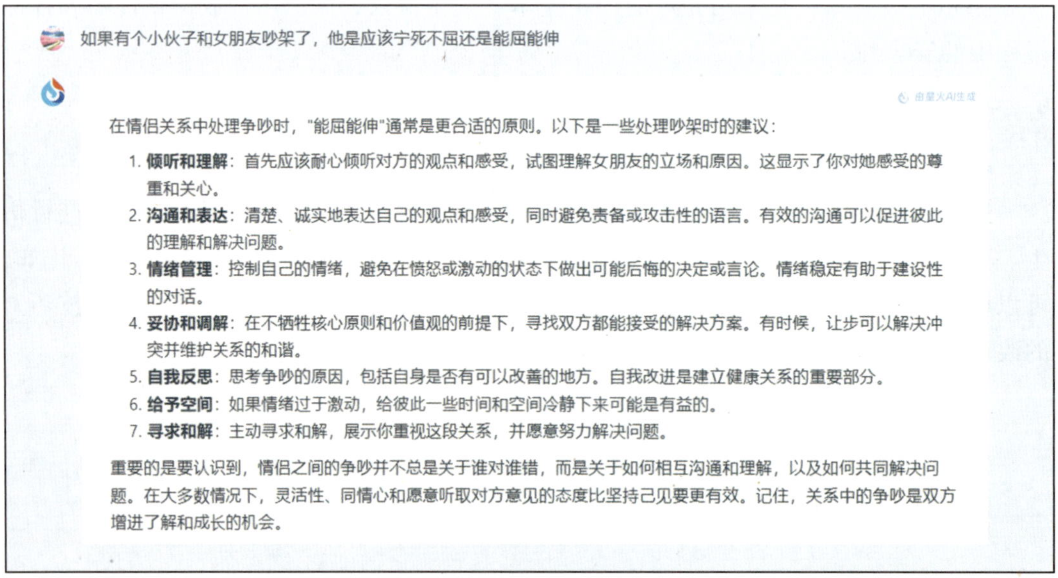
如果有个小伙子和女朋友吵架了，他是应该宁死不屈还是能屈能伸

由星火AI生成

在情侣关系中处理争吵时，“能屈能伸”通常是更合适的原则。以下是一些处理吵架时的建议：

1. **倾听和理解**：首先应该耐心倾听对方的观点和感受，试图理解女朋友的立场和原因。这显示了你对她感受的尊重和关心。
2. **沟通和表达**：清楚、诚实地表达自己的观点和感受，同时避免责备或攻击性的语言。有效的沟通可以促进彼此的理解和解决问题。
3. **情绪管理**：控制自己的情绪，避免在愤怒或激动的状态下做出可能后悔的决定或言论。情绪稳定有助于建设性的对话。
4. **妥协和调解**：在不牺牲核心原则和价值观的前提下，寻找双方都能接受的解决方案。有时候，让步可以解决冲突并维护关系的和谐。
5. **自我反思**：思考争吵的原因，包括自身是否有可以改善的地方。自我改进是建立健康关系的重要部分。
6. **给予空间**：如果情绪过于激动，给彼此一些时间和空间冷静下来可能是有益的。
7. **寻求和解**：主动寻求和解，展示你重视这段关系，并愿意努力解决问题。

重要的是要认识到，情侣之间的争吵并不总是关于谁对谁错，而是关于如何相互沟通和理解，以及如何共同解决问题。在大多数情况下，灵活性、同情心和愿意听取对方意见的态度比坚持己见要更有效。记住，关系中的争吵是双方增进了解和成长的机会。

图 9-15　语言理解举例

3. 数学能力

数学能力在一定程度上代表一个大模型的聪明程度，讯飞星火大模型的数学能力很强。例如，计算企业的收益，大模型用复利公式可顺利解出答案，生成的结果如图 9 - 16 所示。

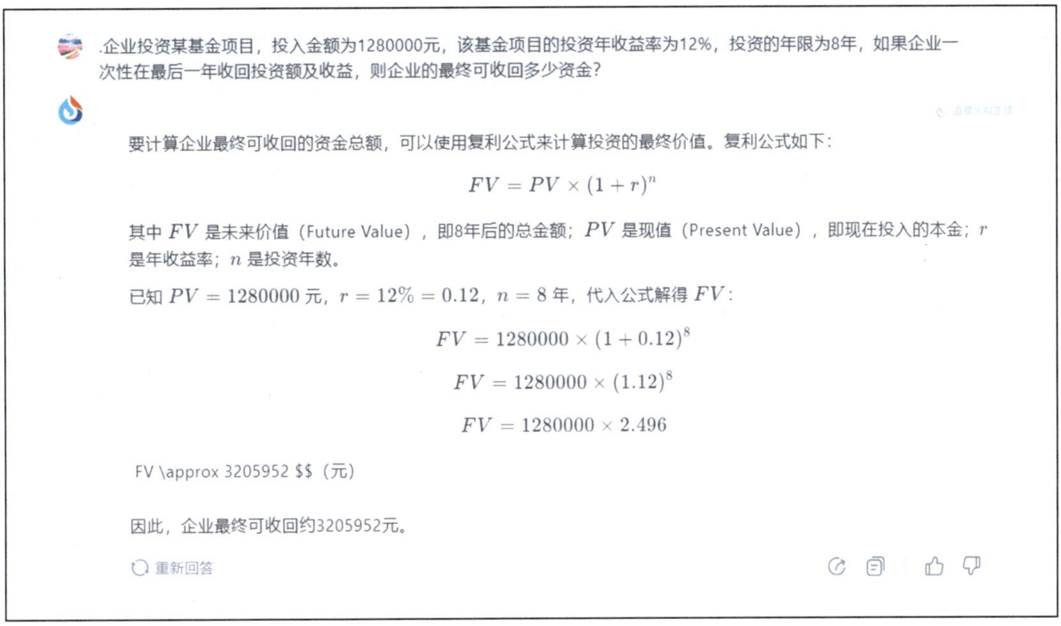

图 9 - 16　计算企业的收益

4. 泛领域知识问答

讯飞星火大模型将生活常识、科学知识等相结合，通过与文本生成能力相融合，形成科大讯飞在中文能力上的特有优势，例如，提问“铁锅炒菜能补铁吗?”，生成的结果如图 9 - 17 所示。

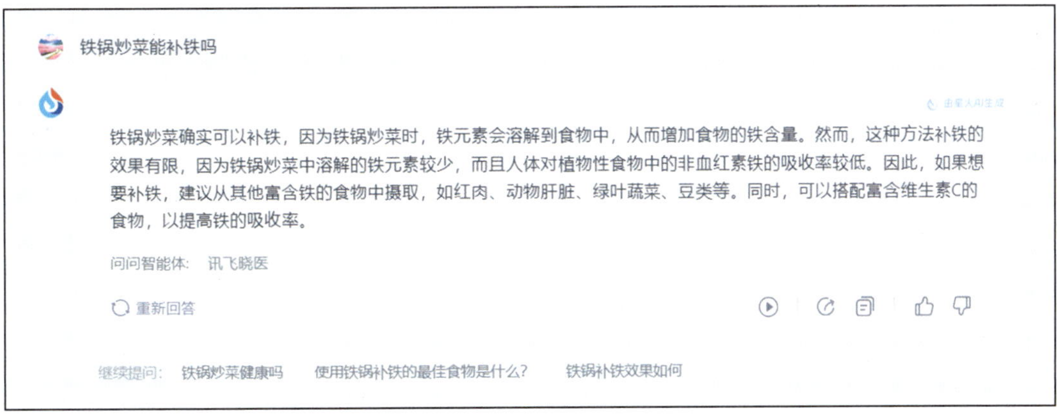

图 9 - 17　泛领域知识问答

5. 代码生成

讯飞星火大模型不仅可以创作文本，还可以修改、理解、编译代码，并且还具备Python、Java等多语言支持。例如利用讯飞星火编写冒泡函数，生成的结果如图9-18所示。

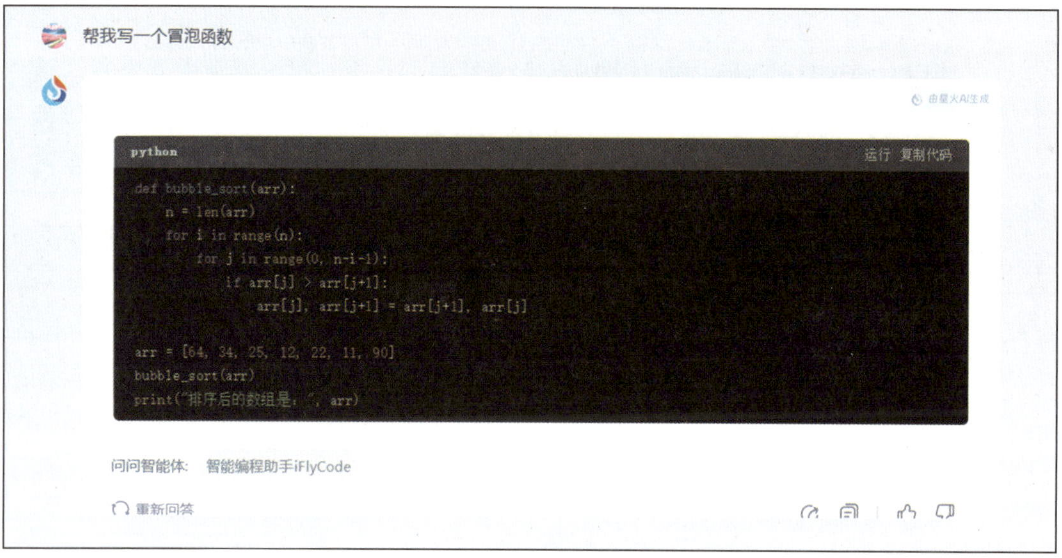

图9-18 代码生成

德技并修

“顶天立地”走向全球

作为2023年布达佩斯世界田径锦标赛赛事供应商，科大讯飞在向大会提供自动翻译软件和硬件产品及服务的同时，牵头构建了全球多语种技术生态，发布了布达佩斯人工智能联合开放平台。其凝聚全球科技力量服务全球人民，用科技助力沟通无障碍。

自2018年确立国际化战略以来，科大讯飞迅速布局海外业务，坚持“走出去，引进来”方针，在北美、中东欧、西欧、东南亚、日韩等区域广泛开展业务合作，将国内成熟化产品、技术与解决方案“走出去”，在本地进行推广，同时将当地优质与合规的产品、项目、技术“引进来”。

科大讯飞出海布局欧洲乃至全球市场，用科技建设美好世界，背后是对人工智能“顶天立地”信仰的坚定。产业生态决定人工智能的未来，科大讯飞始终坚持价值创造的根本，在技术层面持续凝聚全球生态伙伴形成深度合作，构建全球技术生态的同时推进产业落地，以人工智能的多元产品服务全球人民，建设一个更加美好的世界。

9.5 提示词工程

配套微课

人工智能生成内容（AIGC）技术已经从幕后走向前台，展现出其强大的潜力和广泛的应用前景。无论是文本、图像、音视频内容的自动生成，还是复杂的数据分析和模式识别任务。提示词工程作为 AIGC 中的一项关键技术，正在受到越来越多的关注。提示词工程涉及设计和优化输入给 AI 系统的提示词，这些提示词能够引导 AI 系统理解和生成满足特定需求的内容。通过精确构造的提示词，开发者可以更好地控制 AI 的输出，提高内容的相关性和质量，从而在各种实际应用中实现更加高效和准确的结果。

9.5.1 提示工程认知

1. 提示工程定义

提示词工程，或称 Prompt Engineering，是一种专门针对语言模型进行优化的方法。它的目标是通过设计和调整输入的提示词（Prompt），来引导这些模型生成更准确、更有针对性的输出文本。

在与大型预训练语言模型如 GPT-3、BERT 等交互时，给定的提示词会极大地影响模型的响应内容和质量。提示词工程关注于如何创建最有效的提示词，以便让模型能够理解和满足用户的需求。这可能涉及对不同场景的理解、使用正确的词汇和语法结构，以及尝试不同的提示策略以观察哪种效果最佳。

知识链接　提示词工程在 AIGC 中的应用

在 AI 大模型应用中，提示词工程尤为重要。通过精确构造的提示词，开发者可以更好地控制大模型的输出，提高内容的相关性和质量。例如，在文本生成任务中，通过优化提示词，可以引导大模型生成更符合特定风格或主题的内容。在图像生成任务中，提示词工程则可以帮助大模型理解用户的意图，生成更符合需求的图像。因此，掌握提示词工程的技术和方法，对于充分发挥 AI 大模型的潜力具有重要意义。

2. 提示词工程的重要性

提示词工程的重要性主要体现在以下几个方面：

（1）提高模型输出质量。通过精心设计的提示词，用户可以更有效地引导模型理解自己的意图，从而生成更符合需求的输出。

（2）增强模型泛化能力。提示词工程可以帮助模型更好地应对未见过的任务或场景，提高模型的泛化能力。

（3）降低数据标注成本。通过提示词工程，用户可以在无监督或弱监督的情况下引导模型生成期望的输出，从而减少对大量标注数据的依赖。

3. 优质提示词举例

例如，以小红书博主视角编写一篇营销文案。图 9－19（a）是一般提示词生成的效果，图 9－19（b）是经过加工的优质提示词生成的效果，可以看出优质提示词生成的效果更好，文案更加贴合小红书博主的特点。

（a）　　（b）

图 9－19　优质提示词效果图

9.5.2　生成人工智能提示词的技巧

1. 提示词的基本格式

提示词的基本格式如图 9－20 所示。

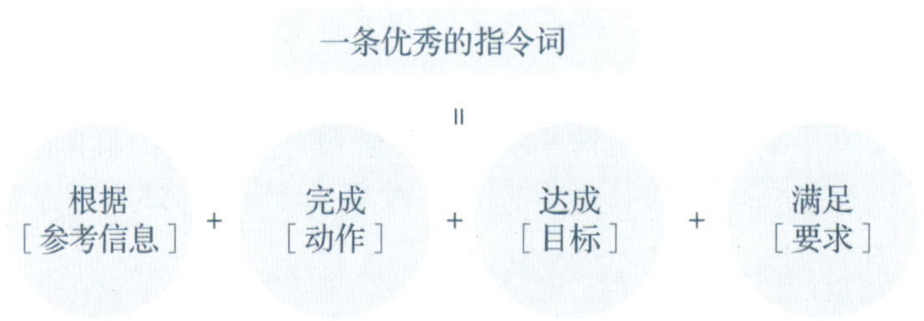

图 9－20　提示词的基本格式

（1）参考信息：包含大模型完成任务时需要知道的必要背景和材料，如报告、知识、数据库、对话上下文等。

（2）动作：需要大模型解决的事情，如撰写、生成、总结、回答等。

（3）目标：需要大模型生成的目标内容，如答案、方案、文本、图片、视频、图表等。

（4）要求：需要大模型遵循的任务细节要求，如按 ×× 格式输出、按 ×× 语言风格撰写等。

2. 提示词构造示例

一条优秀的提示词应清晰、明确且具有针对性，能够准确地引导模型理解并回应使用者的问题。下面重点介绍什么是不好的提示词，什么是优秀的提示词。

（1）什么是不好的提示词。

> 写一首山和树林的诗。
> 下面的题帮我讲一下。
> 撰写一篇有关大语言模型可信性的论文。

这 3 份提示词没有具体要求，很难达到预期输出效果。

（2）什么是好的提示词。下面列举 3 份提示词并加以分析。

1）请以唐代诗人的身份，在面对黄山云海时，根据已有唐诗数据，撰写一篇作者借由眼前景观感叹人生不得志的七言绝句，并严格满足七言绝句的格律要求。

这份提示词满足优秀指令词的格式，分析如下：

要求　参考信息　动作

请以唐代诗人的身份，在面对黄山云海时，根据已有唐诗数据，撰写一篇作者借由眼前景观感叹人生不得志的七言绝句，并严格满足七言绝句的格律要求。

目标

2）请以高中数学老师的身份，在高中课堂上，根据《高中数学必修一》内容，逐步解答学生关于集合的数学问题，并给出解题步骤及相关知识点。

分析如下：

要求　参考信息　动作

请以高中数学老师的身份，在高中课堂上，根据《高中数学必修一》内容，逐步解答学生关于集合的数学问题，并给出解题步骤及相关知识点。

目标

3）请根据已发表的关于大语言模型可行性的相关文献，撰写一篇系统梳理大语言模型可行性相关研究现状以及未来挑战的综述论文，并且严格遵循《计算机学报》投稿格式。

分析如下：

参考信息　动作

请根据已发表的关于大语言模型可行性的相关文献，撰写一篇系统梳理大语言模型可行性相关研究现状以及未来挑战的综述论文，并且严格遵循《计算机学报》投稿格式。

目标　要求

9.5.3　优质提示词实战

例如利用文心一言大模型平台，通过提示词工程生成朋友圈文案。

（1）进入文心一言首页，如图 9－21 所示。

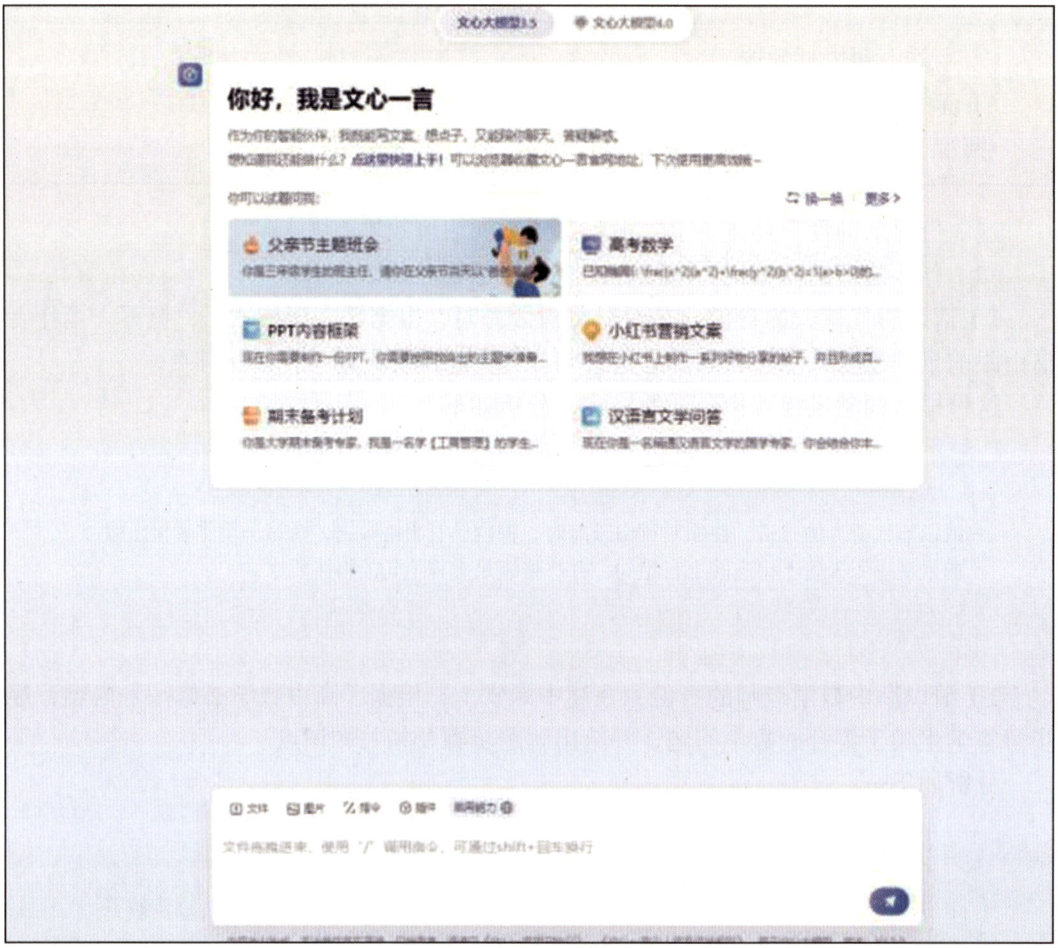

图 9－21　文心一言首页

（2）以微商的私域推广为例，生成一篇朋友圈文案，提示词如下：

> 帮我生成一篇朋友圈文案，我是一名微商，卖艾灸贴，今天一个姐姐又回购了一盒艾灸贴，姐姐已经持续回购两年了，根据这个内容生成一篇朋友圈文案，主要体现，任何时候都是自己的健康最重要，艾灸是中国传统文化的精髓，呼吁大家可以尝试一下，要疗愈系风格的文案。

根据上面的提示词生成的朋友圈文案如图 9－22 所示。

帮我生成一篇朋友圈文案，我是一名微商，卖艾灸贴，今天一个姐姐又回购了一盒艾灸贴，姐姐已经持续回购两年了，根据这个内容生成一篇朋友圈文案，主要体现，任何时候都是自己的健康最重要，艾灸是中国传统文化的精髓呼吁大家可以尝试一下，要疗愈系风格的文案

在这纷扰的世界里，总有一份温柔，静静地守候着我们的安康。今天，当我再次收到那位熟悉姐姐的回购信息时，心中涌动的不只是喜悦，更是对这份信任与陪伴的深深感激。

这位姐姐，已经连续两年，在每个需要温暖与关怀的时刻，选择用我们的艾灸贴，为自己的健康护航。每一次的回购，都是对健康的一份承诺，对自我疗愈的一份坚持。

艾灸，这源自古老中国的智慧之光，不仅仅是草药的芬芳，更是千年文化的传承与守护。它以最温柔的方式，唤醒我们身体深处的自愈力量，让每一份疲惫，都在这份温暖的拥抱中，找到归属与安宁。

生活节奏再快，也不要忘记，健康才是我们最宝贵的财富。在忙碌的日常中，给自己一点时间，用艾灸贴，感受那份来自自然的疗愈力量，让身体与心灵，都得到最深的滋养与呵护。

让我们一起，用艾灸贴，续写这份来自东方的健康传奇。让每一次的选择，都成为对自我最好的关爱，让健康与幸福，成为我们生活的主旋律。

如果你也渴望在繁忙的生活中，找到一份属于自己的宁静与温暖，不妨尝试一下艾灸的魅力吧！愿这份来自东方的古老智慧，能为你的健康与幸福，增添一抹独特的色彩。

#艾灸养生# #中国传统文化# #健康最重要#

由文心大模型 3.5 生成

图 9－22　朋友圈文案

（3）从上面生成的内容来看，内容没有问题，但是对于朋友圈文案来说，内容有些长，我们需要简练，提示词调整如下：

> 我是一名微商，在朋友圈卖艾灸贴，今天一个姐姐又回购了一盒艾灸贴，姐姐已经持续回购两年了，根据这个内容生成一篇朋友圈文案，主要体现：任何时候都是自己的健康最重要，艾灸是中国传统文化的精髓，呼吁大家可以尝试一下，语言表达精炼、逻清晰，篇幅在 100 字左右。要散文诗风格的文案，体现养生的重要性。

根据上面的提示词生成的朋友圈文案如图 9－23 所示。

我是一名微商，在朋友圈卖艾灸贴，今天一个姐姐又回购了一盒艾灸贴，姐姐已经持续回购两年了，根据这个内容生成一篇朋友圈文案，主要体现，任何时候都是自己的健康最重要，艾灸是中国传统文化的精髓，呼吁大家可以尝试一下，语言表达精炼、逻清晰，篇幅在 100 字左右。要散文诗风格的文案，体现养生的重要性。

岁月轻抚，健康为舟。今日，又见故人回购艾灸贴，两载光阴，情深艾浓。艾灸，古韵流淌，暖身更暖心。生命之旅，健康先行，愿你我皆能以艾为伴，滋养岁月，守护身心每一寸温柔。

由文心大模型 3.5 生成

图 9－23　语言经过提炼后的朋友圈文案

（4）大家都知道，朋友圈是可以配图的，下面再让大模型给朋友圈文案配图，提示词如下：

> 给我朋友圈配张图，内容是“艾灸贴养生”，要体现艾灸贴这款产品。

根据上面提示词生成的朋友圈文案如图 9－24 所示。

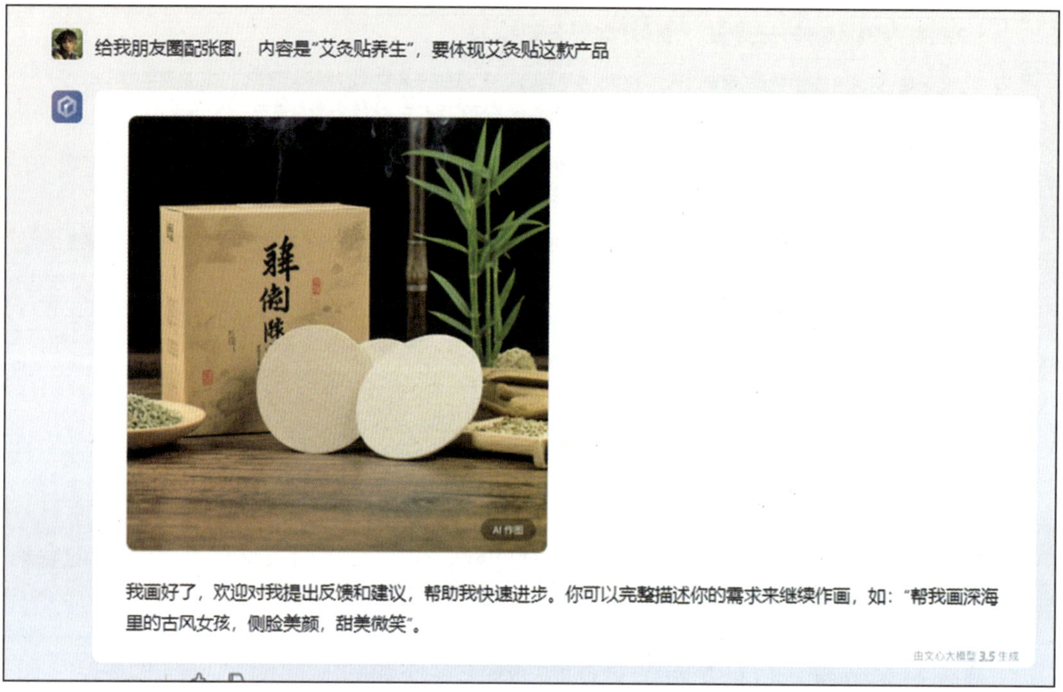

图 9－24　配图后的朋友圈文案

从图片效果来看，并不是特别符合“艾灸贴”这个主题，我们需要继续提问，提示词如下：

> 给我朋友圈配张图，内容是：“艾灸贴养生”，主要体现产品。风格为真实的拍摄场景，图中有艾柱，有轻微的烟雾缭绕。

根据上面提示词生成的朋友圈文案如图 9－25 所示。

如果对于生成的图片不满意，可以点击【重新生成】，选择心仪的图片或者进一步调整提示词生成图片，直至满意为止。

图 9－25　修改配图后的朋友圈文案

AI 应用

全新智能体上线，小度化身"奥运伙伴"陪你共赴盛会

当地时间 7 月 26 日，2024 年巴黎奥运会正式开幕，科技的力量再次成为连接观众与这场运动盛会的桥梁。在此期间，基于全新文心大模型打造的国民智能科技品牌小度化身"奥运伙伴"，陪用户一起看奥运、聊奥运、参与奥运，全方位沉浸式感受奥运盛会的魅力。

一句"小度小度，我想看奥运"，用户便能轻松地在小度智能屏、小度添添闺蜜机、小度添添平板机器人等多款智能产品上，随时随地观看奥运赛事。此外，由于中法时差问题，本届奥运赛事多安排在北京时间的凌晨，许多用户因此错过直播，小度 AI 智能助手还会贴心汇总最新、最全的赛况信息，不用熬夜也能掌握一手资讯。

不仅如此，全新打造的小度奥运智能体（界面如图 9－26 所示），在多轮智能交互技术的加持下，学习了丰富的奥运知识，不仅能随时随地畅谈奥运的由来与历史发展，更能够陪用户畅聊奥运新闻与各类"八卦"，成为用户专业、耐心、随叫随到的"奥运搭子"。

更值得一提的是，在奥运氛围下，全民健身也掀起了滚滚热潮。面向家庭健身场景，小度添添智能健身镜，拥有覆盖全年龄段用户的专业健身课程和超多体感游戏，并配有 AI 智能动作指导等功能，满足全家人多样化的运动需求。用户可以在观看奥运比赛之余，利用小度添添健身镜同步运动，切身感受体育带来的健康和快乐。

图 9-26　小度奥运智能体

小度奥运智能体丰富生态应用的背后，离不开小度的成功“换脑”。据悉，小度在 2024 年 4 月份正式发布了基于文心大模型打造的全球首个 AI 原生操作系统——DuerOS X，实现了从模型层到生态层的全面革新。全新“换脑”后的小度也因此更聪明、更能干、更懂你，更能提供陪伴与情绪价值。

未来，小度还将不断探索多元人群需求，通过“AI+ 智能设备”的创新，创造出更多价值与灵魂兼备的智能产品，为用户带来全新的场景体验。

本章小结

本章深入探讨了 AI 大模型的定义、特点、发展历程及应用。大模型凭借其庞大的规模、表达能力和学习能力，在自然语言处理、图像识别等领域展现出卓越性能。通义千问、文心一言和讯飞星火等大模型各具特色，不仅提升了智能客服、文本生成、语言理解等方面的能力，还广泛应用于教育、医疗、金融等多个领域。通过具体案例，本章展示了 AI 大模型在实际应用中的巨大潜力，如智能语音助力智慧化展厅等。同时，本章也强调了提示词工程在优化 AI 输出质量中的重要性。展望未来，AI 大模型将在更多领域内发挥关键作用，推动社会的进步与发展。

在线测试

参考文献

[1] 郭福春，潘明风，王志．人工智能概论［M］．2版．北京：高等教育出版社，2023．

[2] 李如平，程晨，吴房胜．人工智能导论［M］．北京：电子工业出版社，2020．

[3] 史荧中，钱晓忠．人工智能应用基础［M］．2版．北京：电子工业出版社，2023．

[4] 宋楚平，陈正东．人工智能基础与应用［M］．北京：人民邮电出版社，2021．

[5] 董春利．机器人应用技术［M］．2版．北京：机械工业出版社，2022．

[6] 吴倩，王东强．人工智能基础与应用［M］．北京：机械工业出版社，2022．

[7] 牛百齐，王秀芳．人工智能导论［M］．北京：机械工业出版社，2023．

[8] 杨洪雪．人工智能应用基础［M］．北京：机械工业出版社，2023．

[9] 马苗，杨楷芳．人工智能概论［M］．西安：西安电子科技大学出版社，2023．

[10] 王万良，王铮．人工智能应用教程［M］．北京：清华大学出版社，2023．

[11] 王小玲，阳卫文，李维龙．人工智能技术导论［M］．北京：电子工业出版社，2023．

[12] 焦李成．人工智能通识基础［M］．北京：人民邮电出版社，2024．

[13] 黄源，张莉．AIGC基础与应用［M］．北京：人民邮电出版社，2024．

[14] 莫少林，宫斐．人工智能应用概论［M］．2版．北京：中国人民大学出版社，2024．

[15] 朱永新，杨帆．生成式人工智能与教育创新：机遇、挑战以及未来［J］．华东师范大学学报（教育科学版），2023(7)．